奶牛饲养

疾病防治手册

徐照学　主编

中国农业出版社

主　编　徐照学
副主编　兰亚莉　李　峰　薛允平
编　者　徐照学　兰亚莉　李　峰
　　　　薛允平　贺文杰　辛小玲
　　　　魏成斌

前　言

改革开放使我国的畜牧业得到了长足发展，蛋类及鸡猪肉类产量在国际上连续数年名列前茅，但我国的奶及奶制品生产仍处于落后地位，随着国民生活水平的提高，对牛奶的需求量将越来越大，特别是在农村。奶牛是饲料报酬较高的草食动物，饲养粗放，耐受性强。针对我国人均占有耕地少，精饲料相对缺乏，草山、草坡面积较大，生态环境脆弱并日趋恶化的现实，国家已致力调整农业及畜牧业内部的生产结构，鼓励退耕还草还林，充分发挥农村的饲料优势和反刍动物的特性，大力发展节粮型的养牛业，牛奶将成为百姓消费的热点，奶牛业必将成为国民经济新的经济增长点。我国奶牛业快速发展启动较晚，因此，必须立足现代先进技术，使奶牛饲养从传统的生产方式向现代化转化，科学饲养、科学管理、科学利用，提高奶牛个体产量和奶品的质量。为了普及科学养牛技术，帮助解决奶牛饲养中的有关技术问题，特编写本手册，从理论知识到实际应用，着重就奶牛的营养需要和饲养标准、饲料营养和日粮配制、饲养管理、挤奶技术和牛奶的初步加工、奶牛的繁殖、卫生管理和疾病防治、奶牛场的规划建设和环境管理做了详细介绍。

由于水平有限，书中如有不妥，恳请批评指正。

编　者

2002年1月

目　录

第一章 奶牛的主要品种与选择

一、奶牛的主要品种

（一）中国荷斯坦奶牛

中国荷斯坦奶牛又名中国黑白花奶牛，是引入国外的黑白花奶牛经过长期选育驯化或与各地黄牛进行3代以上杂交后选育而形成的乳用品种。

毛色多呈黑白花或白黑花，体质细致结实，体躯结构匀称，泌乳系统发育良好，乳房附着良好，质地柔软，乳静脉明显，乳头大小、分布适中。姿势端正，蹄质坚实。据21 905头品种登记牛的统计，305天各胎次平均产乳量为6 359千克，平均乳脂率为3.56%。

中国荷斯坦奶牛性成熟早，具有良好的繁殖性能。成年公牛体重1 000千克以上，成年母牛600千克以上，犊牛出生重一般为45～55千克。未经肥育的淘汰母牛屠宰率为49.5%～63.5%，净肉率为40.3%～44.4%。经肥育24月龄的公犊牛屠宰率为57%，净肉率为43.2%。

（二）娟姗牛

娟姗牛是英国培育的奶牛品种。该品种以乳脂率高、乳房形状良好而闻名。

娟姗牛体格较小，毛色深浅不一，由银灰至黑色，以栗褐色

毛最多。鼻镜、舌与尾帚为黑色，鼻镜上部有灰色圈，一般公牛毛色比母牛深。

娟姗牛体型清秀，轮廓清晰。其外观特征是：头轻而短，两眼间距宽，额部凹陷，耳大而薄，鬐甲狭窄，肩直立，胸浅，背线平坦，腹围大，臂部长平宽，尾帚细长，四肢较细，蹄小，全身肌肉清瘦，皮肤单薄，乳房发育良好。

娟姗牛初生重为23～27千克，成年母牛300～400千克，公牛为500～650千克。

本品种牛性成熟早，通常在24月龄产犊。平均年产乳量3 000～3 500千克，乳脂率平均为5.3%，是乳用品种中高脂品种。乳脂黄色，脂肪球大，适宜制作黄油。

该品种在美国、英国、加拿大、日本、新西兰、澳大利亚等国均有饲养，但其数量逐年下降。我国过去饲养的娟姗牛，年产乳量为2 500～3 500千克，目前在我国已绝迹。但是因其乳脂率高，适应热带气候，所以重新引进一定数量的娟姗牛，对于改良我国南方热带的奶牛很有必要。

（三）西门塔尔牛

西门塔尔牛原名红花牛。产于瑞士阿尔卑斯西北部山区，其中以西门塔尔平原牛最为著名，因此称为西门塔尔牛。原产地气候寒冷，有广阔的天然牧场和山地牧场。西门塔尔牛原为役牛，由于市场对乳肉的需求，经长期选育，培育出了现代的大型乳肉兼用牛。

西门塔尔牛具有适应性强，耐高寒，耐粗饲，寿命长，产乳、产肉性能高等特点。毛色多为黄（红）白花，头尾与四肢为白色，皮肤粉红色。在不同国家，体型和生产性能有差异。在原产地瑞士，向乳用型发展。据对164 000个标准泌乳期资料统计，平均产乳量为4 074千克，乳脂率为3.9%。肉质好，屠宰率为65%。周岁内平均日增重为900～1 000千克，具有生长速

度快的特点。

我国20世纪初已引入西门塔尔牛，1957—1960年曾多次从前苏联引入。1976年以来，又先后从德国、瑞士、奥地利等国引进，现在，该品种在我国已分布21个省、市、自治区。据统计，1988年全国西门塔尔牛纯种牛及高代杂种改良牛已有35万头。分布最多的省区为内蒙古、黑龙江、新疆和四川。

西门塔尔牛在当前饲养条件下，纯种成年公牛体重为1 015千克。各龄母牛的体重变化：初生39.5千克；6月龄190.0千克；1岁311.0千克。

二、奶牛的外貌鉴定

外貌是生产性能的表征，不仅与产乳性能，而且与奶牛健康、经济类型及其种用价值等均有密切关系。无论是过去或现在，人们对奶牛，特别是对高产奶牛外貌鉴定极为重视。奶牛饲养者必须掌握奶牛外貌鉴定技术，这是评定奶牛最普遍、最常用的一种方法。

（一）牛的体表部位名称

牛整个躯体可分为：头颈部、躯干部、四肢部三大部分，躯干部包括前躯、中躯和后躯（各部位名称见图1-1）。

头颈部：在身体的最前端，它以鬐甲和肩端的连线与躯干分界。包括头和颈两部分。

前躯：在颈之后、肩胛骨后缘垂直切线之前，包括鬐甲、胸等主要部位。

中躯：肩、臂之后，腰角与大腿之前的中间躯段，包括背、腰、胸（肋）、腹。

后躯：以腰角的前缘垂直切线与中躯分界，包括尻、尾、乳房和生殖器官等部位。

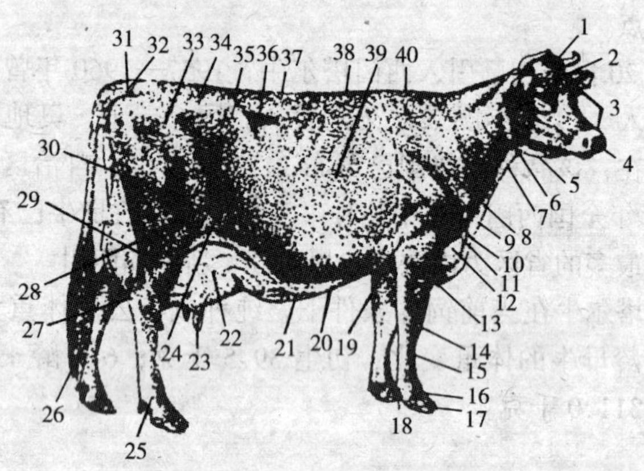

图 1-1 牛体部名称

1. 额顶 2. 前额 3. 面部 4. 鼻镜 5. 下颌 6. 咽喉 7. 颈部 8. 肩 9. 垂皮 10. 胸部 11. 肩后区 12. 臂 13. 前臂 14. 前膝 15. 前管 16. 系部 17. 蹄 18. 副蹄 19. 肘端 20. 乳井 21. 乳静脉 22. 乳房 23. 乳头 24. 后胁 25. 球节 26. 尾帚 27. 飞节 28. 后膝 29. 大腿 30. 乳镜 31. 尾根 32. 坐骨端 33. 髋（臀角） 34. 尻 35. 腰角 36. 肷 37. 腰 38. 背 39. 胸侧 40. 鬐甲

（二）奶牛体各部位特征

奶牛以产奶为主，躯体各部与泌乳密切相关的消化、呼吸、循环、泌乳等器官必须相应发达。

1. 头颈部

（1）头部　头部是以整个头骨为基础，以枕骨脊与颈部相连。头形有长短、宽窄、轻重、粗细之分，表现出明显的品种特征。奶牛头一般较清秀，狭长。

鉴定头部要注意头的大小、形状以及头部与整体的比例关系，同时要观察鼻镜、眼、角、耳、额等部位特征，母牛不得有雄像。

鼻镜：位于鼻的最前端，包括鼻孔，上下唇和口。鼻镜宜宽

广，口要方正，以示其有良好的采食、呼吸能力。

眼：两眼宜明亮、灵活，以示其健康与温驯。

耳：宜大小适中，以薄为佳，耳毛细、血管明显，分泌物丰富，内侧呈橘黄色更佳。

额：宜宽阔，以示其脑部发育良好。

(2) 颈部　颈部由7个颈椎为基础而形成。颈部前承头部，后接体躯，有平衡牛体重心的作用。

鉴定颈部，要注意头与颈、颈与肩的结合，结合处不宜有明显凹陷。颈有长与短，粗与细之分。奶牛颈宜薄、长而平直，两侧有较多细微皱纹。

2. 躯干部　躯干部的容积、形状和结构与内脏器官的发育和功能有密切关系。躯干部包括鬐甲、胸、背、腰、腹、尻、乳房及尾等部位。

(1) 鬐甲　鬐甲是以第二至第六个胸椎棘突与肩胛软骨联合而构成，它是颈肩、前肢和体躯的连接点，也是躯体运动的一个支点。鬐甲有长和短、窄和宽、低和高、尖和分叉之类型。

通过鬐甲形态可以鉴定奶牛的生产性能和健康状况。奶牛鬐甲宜长、平而较狭，多与背线呈水平状态。若营养不良，肌肉不发达，则会形成尖鬐甲；有时胸椎棘突发育欠佳，胸部两侧韧带松弛，体躯下垂，形成双鬐甲。尖鬐甲、圆鬐肩、双鬐甲均为胸部发育不良或过度肥胖的表现。

(2) 胸部　胸部位于鬐甲下方和两前肢之间，胸腔内有血液循环器官和呼吸器官。胸腔大小与心脏及肺部的发育和功能有关。胸有深浅、宽窄、长短之分。奶牛胸部宜深而宽（胸深应占体高1/2以上），肋间宜宽、长而开张。

(3) 背部　背部是由最后7个胸椎为基础而形成的。根据背部结构可以鉴定奶牛的体质强弱和生产性能。背有长和短、宽和窄、平和凹之分。奶牛背部宜长宽、平直。凹背和鲤鱼背均为严重缺陷。

（4）腰部　腰部的基础是6个腰椎，背腰和腰尻必须结合良好，背腰宜平直。凹腰及长狭腰均属体弱的表现。

（5）腹部　腹部位于背腰下方，腹腔内有消化器官。奶牛腹部宜宽、深、大而圆，肷部多呈凹陷状态。卷腹与垂腹是不良的表征。老龄牛、经产牛往往因消化力弱、营养不足而形成垂腹。

（6）尻部（臀）　由骨盆、荐骨及第一尾椎连接而成，下方有乳房和生殖器官。尻的大小和形态表现骨盆腔的容量，与生产性能、繁殖性能均有密切关系。尻部宜长、宽、平、方，并附有适宜肌肉，长度为体长的1/3，两腰角距离应宽。尻短、窄、尖、斜均属严重缺陷。

鉴定时要注意生殖器官发育情况，公牛的2个睾丸要对称，大小及长短要一致；副睾发育良好，包皮整洁、无缺陷。如有隐睾，则不能留作种用；母牛阴唇应发育良好，外形正常，阴户大而明显，以利于分娩。

尾：位于躯干最末端，与荐椎相连部分称尾根，末端的长毛称尾帚。尾应垂直，尾帚细长（超过飞节）。

（7）乳房部　乳房是母牛的主要器官之一，对奶牛则显得更为重要。乳房的位置、形状、大小及其固定韧带与腹壁的固着程度都与奶牛的生产性能有着最直接的关系。乳房宜容积大、呈方圆形（浴盆状），乳腺发达，柔软而有弹性，4个乳区发育匀称，前伸后延，附着良好。

乳头：位于乳房体下方，大小应适中，垂直呈柱形，乳头孔应松紧适度。4乳头间距离应均匀。

乳静脉：分左右2条，从乳房沿下腹部前行，经过乳井到达胸部，汇入胸内静脉，经前腔静脉入心脏，是由乳房内部向心脏输送大量血液的主要脉管。乳静脉应粗大、明显、弯曲，而且分支多（包括乳房静脉明显）。

乳井：乳井是乳静脉在第八、九肋骨处进入胸腔所经过的孔

道，其粗细是乳静脉大小的标志，一般左右两侧各 1 个，个别奶牛有 3 个或者更多，乳井应粗大而深。

乳镜：乳镜是指乳房后侧基部延伸至阴户夹于两后肢之间的稀疏毛区。乳镜宜宽阔。

3. 四肢部 四肢部包括前肢和后肢，是支持牛体重量和运动的重要器官，鉴定时要特别注意四肢的姿势。正确的姿势是从前面看，前肢应遮住后肢，前蹄与后蹄的连线和体躯中轴平行。两前肢的腕关节、两后肢跗关节均不应靠近，呈“X”或“O”状肢势都是严重缺陷。从侧面看也应有类似要求。此外，四肢的各个关节应结实，轮廓明显，结构、筋腱发育良好，系部有力，骨骼强壮，蹄形正而质地坚实，蹄底呈圆形，无裂缝。

除上所述，在对奶牛鉴定时，还应考虑奶牛的皮肤、被毛及肌肉的发育等特征。全身皮肤及被毛与品种特征有关。奶牛皮肤应薄而富有弹性；被毛细、平整而具光泽；换毛宜快而均匀；肌肉发育良好，皮下脂肪适中，病、弱牛被毛粗乱而无光泽。

总之，对奶牛的外貌特征要求可总结为：“三宽三大”，即背腰宽、腰角宽、后裆宽，腹围大、骨盆大、乳房大。

（三）奶牛外貌鉴定方法

1. 评分鉴定 评分鉴定是将牛体各部依其重要程度分别给予一定的分数，总分是 100。鉴定人员根据外貌要求分别评分，最后综合各部位评得的分数，即得出该牛的总分数，然后对照外貌评级标准确定外貌等级。

现将中国黑白花奶牛母牛外貌鉴定评分列于表 1－1。

对于乳用犊牛及周岁育成牛，由于泌乳系统尚未发育完全，泌乳系统可作为次要部分，而把重点放在一般外貌、乳用特征和体躯容积 3 部分。

母牛的外貌积分总分 80 分以上为特等，75～79 分为一等，70～74 分为二等，65～69 分为三等，65 分以下为等外级。

表1-1 母牛外貌鉴定评分表

项 目	细目与给满分要求	标准分
一般外貌与乳用特征	1. 头、颈、鬐甲、后大腿等部位棱角和轮廓明显	15
	2. 皮肤薄而有弹性,毛细而有光泽	5
	3. 牛体高大而结实,各部结构匀称、结合良好	5
	4. 毛色黑白花,界线分明	5
	小计	30
体 躯	5. 长、宽、深	5
	6. 肋间距宽,长而开张	5
	7. 背腰平直	5
	8. 腹大而不下垂	5
	9. 尻长、平、宽	5
	小计	25
泌乳系统	10. 乳房形状好,向前后延伸,附着紧凑	12
	11. 乳腺发达,柔软而有弹性	6
	12. 4个乳区匀称,前乳区中等大,后乳区高、宽而圆,乳镜宽平	6
	13. 乳头大小适中,垂直呈柱形,间距匀称	3
	14. 乳静脉弯曲而粗大,乳井大,乳房静脉明显	3
	小计	30
肢 蹄	15. 前肢结实,肢势良好,关节明显,蹄质坚实,蹄底呈圆形	5
	16. 后肢结实,肢势良好,左右两肢间宽,系部有力,蹄形正,蹄质坚实,蹄底呈圆形	10
	小计	15
	总计	100

2. 测量鉴定法 测量鉴定包括体尺测量和体重测量两项内容。体尺、体重是鉴定奶牛的两项重要指标，不同品种均规定有各自的标准。

(1) 体尺 体尺测量结果，可以矫正评分鉴定时的误差，同时将测得的数据经过统计分析，可以预测牛体生长发育和外貌特征，因此，体尺测量是奶牛选种的一项重要指标。常用的有以下几项：

体高——从鬐甲最高点到地面的垂直高度（用测杖量）。

体斜长——由肱骨前突起的最高点（即肩端）到坐骨结节最后端（臀端）之间的距离（用测杖或卷尺测量）。

体直长——切于肱骨前突起（肩端）的垂线到切于坐骨结节最后突起（坐骨端）的垂线之间的直线距离（测杖或卷尺）。

胸围——沿肩胛骨后缘量取体躯的周径（卷尺）。

腹围——腹部最膨大处的周径（卷尺）。

腰角宽——两腰角（髋结节）外缘间的距离（圆形触测器）。

尻长——从髋结节到坐骨结节最后突起间的距离（测杖）。

管围——在左前肢管骨上 1/3 处测量的周径（卷尺）。

测量体尺，必须较正好量具，被测量的牛必须站在平坦场地上，使牛呈自然姿势。奶牛体尺测量主要为体高、体斜长、胸围、管围等部位，不同年龄中国黑白花奶牛的体尺、体重指标如表 1－2。

表 1－2　母牛体尺、体重指标

年　　龄	体高(厘米)	体斜长(厘米)	胸围(厘米)	体重(千克)
6月龄	98 以上	105 以上	120 以上	165 以上
18月龄	118 以上	138 以上	170 以上	350 以上
三胎以上成母牛	128～134	160～180	185～205	550～650

（2）体重　体重是育种的一项重要指标。称量体重可准确地了解奶牛生长发育情况，并以此作为配合日粮依据。

称量体重最好是进行实际称重。泌奶牛称重时间应于挤扔后进行。称量一般用地秤，如无地秤设备，也可用小台秤。奶牛体重亦可根据体尺进行估计，各龄奶牛体重估测可用以下公式。

6～12 月龄：体重（千克）=［胸围（米）］^{2} × 体斜长（米）

16～18 月龄：体重（千克）=［胸围（米）］^{2} × 体斜长（米）

初产至成年：体重（千克）=［胸围（米）］^{2} × 体斜长（米）

（3）奶牛外貌的线性评定法　此方法起源于美国。这是指测

定1头奶牛的各种生物性状（如尻部的水平程度和乳房附着的宽度），按0～50分的范围，从性状的一个极端到另一个极端来衡量。这一方法评定15个主要外貌性状和14个次要外貌性状，提供了每头被评定奶牛线性描述的体型轮廓。综合和分析这些资料，可得出荷斯坦种公牛和母牛正确而详细的遗传预测，有利于公牛和母牛的矫正选配。

美国荷斯坦奶牛协会于1983年1月在奶牛群中开始实行线性外貌评定方法。“线性方法”是目前美国官方所使用的惟一外貌评定方法。荷兰、日本、英国、加拿大、德国等9个国家也已开始推广应用。

“线性方法”，与过去所使用的“描述性方法”所鉴定的性状基本上是一致的，但是“线性方法”是1～50分的范围，从性状的一个生物学极端到另一生物学极端来衡量。

荷斯坦牛的线性性状被分为15个主要性状和14个次要性状。主要性状是那些具有经济价值、变化性强、结合起来可以作为选择种牛依据的性状。次要性状的确立是为进一步估计其经济和遗传价值的研究收集更多的信息。次要性状是用于实验性的目的，鉴定员只在工作笔记本上注明生物学极端状况。除使用“线性方法”外，还继续按4个大特征，即总体表现、乳用特征、体躯容积和泌乳量计算出体型外貌的最后分数（以理想型的百分数表示）。

线性性状单一明确，能确切了解奶牛的机能特点，评分拉得开，牛个体间部位性状差别显著，便于统计。

研究表明，线性方法通过更为准确的衡量手段提高了种牛的遗传力。因而，奶牛饲养者也能够更容易识别出公牛间的区别。

（四）高产奶牛的外貌特征

从整体来看，高产奶牛外貌的基本特点是皮薄骨细，血管显

露，被毛细短而有光泽；肌肉不甚发达，皮下脂肪沉积不多；胸腹宽深，后躯和乳房十分发达，细致紧凑型表现明显。从侧望、前望、上望均呈“楔形”。

侧望：将背线向前延长，再将乳房与腹线连成一条线，延长到牛头前方，与背线的延长线相交，构成一个楔形。从这个体型可以看出奶牛的体躯是前躯浅，后躯深，表示其消化系统、生殖系统和泌乳系统发育良好，产奶量高（图 1-2.1）。

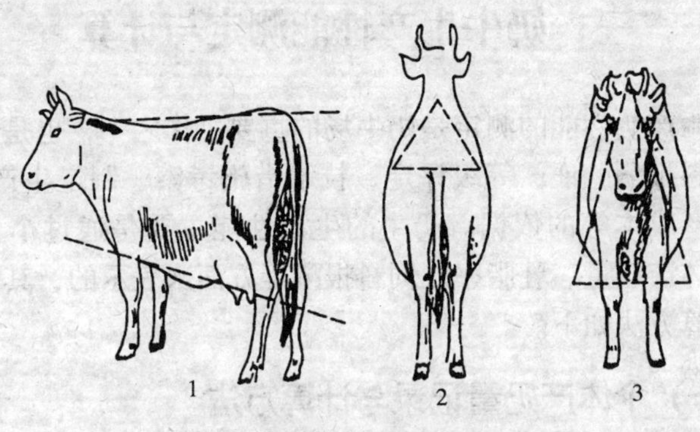

图 1-2　奶牛楔形模式图

1. 侧望　2. 上望　3. 前望

上望：由鬐甲分别向左右二腰角引两根直线，与两腰角的连

图 1-3　发育良好的奶牛外形

线相交，亦构成一个楔形。这个楔形表示后躯宽大，发育良好（图 1-2.2）。

前望：由鬐甲顶点作起点，分别向左右两肩下方作直线并延长之，而与胸下的直线相交，又构成一个楔形。这个楔形表示鬐甲和肩胛部肌肉不多，胸部宽阔，肺活量大（图 1-2.3）。图1-3 为发育良好的奶牛外形。

三、奶牛生产性能测定与计算

奶牛产奶性能的测定是奶牛场的重要工作之一，也是选育效果、饲料报酬验证、等级评定、技术措施考察、制定生产计划、计算生产成本等的依据。奶牛的生产性能主要是通过个体产奶量、群体产奶量、乳脂率、饲料报酬等方面来表示的，其具体测定、计算方法如下。

（一）个体产奶量记录与计算方法

个体产奶量的记录是产奶量统计的基础，其最精确的方法是：每头牛每次产奶量由挤奶员记录，日产奶量再由统计员统计，然后逐月统计至泌乳期结束，再进行总和，即为全泌乳期产奶量。但这种统计方法十分繁琐，工作量大。中国奶牛协会建议每月记录 3 次，每次之间相距 8～11 天，将每次所得数值乘以所隔天数，然后相加，最后即可得出每月产量和泌乳期产量，其计算公式为：

全月产奶量(千克) = $(M_1 \times D_1) + (M_2 \times D_2) + (M_3 \times D_3)$

式中　M_1、M_2、M_3——测定日全天产奶量；

D_1、D_2、D_3——当次测定日与上次测定日所隔天数。

用此种方法所测结果与每天实测相加的实际产乳量之间差异很小，呈极显著正相关（$r = 0.993$，$P < 0.01$）。

1. 305 天产奶量　在正常情况下，奶牛每年产犊 1 次，并有

60天干奶期，实际应产奶305天，为便于比较，中国奶牛协会都以统计305天产奶量为标准，即从产犊后第1天到第305天各日奶产量的总和。如实际产奶不足305天，则记录实际产奶量并记录产奶天数。如超过305天，则超出部分不计算在内。也有国家利用300天产奶记录或365天产奶记录。

2. 305天校正产奶量 为尽早进行后裔生产性能测定，中国奶牛协会规定对产奶不足305天的奶牛奶产量进行校正，并规定了统一校正方法，如表1-3，1-4。

表1-3 泌乳不足305天的校正系数*

泌乳天数 / 胎次	240	250	260	270	280	290	300	305
1	1.182	1.148	1.116	1.086	1.055	1.031	1.011	1.000
2~5	1.165	1.133	1.103	1.077	1.052	1.031	1.011	1.000
6以上	1.155	1.123	1.094	1.070	1.047	1.025	1.009	1.000

* 此表及表1-4系中国奶牛协会拟定。

表1-4 泌乳超过305天的校正系数

泌乳天数 / 胎次	305	310	320	330	340	350	360	370
1	1.000	0.987	0.965	0.947	0.924	0.911	0.895	0.881
2~5	1.000	0.988	0.970	0.952	0.936	0.925	0.911	0.904
6以上	1.000	0.988	0.970	0.956	0.940	0.928	0.916	0.908

3. 年度产奶量 指1月1日至本年度12月31日为止的全年产奶量，其中包括干奶阶段。

（二）群体产奶量统计方法

1. 按全年实际饲养奶牛头数计算 此方法是衡量饲料报酬、产乳成本及管理水平的依据。其计算公式：

$$\text{成年母牛全年平均产奶量} = \frac{\text{牛群全年总产奶量}}{\text{全年平均饲养成年母牛头数}}$$

全年平均饲养成年母牛头数，包括泌奶牛、干奶牛、转进或买进成年母牛、卖出或死亡以前的成年母牛，将上述成年母牛全年的饲养天数相加除以365天即计算出全年平均饲养成年母牛头数。

2. 按全年实际产奶牛头数计算 用年平均泌奶牛头数除牛群全年总产奶量即为泌奶牛年平均产奶量。计算公式：

$$泌奶牛年平均产奶量=\frac{牛群全年总产奶量}{全年平均饲养泌奶牛头数}$$

全年平均饲养泌奶牛头数是指全年每天饲养泌奶牛头数总和除以365天（闰年为366天），泌奶牛头数不包括干奶牛及其他不产奶牛。因此，计算结果比成年母牛全年平均产奶量高。

（三）含脂率测定和计算

常规的含脂率测定是在全泌乳期的10个月中每月测定1次，将测得的数据分别乘以该月的实际产奶量，再将所得的乘积相加，即得总乳脂量，然后除以总产奶量即得平均含脂率。含脂率用百分比表示。其计算公式为：

$$平均含脂率=\frac{\Sigma(F\times M)}{\Sigma M}\times 100\%$$

式中 Σ——累计的总和；

F——每次测得的含脂率；

M——该次取样期的产乳量。

测定含脂率多用巴氏（BaBcock）和盖勃氏（Gerber）法，但这两种方法繁琐，大量测定较困难，为简化手续，中国奶牛协会规定：整个泌乳期的第2、5、8个月各测1次，而后以上列公式计算平均含脂率。根据北京北郊农场利用此法测定结果，认为采用1个泌乳期测定3次的方法所得的结果与每月测定1次的结果差异极小，仅为0.012%。

目前含脂率的测定已有先进仪器。效率可大大提高，但该仪器价格昂贵，应用尚不普遍。

（四）4%标准乳的换算

标准乳也称乳脂校正乳（FCM），是按等能量计算的奶量。将不同含脂率的牛奶以能量为标准加以校正，便于个体牛产乳量的比较，国际上一般都以含脂率4%的乳作为标准乳，校正计算公式是：

$$FCM = M(0.4 + 0.15F)$$

式中：M——实际产乳量；

F——平均含脂率。

（五）饲养转化率的计算

饲料转化率是鉴定奶牛品质的重要指标之一，也是育种工作的重要内容。其计算方法如下。

1. 每千克饲料干物质生产牛奶的千克数 即将母牛泌乳期总产奶量除以同期实际喂饲各种饲料干物质量，其计算公式如下：

$$饲料转化率 = \frac{全泌乳期总产奶量(千克)}{全泌乳期饲喂各种饲料干物质总量(千克)}$$

$$= 千克奶/千克饲料干物质$$

2. 每生产1千克牛奶需消耗饲料干物质千克数 即将全泌乳期实际饲喂各种饲料的干物质总量（千克）除以同期的总产奶量（千克）。计算公式如下：

$$饲料转化率 = \frac{全泌乳期实际饲喂各种饲料干物质总量(千克)}{全泌乳期产奶量(千克)}$$

$$= 千克饲料干物质/千克奶$$

四、牛群标记与记录

（一）牛群的标记与编号

为了便于管理，应对牛场的所有牛只（不论选留与否）进行

固定的标记和编号。

1. 标记 常用的标记方法有画花片、剪耳号、打耳标、烙印、剪毛或书写等多种。

(1) 画花片 画制花片通常是按牛体左侧、右侧和头部正面3处的实际毛色，在纸上进行画图着色。绘制图像可用于保存备查。由于这种方法是利用个体之间毛色不同的特点，所以具有相同毛色个体不能应用。

(2) 剪耳号 就是在左右两耳缘上用特别的剪耳钳剪出缺口，这是一种永久性的标志，采用剪耳缺口必须分别在左右上下统一编号，其编号方法是左200，右100；左上10；左下30；右上1，右下3；左中800，右中400。

用剪耳缺口的方法编号，其缺点是不熟悉编号方案者不易识别牛号。

(3) 打耳标 这种方法是用打耳标钳将一印有组合数字的一凹与一凸的组件永久地穿戴于奶牛的耳上。大多数的组合数字，不论是从前面看，还是从后面看，都一目了然，远达30米，也可清楚看到。目前打耳标编号的方法运用较广，但质量不好的耳标很易失落。

(4) 冷冻烙印 冷冻烙印是永久性的标记，冷冻剂为干冰(-79℃)或液氮(-196℃)。

冷冻烙印的方法和步骤：奶牛自然站立于牛床，助手在一侧用一只手拉住牛尾，另一只手按在髋结节处作徒手保定。在奶牛体左（或右）侧尻部肌肉肥厚平坦处，用浓肥皂水涂擦，然后用手术刀片剔毛，并清洗干净。将铜制字码置入桶内，倒入少许液氮进行预冷，然后继续倒入液氮直至浸没铜制字码。在操作时应谨防液氮“沸腾”而溅出桶外。用95%酒精纱布将打号部位涂湿，然后用冻制的铜制号码在皮肤上按压烙印，其压力为10千克，各龄奶牛烙印时间为：初生至1月龄5秒；2～5月龄7秒；6～9月龄10秒；10～12月龄12秒；13～18月龄15秒；18月

龄以上20秒。如在黑毛部位烙印，则按压时间可略短，白毛部位则略长。按压烙印用力要均匀，达到其所需时间即可取下。

经烙印过的奶牛在烙号部位即出现凹进皮肤的字样，手触发硬，呈冻僵状态。皮肤解冻后呈现红肿，大约经过40天，被毛随皮肤结痂而脱落，冷冻烙号部位形成光秃伤疤。大约在70天开始在伤疤处长出白色被毛，形成与其他部位被毛长短相同的白毛字样，明显清晰，永不消失。

2. 编号与命名 奶牛群不论大小，均应进行编号，以便管理。

编号应简便，容易识别，编号方案一旦确定，则不能轻易更改，从外地（或国外）引进的奶牛，最好保持原有编号。如果与本场奶牛号相同，可另加一符号或数字，以示区别。

在奶牛生产中，通常采取如下几种编号方法。

（1）按出生或进场先后顺序 按奶牛出生或进场的先后顺序依次编号。其编号方法可根据奶牛群大小，采用十位、百位、千位。例如，从0001~1 000；公母牛（犊）编号可用相同号数。

（2）按出生年代 为便于区分牛只年龄，从每年元月1日起，从1号开始编号，在编号之前，冠以年代。例如，1986年出生的第一头母犊牛，即可编为861号。

（3）按公牛后代 为便于区别不同公牛的后代，在编号之前可冠以公牛号。例如，861号犊牛为108号公牛的后代，则861号母犊牛可标记为108/861。

（4）命名 种牛或个别优秀的奶牛个体，有时除编号外，还予以命名。例如：“北京1号”、“豹子公牛”等等。命名一般是从奶牛场所在地区、该牛特点而命名。

（二）育种记录

育种记录是育种工作的重要内容之一，完整的育种资料来源于平时认真记录与累积，这是一件平凡而艰巨的工作，但绝不能

有半点疏忽，否则将会造成严重的不良后果。没有记录，育种工作就无法进行，等于空谈。

常用的奶牛育种记录有以下几种：

1. 配种繁殖记录 配种繁殖记录的内容包括：母牛号、与配公牛号、配种日期、配种次数与方法、预产日期、实产期、怀孕天数、初生小牛毛色、体重、性别、编号等，进行胚胎移植的母牛，还应记录胚胎的来源、编号、亲本、品种、移植日期等。

2. 体尺及增重记录 此项记录应按不同年龄定期测量体尺和称重。

3. 外貌评分记录 每头奶牛应有一份外貌评分记录。

4. 生产性能记录 奶牛的产乳量及牛奶含脂率等各项记录必须详尽填写。

5. 兽医诊断及治疗 包括繁殖疾病、乳房疾病和其他疾病。应记录其发病日期、诊断日期、病因病况、临床表现、病理解剖、治疗方法及结果等。

育种记录应做到一牛一卡，此卡除登记上述整理的全部繁育资料外，还应记录牛的品种、出生日期、特征、系谱和后裔测定成绩、健康状况等。记录档案必须妥善保管，以备查阅。

五、优良奶牛的选择

奶牛的生产性能表现是由其遗传性和外界环境条件共同作用的结果，而遗传性是决定因素，如果遗传基础不好，尽管饲养管理条件很好，也不会表现出很高的生产性能，只有通过奶牛的品种、血统、生产性能等方面的选择育种，才能育出健康、高产、长寿等经济价值高的优良个体和群体。

（一）品种要好

对奶牛的选择，首先要选好的品种。品种好的奶牛具有良好

的遗传性，在好的饲养管理条件下，能发挥优良的生产性能，现在乳用牛品种很多，目前多认为最好的奶牛品种是荷斯坦牛，我国绝大多数专业奶牛场的奶牛品种是中国荷斯坦牛。

（二）血统要纯

同是中国荷斯坦牛，来自不同奶牛个体的后代，其生产性能、体型、外貌等差异很大，不论是买牛或是选留奶牛，都要特别注意看谱系、查血统，要选亲代和祖代产奶性能、体形外貌、繁殖性能好、利用年限长的奶牛。

（三）生产性能要好

奶牛的生产性能主要包括产奶量和乳脂率，产奶量是反映一头奶牛的实际泌乳能力，也是奶牛最主要的经济性状；乳脂率是评定牛奶品质的一项重要指标。

由于奶牛产奶量的遗传力不高（约 0.3 左右），受外界环境的影响较大，在选择比较产奶量时，应考虑饲养管理因素，最好是在同一季节内产犊，并在相似的饲养管理条件下的母牛间进行比较。此外，还应考虑母牛的年龄、胎次及健康等因素，奶牛不同胎次的产奶量是不一样的，在较好的饲养管理条件下，中国荷斯坦牛的产奶量以第五胎为最高，第二胎比第一胎约上升12%～18%；第三胎比第二胎上升 8%～12%，第四胎比第三胎上升 5%～8%；第五胎比第四胎上升 2%～5%；第六胎开始逐胎下降。泌乳期过短的牛（指未到 305 天就自动停奶的牛）也不宜选留。

乳脂率遗传力较高（约 0.6 左右），通过选择，可以提高牛奶中乳脂的含量，中国荷斯坦牛乳脂率通常为 3%～4%。

奶牛的产奶量与乳脂率之间存在一种负相关关系，因此在选择产奶量的同时，最好也应注意对乳脂率的选择。

生产性能的等级评定：在奶牛生产性能统计的基础上，可对

每头产奶牛进行生产性能的等级评定。中国荷斯坦牛的生产性能等级评定标准如下表 1－5。

表 1－5　中国荷斯坦牛生产性能评定标准

胎次	一胎		三胎				五胎				乳脂率%
性能	产奶量	乳脂量	产奶量	乳脂量	累加产奶量	累加乳脂量	产奶量	乳脂量	累加产奶量	累加乳脂量	
特等	5 000	185	6 000	222	16 500	610	7 000	239	30 000	1 100	3.6
一等	4 000	148	5 000	185	13 500	500	6 000	222	25 000	925	3.6
二等	3 000	111	4 000	148	10 500	388	5 000	185	20 000	740	3.6
三等	2 500	93	3 500	129	9 000	333	4 000	148	16 500	610	3.6

（四）体型外貌要好

体型外貌是奶牛体质的外表形态，在一定程度上反映着机体内部机能、生产性能和健康状况，因此可根据其体型外貌来判断其生产力的类型和性质，在购牛或选种时要选择体型外貌等级高的奶牛。

第二章 奶牛的饲料

奶牛的饲料可分为青绿饲料、青贮饲料、粗饲料、能量饲料、蛋白质饲料、矿物质饲料、饲料添加剂。

一、青绿多汁饲料

青绿饲料是以植物新鲜茎叶作为饲料，自然状态下水分含量高（70%～95%），富含叶绿素。其中包括：草地青草、田间杂草、栽培牧草、嫩枝树叶、菜叶类、藤蔓，以及非淀粉质的块根茎类及瓜果类。

（一）青绿饲料

1. 青绿饲料的营养特点 青绿饲料含有丰富的粗蛋白质，而且这类蛋白质生物学价值较高，尤其含有对泌乳家畜特别有利的叶绿蛋白；含有各种维生素，胡萝卜素尤其丰富，在青饲季节牛体内贮存大量胡萝卜素及维生素 A，供枯草期消耗；青绿饲料中含有丰富的钙、钾等碱性元素，尤其是豆科草中钙的含量更为丰富，而且钙、磷比例适宜，所以以青绿饲料作为主要饲料的牛不会出现缺钙现象；青绿饲料粗纤维含量低，木质素少，无氮浸出物较高；青绿饲料幼嫩多汁，适口性好，具有刺激消化腺的分泌作用，消化率高，并可提高整个日粮的利用率。但青绿饲料水分含量高，能量相对较低。因此，对高产奶牛来说，以青绿饲料作为日粮不能满足其能量需要，必须配合其他能量饲料。

2. 几类青绿饲料的特性及其利用

（1）天然牧草　天然牧草主要指草地牧草及田间杂草，一般认为田间杂草质量较佳，塘边、河滩的青草质量次之，旱荒地的青草品质最差。野草、野菜在农区也是重要的饲料资源，是奶牛的蛋白质、维生素和钙的重要来源。利用天然牧草应注意的以下问题。

①天然牧草木质化快，因此，无论放牧或青刈利用均需及时，在抽穗开花前后利用为最适宜，结籽后的野草，粗纤维含量增高，适口性差，营养价值大减。

②青绿饲料的利用要注意均衡供应，要延长青饲时间，放牧时最好实行分区轮牧。

③使用田间杂草，必须注意是否在近期内使用过农药，以免误食中毒。

④在春季刚开始利用（放牧）青草时，青草数量少，应优先给怀孕母牛和幼畜，饲喂时要逐渐增多。

（2）栽培牧草　栽培牧草在我国已有悠久的历史，通常栽培的青绿饲料有紫花苜蓿、紫芸英、草木樨、沙打旺、黑麦草，鲁美克斯 k_1 等。

（3）青刈饲料作物　播种大田作物用来青饲家畜，在奶牛业中已被普遍采用。这类饲料产量较高，适用于各种家畜。

目前广泛使用的青刈饲料作物有：青刈玉米、黑麦草、苏丹草、甘薯蔓等。

（4）其他青绿饲料　叶菜类饲料，如萝卜叶、胡萝卜叶、甘蓝老叶、甜菜叶等；枝叶饲料，如榆、杨、柳、桑、槐等的枝叶；水生饲料如水浮莲、水葫芦、水花生、浮萍等。

此类青绿饲料因水分含量大，能量较低，易吃个“水饱”；青绿饲料含有较多草酸，具有轻泻作用，易引起拉稀，影响钙的吸收；叶菜类含有较多的硝酸盐，贮存不当时易变成亚硝酸盐，饲喂过量，会引起亚硝酸盐中毒，因此在饲喂此类青绿饲料时要注意饲喂方法和饲料配合。

(二) 多汁饲料

1. 多汁饲料的营养特点

(1) 含水分量大，松脆，适口性好，易消化并且有助于日粮的消化，有机物的消化率高达 85%～90%。

(2) 含粗纤维少，仅占干物质的 3%～10%，主要含有无氮浸出物，风干后又作为能量饲料应用。

(3) 含粗蛋白质、钙、磷少，但利用率高。粗蛋白质约占干物质的 10%，其中约一半是非蛋白质含氮物，蛋白质的生物学价值相当高。

(4) 胡萝卜素的含量差异很大，其中胡萝卜、黄心甘薯、南瓜含量丰富，而白心甘薯、马铃薯则缺乏。维生素 C 含量丰富，维生素 B 族较少。

2. 几种常用的多汁饲料

(1) 块根类　如胡萝卜、甘薯、饲用甜菜等，胡萝卜是冬季奶牛重要的多汁饲料，日粮中适当添加，能较大地提高其营养价值，对犊牛的生长发育和奶牛的泌乳量均具有促进作用，对保持母牛正常的繁殖能力也很重要。饲用甜菜产量高、营养价值较高，但新鲜甜菜含有硝酸盐，不能鲜喂，以免引起中毒。

(2) 块茎类　如马铃薯等。这类饲料含有大量淀粉。

(3) 瓜类　如南瓜、西葫芦等，营养丰富，适口性好，易贮存和运输，具有增进食欲，提高产奶量的作用。

多汁饲料在贮存时应防霉变、虫食和霜冻，饲喂时应洗净泥土、切除霉烂部分，以免引起疾病。

二、青贮饲料

青贮饲料是将新鲜的青刈饲料作物、牧草、野草及收获籽实后的玉米秸和各种藤蔓等，切碎装入青贮窖或塔内，隔绝空气，

经过微生物的发酵作用，制成一种具有特殊气味、适口性好、营养丰富的饲料，它基本上保持了青绿饲料原有的一些特点。青贮过程的实质是在于将新鲜植物紧实地堆积在不透气的窖或塔内，通过微生物——主要是乳酸菌的厌氧发酵，将原料中所含的糖分分解为有机酸——主要是乳酸，借此提高酸度，当乳酸在青贮原料中积累到一定浓度时（pH 为 4 左右），抑制了其他微生物的活动，阻止原料中养分继续被微生物分解或消耗，从而能很好地将原料中养分保存下来。

（一）青贮原料

根据青贮过程中微生物活动的特点，对青贮原料应有如下要求。

适量的碳水化合物：乳酸菌的主要养分是糖，青贮原料中含糖量不宜低于 1.0%～1.5%，否则影响乳酸菌的正常繁殖，青贮饲料的品质难以保证。含碳水化合物较多的青玉米秸、青高粱秸、甘薯蔓、块根、块茎等青绿多汁类秸秆资源做青贮原料比较好；而含蛋白较多、碳水化合物较少的青豆秸等青贮时，须添加 5%～10%的富含碳水化合物的饲料，以保证青贮饲料的品质。

适宜的水分：原料水分不足，青贮时难以压实，空气排不尽时往往使腐败菌和霉菌大量繁殖，青贮内温度升高，养分损失较多。一般地说，青贮原料含水量应在 65%～75%，原料粗老时不宜青贮，若要青贮须加水使水分含量提高至 78%～82%。

青贮原料应切短：一般以 3～5 厘米为宜。装填时应踏紧压实，排尽其中的空气，创造适宜乳酸菌活动的厌氧条件，又可抑制腐败菌和霉菌的活动。压踏紧实的青贮饲料，发酵过程中温度最高不会超过 38℃。

（二）青贮设备

制作青贮料的设备通常主要是青贮窖（壕）和青贮塔，前者

适用于地下水位不高的农村养殖户。

1. 窖址选择 青贮窖应选择地势较高、向阳、干燥、土质较坚实的地方，避开交通要道，远离河渠、池塘、粪场、垃圾堆等，四周要有排水沟，防止雨水流入窖内，同时要距畜舍较近，四周要有一定空地，便于运料和切碎原料。

2. 形状大小 青贮窖一般为圆柱形和长方形，圆柱形适宜家畜头数不多的饲养场，形式有地上、地下、半地下，制作材料有土质、砖质和石质。长方形窖要求四角成半圆形，上口宽度大于下底宽度，宽与深的比例以1:1.5～2为宜，内壁要光滑平直。青贮窖挖修好后要晾晒1～2天。

表2－1中参数可供计算青贮容器的容量。

表2－1 几种青贮原料的容量（千克/米^3）

切碎程度 / 重量 时间 / 原料类别	铡得细碎的(3cm以下)		铡得较粗的(3～5cm)	
	制作时	利用时	制作时	利用时
菜叶类及根茎类	600～700	800～900	550～650	750～850
藤蔓类	500～600	700～800	450～550	650～750
玉米秸	450～500	500～600	400～450	450～550

（三）青贮方法

铡短青贮原料：青贮原料如果是玉米秸，以铡成2～3厘米长为宜；白薯秧等以铡成5～10厘米长为宜。将青贮原料铡短，除便于压紧、踏（压）实和取料方便外，还可提高青贮饲料的利用率。

青贮原料的装填：装填青贮原料的速度要快，最好1～2天内将全部原料装在窖内并封好，至迟不要超过3～4天。容积较大的窖，在1～2天内装不满时，应采用逐层分段摊平压实的方法，保证其质量。装料前，窖底应先铺一层20厘米左右厚的碎

草，然后再装添青贮原料。

压实：将青贮料压实，是保证青贮饲料质量的重要一环。大型容积的青贮窖，最好用履带式拖拉机碾压，每装入 30～50 厘米厚的原料就要碾压 1 次。小型青贮窖可用人工踏实，每装入 10～15 厘米厚原料踏 1 次。要特别注意窖边、角部位的压实。

盖土封埋：将青贮原料装满窖并堆高至高出窖口 0.5 米后，用塑料布严密覆盖，再覆土密封压紧，以防止漏气。覆土的厚度因气温而定，北方要适当厚些，如北京地区一般覆土 30～50 厘米。封埋后 3～5 天饲料开始下沉，覆土后出现裂缝或凹坑时，应及时覆盖新土以填补，约经 1～1.5 个月，便可开窖饲用。

在调制青贮饲料时也可以添加一些其他物质，即制成添加剂青贮，如添加促进乳酸发酵的原料（糖、蜜、麸皮、甜菜渣、乳酸菌制剂等），又如添加尿素（1%～3%）提高青贮饲料的总氮量。

（四）青贮料品质评定

青贮料品质的评定可以从色、味和质地几个方面进行：

颜色：因原料与调制方法不同而有差异。青贮料的颜色越接近原料颜色，说明青贮过程越好。品质良好的青贮料，颜色呈黄绿色，pH 为 4.0～4.2；中等品质的青贮料呈黄褐色或褐绿色，pH 为 4.6～4.8；劣等的青贮料为褐色或黑色，pH 为 5.5～6.0。

气味：正常青贮料有一种酸香味，略带水果香味者为佳，有刺鼻的酸味，则表示含有醋酸较多，品质较次，霉烂腐败并带有丁酸味（臭）者为劣等，不宜喂家畜。换言之，酸而喜闻者为上等，酸而刺鼻者为中等，臭而难闻者为劣等。

质地：品质好的青贮料在窖里压的非常紧实，手感柔软，略带潮湿，松散不黏手，茎、叶、花仍能辨认清楚。若结成一团，发黏，分不清原有结构或过于干硬，都为劣等青贮料。

三、粗饲料

凡干物质中粗纤维含量在18%以上者，均为粗饲料。主要包括干草、稿秆、秕壳及部分木本树叶等。

（一）青干草

细茎的牧草、野草或其他植物，在结籽前收割其全部茎叶，经自然（日晒）或人工（烘烤）蒸发其大部分的水分，干燥到能长期贮存的程度，即成为青干草。

1. 青干草的特性及其利用 青干草是一种较好的粗饲料，是奶牛的最基本、最主要的饲料。配合日粮时，应以青粗饲料为主，适当搭配精料的原则。青干草与精料比较，不仅蛋白质的品质完善，而且各种营养物质的含量比较平衡，胡萝卜素的含量丰富，矿物质的组成比例合理，虽然纤维素含量比较多，但只要适时刈割，木质化程度较轻，粗纤维的消化率较高，约为70%～80%。

2. 青干草调制过程中养分的变化及其控制 目前调制干草方法有自然干燥和人工干燥两种。国际上已有不少国家采用人工干燥法，国内仍以自然干燥为主。同一原料，用不同方法或同一方法，而调制过程长短不一，养分的损失也是不同的。我国目前广泛采用的地面干燥法，干物质、粗蛋白质的损失达20%左右。这些损失主要是由机械作用、日光氧化、细胞饥饿代谢而引起的。

晒制干草是个相当复杂的变化过程，一般可分为两个阶段：

第一阶段：由植物刈割至水分降到38%～40%左右。这个阶段的主要特点是植物虽割下，但细胞尚未死亡，继续进行着呼吸作用，植物体内的淀粉、糖和蛋白质受到分解，这种分解称为饥饿代谢。饥饿代谢损失的养分，全是家畜能消化的。只有植物

中水分减少至38%～40%以下时，细胞才死亡，分解作用才停止。在这一阶段中养分的损失量一般为5%～10%。在生产实践中，将草铺薄、暴晒、勤翻动，加快水分蒸发，可以缩短饥饿代谢时间。

第二阶段：由植物细胞死亡开始至晒干（含水分在14%～17%左右）。这阶段的特点是植物体内养分受细胞内酶的作用而被分解，同时，还受日光和机械作用破坏。主要的损失是维生素和可消化营养物质，损失的量与植物种类有关，豆科牧草的损失往往大于禾本科牧草的损失，因豆科草叶柄细，茎叶不能同时干燥。而禾本科牧草通常茎为中空，易干燥，而且叶片附着牢固，不易掉脱。

由于第二阶段的变化过程不同于第一阶段，故采用减少养分损失的措施也不同。第二阶段既要加速晒干，使酶类的活动尽快停止，又要设法减少由于日光暴晒而破坏胡萝卜素和机械作用所引起的养分损失。所以，应将草堆成松散的小堆或移至通风良好的荫棚下晾干为佳，切勿与第一阶段一样平铺于地面曝晒或过多翻动。

青干草调制的方法有田间晒制法、草架干燥法、发酵干燥法、化学制剂干燥法，以化学制剂干燥法最理想，田间晒制法最简易，但田间晒制青干草养分损失较多，草架干燥法则较合理地适应了晒制过程中植物体的生物学变化，成为简单而实用的干草晒制方法。青干草的堆垛贮藏也是防止养分损失的重要方面，堆垛贮藏的青干草水分含量不能超过18%，草垛应坚实，均匀，不受雨水浸蚀。

（二）稿秕类饲料

稿秕类饲料包括稿秆和秕壳两大类，稿秆是指各种作物收获籽实后的秸秆，包括茎秆与叶片，如谷草、玉米秸、麦秸、稻草、大豆秸、豌豆蔓等；秕壳是作物脱粒碾场时的副产品，包括

种子的外壳、荚壳、部分瘪籽、杂草种籽等，如麦糠、豆荚子等。

1. 稿秕类饲料的特点 稿秕类饲料粗纤维含量高（35%~45%），蛋白质含量少（2%~8%），钙磷含量很少，其中豆科较禾本科好些。这类饲料较粗硬，适口性差，营养价值低，饲喂时应配合其他饲料。

2. 几种常用稿秕类饲料的饲用价值及合理利用

（1）谷草　谷草的营养价值在禾本科秸秆中居首位，相当于品质中下等的青干草。它叶片多，压扁切碎后，适口性好。

（2）麦类作物秸秆　如小麦、大麦、小黑麦、燕麦、黑麦秸秆等，以燕麦为最好，黑麦秸秆最差，这些均是北方草食动物（主要是牛）的基本饲料。

（3）稻草　是水稻种植区役用家畜的主要饲料之一，营养价值优于麦秸。在使用过程中应注意霉烂及泥沙等夹杂物。

（4）玉米秸　当玉米果穗收获之时，茎叶尚有绿色，饲用价值较高，砍割后由于干燥与贮藏过程中经风吹、日晒、雨淋，营养干物质损失达20%左右，甚至更多，特别是可溶性碳水化合物、粗蛋白质和维生素，因此，干玉米秸秆的营养价值不能与初收获时同等看待。玉米秸秆最好的利用方式是调制青贮料。建议采用以下两种利用方式。

①玉米果穗收获前7~10天，在植株的果穗上方留下一片叶后，削取上梢，制成青贮料。试验表明，玉米在收获前7~10天削去上梢，不但不影响籽实产量，反而由于通风透光改善，促进玉米提早3~4天成熟。用上梢制成的青贮料营养价值较高，含蛋白质、维生素多，可在冬季饲喂产奶母畜或幼畜。这种方法还有利于劳动力的安排。

②在收获果穗后，立即将全株玉米秸秆的上半株或上2/3株切碎调制成青贮料，供大家畜饲用。剩余部分晒干后作燃料用。在青贮时也可加入0.5%~0.7%的尿素，制成玉米秸尿素青贮

料。

最近育成了一种玉米新品种，在收获籽实后茎叶能较长时间保持青绿色，这样的品种用作饲料，是很有发展前途的。

(5) 禾谷类秕壳　所有禾谷类秕壳中，以谷子的秕壳含粗蛋白质与无氮浸出物最多、含粗纤维较低。稻、麦等秕壳有芒，有芒的秕壳在饲喂时，通常要采用湿润或浸泡方法处理，使芒变软，稻壳的营养价值极低，有人用它作猪料的填充物质。

(6) 豌豆蔓　豌豆的品种很多，各品种间蔓的产量与营养价值差别很大。但总的看，豌豆蔓质地较软，营养价值较高，是各种秸秆中较好的。

如前所述，此类饲料来源广，数量多，价格便宜，在畜牧业生产中占有重要地位，但营养价值低，故如何提高它们的营养价值已成为畜牧生产的一项重要任务。

(三) 粗饲料的加工调制

粗饲料在草食家畜日粮中占很大比例，其中秸秆是主要组成部分。粗饲料经适当加工调制，可改变原来的体积和理化性质，提高适口性，改善消化性，提高营养价值。常用的加工调制方法有：物理加工、化学加工及微生物加工。

1. 物理加工

切短：秸秆较粗硬，经切短处理，除便于采食、减少浪费外，还易于和精料拌和。饲喂牛切短长度为3~4厘米。

粉碎：对草食动物来说，经粉碎后可提高采食量，多采食部分可补偿粗饲料本身所含能量的不足，但不宜粉碎过细，过细会影响消化。

热喷：将初步破碎的秸秆装入压力罐内，在5千克左右的压力下，突然减压喷放，即可成为热喷饲料。在减压喷放过程中可使其粗纤维结构发生变化，可提高秸秆饲料的消化率。

2. 化学加工　物理方法处理粗饲料，一般只能改变粗饲料

的物理性状，而对于饲料营养价值的提高作用不大，化学处理则不同。用氢氧化钠、氨、石灰、尿素等碱性化合物处理，可以打开秸秆纤维素和半纤维素与木质素之间对碱不稳定的酯链，溶解半纤维素和一部分木质素及硅，使纤维素膨胀，从而使瘤胃液易于渗入。强碱，如氢氧化钠，可以使50%的木质素水解。化学处理不仅可以提高秸秆的消化率，而且能够改进适口性，增加采食量，这是目前在生产中较实用的一种加工途径。

（1）*石灰乳碱化法* 将45千克生石灰溶于1吨水中，调制成石灰乳，再将秸秆浸入石灰乳中3～5分钟，把秸秆捞出后，经24小时即可给牲畜饲喂。捞出的秸秆不必用水清洗，石灰乳也可以继续使用1～2次。一般来说，石灰乳碱化处理法是比较经济的。

石灰乳处理效果不如氢氧化钠好，且秸秆易发霉，但因石灰来源广，成本低，对土壤无害，钙对动物也有好处，故被广泛应用。为了调节这类饲料的钙、磷平衡，饲喂时应掺入脱氟磷酸盐（如脱氟磷肥）等矿物质补充料。必要时加入1%的氨，防止秸秆发霉。

（2）*尿素氨化法* 将3千克尿素溶于60千克水中，均匀地喷洒到100千克秸秆上，逐层堆放，用塑料膜覆盖，也可利用地窖进行尿素氨化处理切碎了的农作物秸秆。由于秸秆中存在尿素酶，尿素在尿素酶的作用下分解出氨而对秸秆进行氨化作用。在尿素短缺的地方，用碳氨也可进行秸秆氨化处理，其方法与尿素氨化法相同，只是由于碳氨含量较低，其用量必须相应增加。

（3）*微生物发酵加工* 近年来，为了提高家畜对秸秆饲料，特别是麦秸、稻秆、玉米秸秆的利用率，在这些饲料发酵调制时，添加木质纤维分解菌和有机酸发酵菌，这些微生物作用于秸秆使木质纤维类物质大幅度降解，转化为乳酸和挥发性脂肪酸，这就是微贮技术。以麦秸为例，经微贮发酵后，其干物质消化率提高24.14%，粗纤维消化率提高43.77%，有机物消化率提高

29.4%，干物质的代谢能为8.73兆焦/千克，而消化能为9.84兆焦/千克，总能量几乎无损失。微贮所用的木质纤维分解菌和有机酸发酵菌是生物技术制备的高效复合干菌剂，有市售，微贮时只需复活菌种并用0.8%～1%的食盐水配制成菌液，分层洒于需微贮的秸秆上，每层秸秆厚20～30厘米，其他操作与青贮相同。

四、能量饲料

能量饲料系指干物质中粗纤维含量低于18%，同时粗蛋白质量低于20%的饲料，包括谷实类饲料，麸糠类饲料，淀粉质块根、块茎、果类饲料等。在奶牛业上常用的能量饲料为谷实饲料，麸糠类饲料。

（一）谷实类饲料

1. 谷实类饲料的营养特点　谷实类饲料的最大特点是淀粉含量高，粗纤维含量很少，是家畜饲料中能量的主要来源，蛋白质含量较少（8%～11%），含钙少，含磷多，维生素 B_1 含量丰富，维生素E含量较多，维生素D含量少。

2. 几种主要谷实类饲料的营养特点

（1）玉米　玉米是奶牛的主要能量饲料，可利用能量高，含代谢能3.17兆卡，含无氮浸出物70%，消化率高达90%，富含亚油酸，但蛋白质含量较低（9%），且蛋白品质欠佳，缺乏赖氨酸和色氨酸，日粮配比时需与饼粕类饲料搭配，黄色玉米中含有胡萝卜素和硫胺素，含钙、磷低。

玉米入仓贮存时，含水量不得高于14%，否则，极易腐败变质，感染黄曲霉。

（2）高粱　高粱的代谢能水平与玉米相当，是很好的能量饲料，且抗逆性比玉米强，但含单宁过多，适口性差，在日粮中应

限量使用，一般不超过日粮的20%。喂前最好压碎。

(3) 大麦籽实　大麦籽实有两种，带壳者叫“草大麦”，不带壳者叫“裸大麦”，“草大麦”代谢能水平较低，适口性很好，“裸大麦”代谢能高于“草大麦”，蛋白质含量高，与小麦相似，喂前必须压扁，但不要磨细。

(4) 燕麦籽实　燕麦籽实粗纤维和蛋白质含量分别为8%和11.5%，代谢能是所有谷实类饲料中最高的。

(5) 糙大米和碎大米　糙大米是稻谷脱去砻糠（外壳）后带有内壳的籽粒，其代谢能水平相当高，为3.34兆卡/千克，与玉米籽实相近，蛋白质含量也与玉米籽实相近。

碎大米是糙大米脱去大米糠（内壳）制作食用大米时的破碎粒，含有少量大米糠，其代谢能水平与玉米近似。

（二）麸糠类饲料

麸糠类饲料主要是指小麦麸和大米糠，另外还有高粱麸（细糠）、玉米麸（细糠）、小米细糠（小米糠）。

1. 营养特点　蛋白质含量15%，比谷实类饲料高；维生素B族含量丰富，维生素E含量也较多；物理结构疏松，含适量的粗纤维和硫酸盐类，有轻泻作用；含钙少，含磷多；有吸水性，容易发霉变质。代谢能水平低于谷实类一半。

2. 几种主要麸糠类饲料的营养特点及其利用

(1) 小麦麸　小麦麸是奶牛良好的饲料，可称为保健性饲料。因其结构疏松而且含有轻泻性盐类，有助于胃肠蠕动，保持消化道的健康。对于繁殖家畜，尤其是临产前和泌乳期饲喂，更具保健作用。通常在日粮中可占到8%～15%。

(2) 大米糠　100千克稻谷可出72千克大米、28千克糠，其中砻糠22千克，大米糠6千克。大米糠粗脂肪含量高，代谢能水平在麸糠类饲料中最高，这也是造成贮存时极易发热、发霉的原因。新鲜的米糠，日粮中可占精料的20%，陈旧米糠则易

引起奶牛下痢。

五、蛋白质饲料

蛋白质饲料指干物质中粗蛋白质含量高于20%，粗纤维含量低于18%的饲料，包括植物性蛋白质饲料、动物性蛋白质饲料、微生物蛋白质饲料和非蛋白含氮化合物。

（一）植物性蛋白质饲料

植物性蛋白质饲料指富含油质的植物籽实脱除油脂后的加工副产品，主要包括大豆饼（粕）、棉饼（粕）、花生饼、菜籽饼（粕）、亚麻饼（粕）。

1. 大豆饼（粕） 大豆饼（粕）是所有饼（粕）中最为优越的，其代谢能较高，适口性好，粗蛋白质含量较高（40%～44%），是奶牛主要的蛋白质饲料。

生大豆和未经加热的大豆饼（粕）含有胰蛋白抑制因子，不能直接饲喂奶牛，必须熟制后才能饲喂。

2. 棉籽饼（粕） 棉花籽实脱油后的饼（粕），因加工条件不同，营养价值相差很大。主要影响因素是棉籽壳和棉绒是否去掉和脱掉的程度，这决定了可利用能量水平和粗蛋白质含量。

完全脱壳的棉仁所制成的是棉仁饼（粕），蛋白质含量可达41%以上，代谢能达2.4兆卡/千克，与大豆饼不相上下。不脱壳的棉籽所制成的是棉籽饼（粕），粗蛋白质含量不超过28%，代谢能为1.5兆卡/千克。

棉仁中含有棉酚，加工技术不同，棉仁饼（粕）中棉酚含量不同。奶牛对棉酚的耐受性较强，但长期使用会在奶牛体中积蓄造成中毒。因此，日粮中应限制其用量，成年母牛日粮不应超过混合料的20%，或日喂量不超过1.4～1.8千克。

棉酚分为游离棉酚与结合棉酚两种，结合棉酚无毒。在榨油过程中经100℃高温，棉仁中的一部分游离棉酚与氨基酸结合成结合棉酚。游离棉酚是一种萘的衍生物，能危害细胞、血管和神经，中毒症状表现为消化和心血管功能障碍、呼吸困难，严重时可致死。

棉籽饼（粕）去毒方法较多，介绍如下：

(1) 水热处理去毒法　将粉碎的棉籽饼加适量水煮沸，不时搅拌，煮约半小时，冷后备用。棉籽饼中游离棉酚在湿热处理时，可形成结合棉酚。

(2) 硫酸铵和生石膏处理法　取硫酸铵2千克和生石膏1千克，加入200千克水搅拌溶解，再加入100千克棉籽饼，充分搅拌，静置24小时，取出备用。游离棉酚可从0.065%下降至0.01%~0.02%。

(3) 硫酸亚铁脱毒法　一般根据棉籽饼中游离棉酚的含量，加入适量的硫酸亚铁（$FeSO_4 \cdot 7H_2O$）粉末，添加量按铁元素与游离棉酚的重量比为1:1，混匀即可，或加入0.5%的石灰水，用量为饼的5~7倍，去毒效果可达85%左右。用时混以其他饲料或晒干备用。硫酸亚铁中的Fe^{2+}与棉酚螯合，使游离棉酚失去活性，不易被动物吸收，从而起到去毒作用。

在榨油工艺过程增加简单的硫酸亚铁溶液喷雾设备，由进料口喷入。随榨油高温过程即可使油品及饼（粕）完成脱毒。硫酸亚铁的量可占原料的0.2%~1%。粕中游离棉酚含量可降至0.02%~0.04%，精品油中可降至0.012%，比常规方法分别降低56%和33%。

3. 菜籽饼（粕）　菜籽饼（粕）中可利用能量水平低，蛋白质含量中等，适口性较差。菜籽饼（粕）中含有芥子苷物质，用水浸泡或进入消化道后受芥子水解酶作用，形成异硫氰酸丙烯酯、噁唑烷酮等，这些物质有毒，可引起家畜中毒。因此，应限量使用，日喂量1~1.5千克，犊牛和怀孕母牛最好不喂。

异硫氰酸丙烯酯具有辛辣味，对皮肤、黏膜和消化道器官表面有损坏作用，也有致甲状腺肿大的不良作用，使动物生长速度降低。噁唑烷酮会抑制甲状腺素的合成，导致甲状腺肿大，降低动物的生长速度。

菜籽饼脱毒方法有多种，如坑埋法、水浸法、微生物发酵法、高温处理法、碱处理法、铁盐处理法及机械循环水剂脱毒等。其中效果较好的有坑埋法，即把菜籽饼埋于地下窖内，经2个月的自然慢性发酵，脱毒率可达94%。水浸泡法是用饼重的5倍的清水浸泡36小时，并换水5次，脱毒率可达90%。有试验用饼重1%的硫酸亚铁溶于饼重1/2的水中，然后拌入饼中，在100℃温度蒸30分钟，脱毒率可达77%。机械化浸提法是采用成套机械生产脱毒，采用1%～10%酸液作浸提剂，用量为饼的5～10倍，常温循环搅拌，4小时后等量水洗2～3次再压滤干燥即可，滤液还可综合利用，生产出的植酸和肌醇都是医药原料，有较高的经济效益，上述水提脱毒加工成套机械，已有河南省濮阳市粮油机械设备厂等几家生产。

4. 花生饼（粕） 去壳脱油的花生仁饼（粕）营养价值高，代谢能超过大豆饼（粕），蛋白质含量与大豆饼（粕）相当，而且适口性好，有香味。但很易染上黄曲霉，产生黄曲霉毒素。因此，在使用时，应注意其贮藏条件。饲喂量过多，可引起奶牛下泻。

5. 亚麻籽饼（粕） 亚麻籽饼（粕）含有一种黏性胶质，可吸收大量水分而膨胀，在瘤胃中滞留时间延长，有利于微生物对饲料进行消化。但亚麻仁饼中含有亚麻苷配糖体，经亚麻酶的作用，产生氰氢酸，引起家畜中毒。为防止其中毒，可将亚麻仁饼在开水中煮10分钟，使亚麻酶失活，防止其中毒。亚麻仁饼缺乏赖氨酸。

6. 糟渣类饲料 奶牛饲养中常用的糟渣类饲料有酒糟、啤酒糟、豆腐渣、玉米淀粉的提粉渣和甜菜渣等。糟渣类饲料含有

较多能量和蛋白质，体积大，适口性好，但含水量高，易于腐败变质。

（1）啤酒糟　啤酒糟是以大麦为原料，经发酵酿造啤酒后的工业副产品，具有明显的催奶效果，故在奶牛业中应用广泛，但过量饲喂会导致奶牛中毒，因此，饲喂时要适度，泌奶牛日喂时10～15千克；鲜喂，饲喂时每天添加150～200克小苏打，同时建议骨粉占日粮精料的2%。另外，由于奶牛在泌乳初期营养常处于负平衡状态，故产后1个月内的泌奶牛应尽量不喂或少喂啤酒糟，否则会延迟生殖系统的恢复，对发情配种产生不利影响。

（2）玉米淀粉渣　玉米淀粉渣含有较多蛋白质及少量的淀粉和粗纤维，适口性较好，因加工时加有少量亚硫酸，易引起奶牛发生膨胀和酸中毒，可在饲料中加入小苏打。玉米淀粉渣易酸败，应鲜喂或风干后保存，日喂量10～15千克。

（3）豆腐渣　豆腐渣的干物质中粗蛋白含量丰富，适口性好，是奶牛的良好饲料，由于含水量高，易酸败，最好鲜喂。日喂量为2.5～5千克，过量易引起拉稀。

（二）动物性蛋白饲料

这类饲料主要指肉食加工副产品、渔业加工副产品、乳及乳品工业副产品等。包括乳、脱脂乳、鱼粉、血粉、肉粉、肉骨粉、蚕蛹、羽毛粉、蚯蚓、食蛆及单细胞蛋白质，如酵母等食用微生物。

动物性蛋白饲料含蛋白质量高，质优，所含氨基酸齐全，比例合理，生物学价值高，特别是必需氨基酸（如色氨酸）含量丰富；含钙、磷充分且比例合适，利用率高；富含维生素 B_{12} 和维生素D。因此，属优质蛋白质饲料。

（三）尿素类饲料及其使用技术

尿素是一种非蛋白质氮素化合物，含有45%的氮素，氮素

在瘤胃内被微生物利用转化为菌体蛋白、之后在肠道消化酶作用下被牛体消化利用，因此饲喂尿素可提高饲粮中粗蛋白质含量。有效地利用尿素应按下列原则进行饲喂：

1. 需要尿素的日粮 补饲前对奶牛饲粮进行蛋白质含量估计，含量已够时，则不需添加尿素。蛋白质含量低（低于10%），能量含量高，谷类和玉米青贮等饲料含量低的日粮，需根据日粮中蛋白含量计算所添加尿素的量。

2. 尿素最高喂量 谷类混合料中可添加1%尿素；玉米青贮料中可添加0.5%尿素；每天每头成牛只限采食150～180克的尿素，或限食体重0.02%～0.05%的尿素。

3. 饲喂尿素应注意的事项

（1）尿素不易吞咽，应与谷类或青贮料混喂。

（2）饲喂尿素前应给予7～10天适应期，以后逐渐提高尿素用量至正常饲喂量。

（3）经常喂尿素，可提高奶牛对尿素的利用率。

（4）高含量尿素可引起中毒，尿素不宜撒在饲粮表面喂给。

（5）奶牛在产乳初期用量应受限制。

（6）不能将尿素溶在水里供牛饮用，也不能饲喂尿素后1小时内让牛饮水，以免尿素迅速分解，产生大量氨而引起中毒。

尿素可与精料一起调制成高蛋白质浓缩饲料，以增加饲喂尿素的安全性和适口性，提高了尿素的利用率，100千克磨碎的玉米和13千克尿素制成的混合料，其所含能量和蛋白质相当于100千克的大豆。糊化淀粉缓释尿素技术也已成熟，现在已有成品上市销售。

六、矿物质饲料

矿物质对维持家畜的正常生理、生长、繁殖和生产是十分必

要的，同时对整个日粮的消化利用也起到一定的促进作用。天然饲料中都含有矿物质，但大多不够全面，与家畜对矿物质营养的要求不相适应，如青绿饲料与粗饲料富含钾、钙、磷，缺钠、氯；多汁饲料缺钙、磷、钠、氯；籽实类及其副产品富含磷缺钙，虽动物性饲料中矿物质比较完善，但此类饲料应用不普遍。若牛能采食多种饲料，矿物质互相补充，基本上能满足机体健康和正常生长需要，但对泌奶牛，尤其是高产奶牛来说是不够，因此须人为补给矿物质，以平衡营养需要。一般补给的矿物质有以下几种。

（一）食盐

食盐主要供给钠和氯，还有促进唾液分泌，增强食欲的作用。草食家畜，摄入的钾相当多，而钠、氯不足，补充食盐可满足机体对矿物质平衡的要求。在缺碘地区，以碘盐补给。食盐一般占混合料的 1.0%为宜。

（二）含钙、磷的矿物质

钙和磷是一对相辅相成的矿物质元素，缺少其中任何 1 个或比例不合适，都会影响机体健康。日粮中钙、磷的比例以 1.5～2:1 为宜。钙、磷矿物质饲料，根据提供钙、磷的方式分为以下 3 类。

1. 含钙的矿物质饲料　常用的含钙矿物质饲料有石粉、贝壳粉、蛋壳等，主要成分是碳酸钙。这类饲料来源广、价格廉，但家畜利用率不高。

2. 含磷的矿物质饲料　单纯含磷的矿物质饲料有磷酸氢钠、磷酸氢二钠、磷酸等。其价值昂贵，不单独补给，只有在个别情况下才使用。

3. 含钙和磷的矿物质饲料　这类饲料有骨粉、磷酸钙、磷酸氢钙等，其消化利用率比含钙矿物质饲料高，价格又比单含磷矿物质饲料低，生产中应用较多。

表 2－2 是几种矿物质含的钙、磷含量。

表 2－2 几种矿物质饲料的钙磷含量（%）

名 称	钙	磷	备 注
石粉	32.7	0.1	碳酸钙 89 以上
贝壳粉	37.0	0	
碳酸钙	40.0	0	
蛋壳粉	3.87	0.47	
骨粉(生)	23.0	10.0	
骨粉(蒸)	31.6	14.6	
磷酸钙	33.0	14.0	
磷酸氢钙	23.0	20.0	
脱氟磷灰石	38.0	20.0	
磷酸氢钠	0	25.8	含 Na 19.5%
磷酸氢二钠	0	21.8	含 Na 32.38%
磷酸	0	31.9	
沉淀磷酸钙	20.0	14.0	高效磷肥

为了完善日粮的全价性，提高饲料的利用效率，促进奶牛生长和预防疾病，需在饲料中加入各种微量成分，如维生素制剂、微量元素、抗生素、酶制剂、驱虫药物等。微量成分在机体内含量很少，不参与机体的能量供给，但参与机体内各种生命活动，如酶的组成、三大物质的代谢、调节血液与体液的酸碱度、渗透压等，是保证机体正常健康、生长、繁殖和生产不可缺少的物质。

七、添加剂饲料

添加剂饲料种类繁多，主要分为营养性添加剂和非营养性添加剂两大类。

（一）营养性添加剂

1. 维生素添加剂 常用的维生素有维生素 A、D、E、B_1、B_2、B_6、B_{12}、氯化胆碱、烟酸、泛酸、叶酸、生物素等。

2. 氨基酸添加剂 用于牛的氨基酸添加剂，主要是植物性饲料中缺乏的必需氨基酸，如赖氨酸、色氨酸、精氨酸。

（二）非营养性添加剂

这类添加剂本身在饲料中不起营养作用，而是起刺激代谢、驱虫、防病等作用。也有部分是对饲料起保护作用的。

1. 抗生素添加剂 饲料中加入这类添加剂，目的在于抗病保健。

2. 促生长添加剂 主要是刺激动物生长，提高饲料利用率。这类饲料添加剂有激素、砷制剂、铜制剂等。

3. 饲料保护剂 由于脂肪及脂溶性维生素在空气中极易氧化变质（尤其在高温季节），影响饲养效果。因此，在富含油脂饲料的加工过程中，加入这种添加剂，防止和减缓氧化作用。常用的抗氧化剂有丁基羟基苯甲醚（BHA）、一丁基羟基甲苯（BHT）、乙氧喹等。

4. 缓冲剂 当饲喂高精料日粮、玉米青贮、啤酒渣等饲料时，奶牛瘤胃内容物酸度增加，乳脂率下降，应适当添加碳酸氢钠（1%）或碳酸氢钾（1%）和氧化镁（0.5%）混合物，以起到调节饲料酸碱度的作用。

此外，还有防霉剂，如丙酸钙、丙酸等。

（三）添加剂饲料的特点及利用

1. 用量小，作用大 不论哪类添加剂，用量都很少，而它们所起的作用往往难于估量。

2. 妥善保存 添加剂饲料，特别是维生素类、酶类、激素

类等，易发霉。变质、受光失活、氧化，故保存时温度要低，且要密封，避光。

3. 安全 使用这类添加剂饲料一般用量少，超过使用量，易引起中毒。所以使用时要适量并搅拌均匀。

4. 节约使用 使用时要精打细算，操作精细，严防浪费。

第三章 奶牛的饲养管理

一、奶牛的饲养标准和日粮配合

(一) 奶牛的饲养标准

根据奶牛的生活习性、生理特点、不同生长期和生产阶段的营养需要，科学地规定每天每头奶牛所需供给的能量和各种营养物质的数量，即奶牛的饲养标准。饲养标准包括两个部分：牛的营养需要表和饲料的营养价值表。1987 年参照国外的饲养标准，结合我国的饲养试验，我国制订出了适合我国国情的奶牛饲养标准（见附录 1）。饲养标准是合理利用饲料、提高饲料利用效率的基本技术依据，是饲养、营养科学研究结果的综合，是指导科学养牛的依据。饲养标准是奶牛群体的平均营养需要量，不能准确地符合每头奶牛，一般有 5%～10%的差异，所以在实际工作中不能完全按照饲养标准机械地套用于每头奶牛，必须根据本场奶牛的体况、产奶水平、当地饲料来源，与奶牛对营养物质的实际需求量进行调整。

(二) 日粮配合

日粮指牛在一昼夜内所食各种饲料的总量。单一饲料不能满足奶牛的营养需要，必须将各种饲料相互搭配，使日粮中各种营养物质的种类、数量及其相互比例均能满足奶牛的营养需要，这样的日粮称为平衡日粮或全价日粮。

1. 日粮配合原则 在生产中，一般将牛群划分高产群、

中产群、低产群和干奶群，参考《奶牛饲养标准》为每群奶牛配合日粮，在饲喂时再根据每头牛的产乳量和实际健康状况适当增减喂量，以满足其营养需要，对个别高产奶牛可单独配合日粮。在散栏式饲养状况下，可按泌乳不同阶段进行日粮配合。

（1）日粮配合必须以奶牛饲养标准为基础，充分满足奶牛不同生理阶段的各种营养需要。

（2）饲料种类应尽可能多样化，提高日粮营养的全价性和饲料利用率。

（3）为确保奶牛有足够的采食量和正常的消化机能，应保证日粮有足够的体积和干物质含量，干物质含量应为奶牛体重的2.5%～3.3%，粗纤维含量应占日粮干物质的15%～24%，即干草和青贮饲料应不少日粮干物质的60%，否则会影响奶牛的正常消化机能和新陈代谢过程。

（4）选择饲料要注意经济效益，因地制宜地选择饲料，充分利用当地时令饲料资源，采用营养物质丰实而价格低廉的饲料，以降低饲养成本，提高生产经营效益，同时应注意饲料质量，饲料要适口性好，易消化，严禁霉烂、变质的饲料配入日粮。

2. 日粮配合方法 日粮配合方法有试差法、方块法、代数法及计算机法。配合日粮时，应先选择有代表性的牛，以该牛的营养需要代表大群，了解该牛采食饲料量，从奶牛饲养标准中查出其每天营养成分的需要量，再从饲料成分及营养价值表中查出现有饲料的各种营养成分，根据现有各种营养成分进行计算，合理搭配，配合成平衡日粮。

（1）试差法日粮配合和步骤

例：某场奶牛平均体重600千克，日平均产3.5%乳脂奶20千克，试配合其日粮。

第一步。查奶牛营养需要表，得营养需要见表3-1。

表 3-1 营养需要表

项　目	奶牛能量单位（NND）	可消化粗蛋白质（DCP，克）	钙（克）	磷（克）
600 千克体重维持需要	13.73	364	36	27
日产 20 千克乳脂 3.5%奶需要	18.6	1 040	84	56
合　计	32.33	1 404	120	83

第二步，列出所用饲料的营养成分，见表 3-2。

表 3-2 粗饲料营养成分表

饲料种类	奶牛能量单位（NND）	可消化粗蛋白质（DCP，克）	钙（克）	磷（克）
苜蓿干草	1.54	68	14.3	2.4
玉米青贮	0.25	3	1.0	0.2
豆腐渣	0.31	28	0.5	0.3
玉米	2.35	59	0.2	2.1
麦麸	1.88	97	1.3	5.4
棉籽饼	2.34	153	2.7	8.1
豆饼	2.64	366	3.2	5

第三步，首先计算奶牛食入粗饲料的营养。每天饲喂玉米青贮 25 千克，苜蓿干草 3 千克，豆腐渣 10 千克，可获得如下营养（表 3-3）。

表 3-3 进食粗料的营养

饲料种类	数量（千克）	奶牛能量单位（NND）	可消化粗蛋白质（DCP，克）	钙（克）	磷（克）
苜蓿干草	3	×1.54=4.62	×68=204	×14.3=42.9	×2.4=7.2
玉米青贮	25	×0.25=6.25	×3=75	×1.0=25	×0.2=5
豆腐渣	10	×0.31=3.1	×28=280	×0.5=5	×0.3=3
合计		13.97	559	72.9	15.2
与需要比尚缺		-18.36	-845	-47.1	-67.8

第四步，不足营养用精料补充。每千克精料按含 2.4 奶牛能

量单位（NND）计算，补充精料量应为：18.36/2.4 = 7.65。

如饲喂玉米4千克、麸皮2千克、棉籽饼2千克，其精料营养见表3-4。

表3-4　进食的精料营养表

饲料种类	数量（千克）	奶牛能量单位（NND）	可消化粗蛋白质（DCP，克）	钙（克）	磷（克）
玉　米	4	×2.35 = 9.4	×59 = 236	×0.2 = 0.8	×2.1 = 8.4
麦　麸	2	×1.88 = 3.76	×97 = 194	×1.3 = 2.6	×5.4 = 10.8
棉籽饼	2	×2.34 = 4.68	×153 = 306	×2.7 = 5.4	×8.1 = 16.2
合　计		17.84	736	8.8	35.4
粗料营养		13.97	559	72.9	15.2
精粗料营养合计		31.81	1 295	81.7	50.6
与需要比尚缺		-0.52	-109	-38.3	-32.4

第五步，补充能量和可消化粗蛋白质。加豆饼0.3千克（NND = 0.3 × 2.64 = 0.729克，DCP = 0.3 × 366 = 109.8克，钙 = 0.3 × 3.2 = 0.96克，磷 = 0.3 × 5 = 1.5克），日粮的奶牛能量单位为32.6，粗蛋白质为1 404.8克，钙为82.66克，磷为52.1。

第六步，补充矿物质。日粮与营养需要相比尚缺钙37.34克，磷3.9克，补磷酸钙0.20千克，可获得平衡日粮（表3-5、3-6）。

表3-5　体重600千克日产20千克3.5%乳脂奶奶牛的日粮结构

饲料种类	进食量（千克）	奶牛能量单位（NND）	可消化粗蛋白质（DCP，克）	钙（克）	磷（克）	占日粮（%）	占精料（%）
苜蓿干草	3	4.62	204	42.9	7.2	6.4	
玉米青贮	25	6.25	75	25.0	5.0	53.7	
豆腐渣	10	3.1	280	5.0	3.0	21.5	
玉米	4	9.4	236	0.8	8.4	8.6	48.2

（续）

饲料种类	进食量（千克）	奶牛能量单位(NND)	可消化粗蛋白质(DCP,克)	钙（克）	磷（克）	占日粮（%）	占精料（%）
麦麸	2	3.76	194	2.6	10.8	43	24.1
棉籽饼	2	4.68	306	5.4	16.2	4.3	24.1
豆饼	0.3	0.79	109.8	0.96	1.5	0.6	3.5
磷酸钙	0.2			55.82	28.76	0.4	
合计	46.5	32.6	1 404.8	138.48	80.86	100	99.9

表 3-6　平衡日粮中干物质和粗纤维含量

（单位：千克）

项目	苜蓿干草	玉米青贮	豆腐渣	玉米	麦麸	棉籽饼	豆饼	磷酸钙	合计
干物质	3	6.25	1	4	2	2	0.3	0.2	18.75
粗纤维	0.87	1.9	0.191	0.052	0.184	0.214	0.017		3.428

（2）*方块法日粮配合和步骤*

例：要用含蛋白质 8%的玉米和含蛋白质 44%的豆饼，配合成含蛋白质 14%的混合料，两种饲料各需要多少？配法如下图：

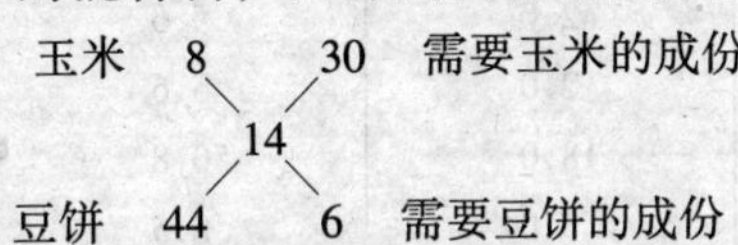

先在方块左边上、下角分别写上玉米和豆饼的蛋白质含量 8%和 44%，中间写上所要得到的混合料的蛋白质含量 14%，然后分别计算左边上、下角的数与中间数值之差，所得的差值写在对角上（见上图解），44 - 14 = 30 即为玉米的使用量比份，14 - 8 = 6 为豆饼的使用量比份。两种饲料比份之和为 36（30 + 6），混合料中玉米所占份额为 83.3%（30/36），豆饼的份额是 16.7%(6/36)。当需要配制 4 000 千克混合料时，需用玉米 83.3% × 4 000 = 3 332 千克，需用豆饼 16.7% × 4 000 = 668 千克。

日粮中维生素和无机盐的平衡：以往认为奶牛很少缺乏维生

素，然而近年来实践证明，补饲维生素 A 及烟酸等，对于泌奶牛的健康和生产都是很有益的。维生素 A 缺乏会导致母牛受孕率低下、犊牛软弱或死亡，假如奶牛没有可能得到质量好的粗料，可以每头每天补喂 3 万～6 万单位维生素 A，或用 1 万～2 万单位的注射剂，在产犊前两周的干乳期注射维生素 A，有助于分娩后胎衣的脱落，在产犊后至再受孕之前饲喂胡萝卜素，每头每天喂 300 毫克可以提高受胎率。烟酸能帮助提高泌乳水平，预防酮血症，每头每天可喂 3～6 克。

3. 牛不同生理阶段和不同泌乳量的日粮配方 各个配方见表 3－7、表 3－8、表 3－9 和表 3－10。

表 3－7 体重 600 千克日产 25 千克 3.5%乳脂奶的奶牛日粮配方（泌乳盛期）

饲 料	给量(千克)	占日粮(%)	占精料(%)
豆 饼	1.6	4.5	16.2
植物蛋白粉	1.0	2.8	10.1
玉 米	4.8	13.5	48.5
麦 麸	2.5	7.1	25.2
谷 草	2.0	5.6	
苜蓿干草	2.0	5.6	
青 贮	18.0	50.8	
胡 萝 卜	3.0	8.5	
食 盐	0.1	0.28	
磷 酸 钙	0.3	0.85	
合 计	35.3	100.00	

表 3－8 体重 600 千克日产 20 千克 3.5%乳脂奶的奶牛日粮配方

饲 料	给量(千克)	占日粮(%)	占精料(%)
菜 籽 粕	1.4	4.18	17.5
棉 籽 饼	1.0	3.0	12.5
玉 米	4.0	12.0	50.0
麦 麸	1.6	4.8	20.0

（续）

饲　料	给量(千克)	占日粮(%)	占精料(%)
苜蓿干草	4.0	12.0	
胡 萝 卜	3.0	9.0	
食　盐	0.1	0.29	
磷 酸 钙	0.26	0.78	
合　计	33.36	100.00	

表 3-9　体重 600 千克日产 15 千克 3.5%乳脂奶的奶牛日粮配方

饲　料	给量(千克)	占日粮(%)	占精料(%)
菜籽粕	1.0	3.09	12.3
棉籽饼	1.0	3.09	12.3
玉　米	4.5	13.9	55.6
麦　麸	1.6	4.9	19.8
谷　草	5.0	15.5	
青贮料	16.0	49.5	
胡萝卜	3.0	9.3	
食　盐	0.1	0.3	
磷酸钙	0.15	0.42	
合　计	32.35	100.00	

表 3-10　干奶牛、育成牛、犊牛日粮配方

饲　料	给量(千克)	占日粮(%)	占精料(%)
菜 籽 粕	0.5	1.6	9.09
棉 籽 饼	0.5	1.6	9.09
玉　米	4.0	12.6	72.70
麦　麸	0.5	1.6	9.09
苜蓿干草	5.0	15.8	
青　贮	18.0	56.87	
胡 萝 卜	3.0	9.5	
食　盐	0.1	0.3	
磷 酸 钙	0.05	0.16	
合　计	31.65	100.00	

二、犊牛的饲养管理

犊牛处于快速的生长发育阶段，饲养培育正确与否，对奶牛成年体型的形成、采食粗饲料的能力，以及到成年期后的产乳和繁殖性能都有极其重要的影响。

（一）犊牛的饲养

犊牛是指生后到断乳的小牛，犊牛的月龄主要取决于哺乳期的长短，哺乳期一般为 3～6 个月。影响犊牛生长发育的因素很多，其中亲代的遗传与生活条件、开饲的饲料类型、饲养水平影响最大。为了获得健壮优良的犊牛，必须选择优良的亲本，并在母牛泌乳后期和干乳期按饲料标准正确饲养；犊牛的开饲时间应早，营养水平适中。

犊牛的饲养管理应该按其生理特点分为初生期和哺乳期。

1. 初生期 犊牛生后 7～10 天以内称为初生期。这一时期重要任务是预防疾病和促进机体防御机制的发育。

犊牛出生后，应尽早饲喂其母亲初乳。犊牛初生时，初乳中的抗体等大分子蛋白质可通过犊牛肠壁进入血液，2～3 小时后，肠道下段的渗透性减低，大的蛋白质分子无法通过肠壁进入血液，出生 24 小时后，抗体吸收几乎停止。因此犊牛出生 2 小时内必须吃初乳，而且愈早愈好。

母牛分娩后 5～7 天以内所产生的乳叫初乳。初乳具有很多特殊的生物学特性，是新生犊牛不可缺少的营养品。初乳能被覆胃壁，阻止细菌侵入血液中；初乳具酸性，能增加胃内酸度，杀灭胃内细菌；初乳还能将母牛所得到的免疫体（抗体）递给犊牛，有助于减少犊牛泻痢等疾病的发生。初乳进入胃中，能刺激胃分泌大量的消化酶，促进胃肠的早期活动机能；初乳有轻泻作用，促使胎粪顺利排泄；更重要的是初乳具有常乳不能比拟的丰富的营养物质，能满足其初生期迅速发育的营养需要。

喂乳方法：最初犊牛由桶内哺饮初乳。通常采用的方法是一手持桶，另一手中指及食指（要清洁）浸蘸牛乳，诱使犊牛吸吮，当犊牛吸吮指头时，慢慢将桶提高使犊牛嘴紧贴牛乳而吮饮，习惯后则可将指头从犊牛口内拔出，并放于犊牛鼻镜上，如此反复几次，犊牛便会自行吮饮初乳。

初乳每天分 3 次饲喂，第一天给予初乳的数量应为其体重 1/6～1/8，以后每天可增加 0.5～1.0 千克，到第五天总量可达 8～9 千克，但不能强迫犊牛吃得太多。饲喂时的温度应保持在 35～38℃，温度过低的初乳必须加温，以防引起犊牛胃肠机能失常，导致下痢。相反，如温度太高，则易因过度刺激而发生口炎、胃肠炎等，或导致犊牛拒食初乳。在初乳期每次哺乳后 1～2 小时，应饮温开水（35～38℃）1 次。

初生犊牛各组织器官均未充分发育，皮肤保护机能和神经系统的调节不健全，适应能力较弱，对不良外界环境的抵抗力较差，需专人负责细心护理，保持犊牛舍清洁干燥通风，不应有穿堂风或贼风，防止闷热引起中暑。

2. 哺乳期 犊牛初生后 7～10 天，即可开始饲喂常乳，进入哺乳期饲养。

在哺乳早期，犊牛最好喂其母亲的常乳，15 天后，可由母乳改喂混合乳。由于初乳、常乳以及混合乳中营养成分差异较大，所以，应注意更换时要逐渐进行（过渡 4～5 天），以免造成消化不良，食欲不振。

犊牛哺乳期的长短和哺乳量因培育方向、所处的环境条件（地域或气候）、饲养条件不同而不尽一致，哺乳期长短不作硬性规定，一般为 3～6 个月，国内外的趋势是缩短哺乳期。在饲料条件较好的情况下可提前断乳，哺乳期 2 个月，如果饲料条件较差，可适当增加哺乳量并延长哺乳期。

在饲料条件较好，牛奶又供应紧张的情况下，哺乳期犊牛可

改喂牛乳代用品，以取代部分牛乳，从而降低犊牛培育成本，牛乳代用品必须含有丰富的营养，一般蛋白质含量不低于22%。脂肪含量为15%～20%，粗纤维含量不超过1%。代乳品还应含有一定量的矿物质和维生素等。牛乳代用品在饲喂前，应用30～40℃的温开水冲和，代乳品与温开水的比例为1.2∶8.8（即干物质含量为12%，与牛乳相当）。调制后的代乳品，应保持均匀的悬浮状态，而不应发生沉淀现象。

近年来，为了节约牛乳，充分利用初乳，在国内外不少地区给犊牛饲喂发酵初乳。

在哺乳期应逐渐增加精料喂量，有认为精料日消耗量达到0.5千克以上时，犊牛即可断乳。

3. 早期补饲 犊牛早期补饲，特别是植物性饲料的补给，可促进胃肠和消化腺的发育，尽早适应粗饲料，有利于后期生长发育和产乳能力的发挥。

（1）干草 犊牛出生后7～10天开始训练其采食干草。在犊牛牛槽或草架上放置优质干草任其自由采食及咀嚼。

（2）精料 犊牛出生后15～20天开始训练其采食精料。初喂时，可将精料磨成细粉并与食盐、骨粉等矿物质饲料混合，用混合料涂擦犊牛口鼻，教其舔食。最初每头喂干粉料10～20克，数日后可增到80～100克。待适应一段时间后，再饲喂混合“干湿料”，即将干粉料用温水拌湿，经糖化后给予，这样可提高适口性，增加采食量，但不得喂酸败饲料，以防引起腹泻。干湿料的给量随日龄渐增，1月龄可喂250～300克，2月龄达500克左右（配方见表3－11）。

表3－11 犊牛料配方（%）

饲 料	配方1	配方2
玉米(粗磨)	40	60
燕麦(粗磨)	30	15

(续)

饲　料	配方 1	配方 2
麦糖	20	15
豆饼(40%蛋白质)	10	10
合计	100	100
磷酸二钙	1	1
微量元素	1	1
维生素 A(国际单位/100 千克饲料)	440 000	440 000
维生素 D(国际单位/100 千克饲料)	110 000	110 000

犊牛从 11 日龄开始，除喂全奶外，还可以饲喂营养完全的代乳料，尤其含有 80%以上脱脂乳的代乳料。每千克代乳料中应添加维生素 A（30 国际单位）、维生素 D（8～10 国际单位）浓缩物及 50 毫克的抗生素。按照营养价值，1.2 千克的代乳料相当于 10 千克的全乳。

(3) 多汁饲料　为了促进消化器官的发育，从 20 日龄开始，在混合精料中加入切碎的胡萝卜，最初每天 20～25 克，以后逐渐增加。到 2 月龄时可喂到 1～1.5 千克。如无胡萝卜，也可喂甜菜和南瓜等，但喂量应适当减少。

(4) 青贮饲料　从 2 月龄开始喂给。最初每天 100～150 克，3 月龄时可增到 1.5～2 千克，4～6 月龄增至 4～5 千克。

(5) 饮水　牛奶中的含水量不能满足犊牛正常代谢的需要，必须训练犊牛（生后 1 周可在饮水中加入适量牛奶，借以诱导）尽早饮水，最初需饮 36～37℃的温开水，10～15 日龄后可改饮常温水，1 月龄后可在运动场水池贮满清水，任其自由饮用，但水温不宜低于 15℃。

(6) 补饲抗生素　为了预防犊牛拉稀，可补饲抗生素饲料，如每天补饲 1 万国际单位的金霉素，30 日龄后停喂，犊牛的增重可以提高 7%～16%，高的可达 10%～30%，下痢大大减少，特别在饲养管理较差的条件下，补饲的效果更为显著。

在早期补饲时应注意，饲草饲料不能更换过快；饲料不能太精良，要符合奶牛的饲养标准；饲草应在不浪费的前提下尽量增加饲喂量（可超过饲养标准的10%）。表3－12列出丹麦黑白花奶牛出生至6月龄的培育方案供参考。

表3－12　丹麦黑白花奶牛出生至6月龄培育方案

日龄或月龄	初乳或全乳（千克）	脱脂乳或代乳料（千克）	混合精料（千克）	精饲料（千克）
0～4日	4～5初乳			
5～15日	5混合全乳			训练
15～21日	5	1	训练	0.2
22～28日	5	1	0.2	0.4
29～35日	4	2	0.4	0.8
36～42日	4	2	0.6	1.0
43～60日	3	4	0.8	1.4
2～3月	2	5	1.0	1.8
3～月			1.5	2.0
4～5月			1.7	2.6
5～6月			1.9	2.7
合　计	181	105	197	300

（二）犊牛的管理

1. 去角　为便于成年后的管理，减少牛体相互受到创伤，应给生后7～12天的犊牛去角，这时去角犊牛不易发生休克，食欲和生长也很少受到影响。常用的去角方法有：

（1）苛性钠（钾）法　首先剪去牛角周围的毛，在角根周围涂上一圈凡士林，然后手持苛性钠棒（用纸包裹）在角根上轻轻地烧磨。利用苛性钠（钾）去角，设备简单，易于操作。但在操作时要防止烧伤操作者和犊牛面部。

（2）电动去角　采用电动机去角时，将充分加热的去角器适

当地套在角根上，将去角器旋转，使得整个牛角根部都与其接触，将去角器停留在每个根部大约10秒。

2. 剪除副乳头 乳房上有副乳头，对清洗乳房和挤奶不利，同时又是诱发乳房炎的原因之一，犊牛应在哺乳期内剪除副乳头，适宜的时间在4~6周龄。剪除方法为先将乳房和有关部位清洗和消毒，将副乳头轻轻拉向下方，在连接乳房处，以锐利的剪刀将乳头剪下，剪除后在伤口上涂以少许消毒药（7%碘酊），防止感染，夏秋季节要涂以驱蝇剂，防止蚊蝇叮咬。剪除副乳头切勿剪错，如果乳头过小，一时还确认不清，可等到母犊年龄较大时再剪除。

3. 犊牛的卫生管理 牛场内应设有犊牛栏或犊牛舍，饮水宜勤换勤加，保持新鲜清洁，栏舍每日清扫2次，并定期消毒，地面保持干燥，垫草要勤换勤晒。

犊牛进行人工喂养时要切实注意哺乳用具的卫生，每次用后，要及时清洗，用前蒸汽消毒。饲槽用后也要刷洗干净，定期消毒。

喂乳时，犊牛应固定在颈枷上，喂完后要使用干净毛巾将犊牛口、鼻周围残留的乳汁擦干，15分钟后放开，避免互相乱舔而养成“舔癖”。“舔癖”的危害很大，常引起脐炎、乳头炎或睾丸炎（公犊）；舔吃的牛毛在瘤胃中形成扁圆形的毛球，影响胃肠的正常活动，甚至堵塞食道、贲门或幽门而导致犊牛死亡。

犊牛生后4~5天即可梳刷牛体，每天至少要刷拭1~2次。刷拭起着按摩皮肤的作用，能促进皮肤的呼吸和血液循环，加强代谢作用，有利于犊牛的生长发育。同时，通过拭刷，保持牛体清洁，防止外寄生虫的孳生和养成犊牛驯良的性格。

天气晴朗时，让犊牛在舍外自由活动，以增强体质。也可以紫外线和红外线定期照射皮肤，对于增进犊牛健康很重要。

犊牛在3~4个月龄时，应根据当地疫病流行情况，进行检疫和免疫接种，并做好驱虫工作。

三、育成牛的饲养和管理

育成牛一般指断奶后到产犊前的母牛，也称后备牛，更确切地应该是从断奶到配种年龄（断奶至18月龄）的母牛，从配种怀孕到产犊间（18~27月龄）的母牛称为青年牛。后备牛的饲养水平对第一次发情、配种、产奶量等至关重要。

犊牛断乳后即由犊牛栏转入育成牛群育成牛群。不论采取拴系饲养或散放饲养，公母牛都应分群，并根据牛群大小，按月龄再进行分群，群内最大月龄差异以不超过2~3月龄为宜，每群以7~10头为宜。

在此时期，由于每个个体采食量的不平衡，生长发育往往受到一定限制，所以个体之间出现差异，在饲养过程中应及时采取措施，加以调整，以便使其同步发育，同期配种。

（一）断奶至12月龄母牛的饲养管理

此阶段的饲养管理要点是促使生长，而不是肥育，培育目标是采食量大，腹围大、体型大，以达到快速长成合适的体尺和体重，得以在15~16月龄提早配种，断奶至4月龄及4月龄至12月龄的日增重指标是650克和750克。因此要根据母牛发育阶段给予适当的营养水平。刚断奶的犊牛应继续喂给断奶前的开食精饲料，质量不变，每日给予2~3千克，日喂两次，4月龄以后的日粮既要有一定的浓度，还要有一定的体积以刺激前胃的继续发育，喂给的生长精料含蛋白质14%~15%，数量同前，同时喂给优质青粗饲料和多汁饲料，有豆科干草时应适当减少精饲料，直至不喂，但应补充矿物质和食盐。青粗饲料，在夏季以青草为主，冬季以玉米青贮饲料和干草为主，在饲草不浪费的前提下可以尽量增加饲喂量，一般可以超过饲养标准10%左右。断奶至12月龄母牛精料饲喂量参照表3-13。

在有条件的地方，育成母牛应以放牧为主，在冬春季的舍饲期应喂给大量优质干草及青贮。精饲料的喂量，可随粗饲料品质好坏，参照表 3－13。

表 3－13 育成母牛的精料日喂量

体重（千克）	日增重（千克）	不同粗料的日补精料量(千克)			
		各种青草	各种青贮	各种青干草、玉米秸、氨化碱化秸秆	麦秸、稻草、豆秸和谷草
150	0.6	0.4～0.6	0.8～0.9	1.5～1.6	2.4～2.5
	0.8	0.8～1.1	1.2～1.4	1.9～2.1	2.9～3.0
200	0.5～0.6	0～0.5	0.4～0.9	1.4～1.7	2.7～2.8
	0.8	0.3～1.2	0.9～1.5	1.9～2.3	3.4
300	0.4～0.5	0	0	0.7～1.1	2.6～2.8
	0.8	0～1.2	0.8～1.8	2.3～2.8	4.2
400	0.2～0.4	0.2～0.4	0	0.4～1.0	2.5～3.1
	0.4～0.5	0.4～0.5	0～0.7	1.4～2.1	3.8～4.0

（二）12 月龄至产犊的母牛的饲养管理

这一阶段的管理要点是抓体质、早配种、搞好孕期管理，为产犊投产做准备。研究表明，中国荷期坦奶牛 15 月龄，体重达到 350～360 千克，娟姗牛 15 月龄体重达到 260～270 千克即可配种，产犊投产后总生产奶量高，产犊较多、不降低母牛的利用年限，并可减少后备母牛的饲料成本。配种前参考亲本性状和外貌评定选留母牛，并做好配种安排，在预计配种的前一个月，注意记录母牛的发情情况，以便在以后的 1～2 个情期内配种。怀孕母牛需要给予足够的运动。配种前及怀孕前期给予较高的营养水平，日粮中粗精饲料干物质比为 75∶25，按母牛体重 2% 饲喂青粗饲料（以干物质计），配以混合精料，蛋白质含量 14%～15% 以上，并补充多种矿物质和维生素，矿物质的配比为 1 份微

量元素化食盐加2份蒸骨粉或磷酸氢钙。运动场应设置矿物和粗饲料补饲槽及清洁饮水，以满足后备母牛生长和胎儿的发育需要。怀孕中期，母牛生长减慢，饲料浓度不宜过大，日粮应以优质干草、青草、青贮料和多汁块茎类为主，精料可以减少，同时加大运动量以免体内沉积大量脂肪，分娩前2个月可利至干乳成年牛群一起加强饲养管理，积聚养分，为产后泌乳做准备。后备母牛最理想的初产体重应为450～500千克。

四、干乳期母牛的饲养和管理

干乳指母牛妊娠后期，产前两个月左右停止挤乳。干乳期实际上是为下一个泌乳期的高产做准备的时期，是母牛泌乳的休整期，干乳期的饲养任务是保证胎儿的正常发育，修复乳房中的泌乳组织，给母牛蓄积必要的营养物质（能量、蛋白质、矿物质、维生素）。干乳的方法、干乳期的长短、干乳期的饲养管理对胎儿的发育、母子的健康及下一个泌乳期的产奶量有着最直接的影响。一般干乳期牛体重增加50～80千克为宜。干乳期的长短依母牛的年龄、体况、泌乳性能而定。一般是45～75天，平均为50～60天。对年青母牛和瘦弱母牛干乳期应适当长一些，以75天左右为宜，对成年和体格健壮的母牛干乳期可在45～60天，实践证明，长干乳期不一定比短干乳期优越，在良好的饲养管理条件下，可适当缩短干乳期，长干乳期可使母牛过肥，导致疾病（酮病等）的发生，干乳期短于40天可使母牛在下一个泌乳期的奶产量下降。

（一）干乳的方法

干乳前应做好奶量和配种记录，确定停乳日期，当乳牛到达停乳日期时，即应采取适当措施停乳。干乳的方法，一般可分为逐渐干乳和快速干乳两种。

1. 逐渐干乳法 逐渐干乳法是在7~14天内达到停乳，适合于日产奶量超过15千克的母牛。在预定干乳前的10~15天开始改变饲料，停止饲喂青绿饲料、青贮料和多汁饲料，只喂干草，限制饮水（每日只供30千克水），加强运动，停止按摩乳房，改变挤乳次数、挤乳时间和挤乳地点，由3次减为2次，再由2次减为1次，以后隔日，再隔2~3天挤乳1次，停挤的那天，认真将乳挤净。

2. 快速干乳法 此法适合于日产奶量15千克以下的母牛。在计划停乳日认真按摩乳房，将乳挤净，并将乳房乳头抹干净，同时停喂精饲料，保持牛床垫草清洁干燥。

以上两种干乳法在母牛最后一次挤乳后应用消毒液浸乳头，并注入青霉素或金霉素眼膏，封闭乳头孔，即使洗刷牛身，也禁止触及乳房、乳头，经常注意乳房的变化，一般在停乳之初乳房可能继续充胀，只要不发生红肿、发热、发亮等不良情况，就不必管它，经3~5天后，乳房内积乳即渐被吸收，约10天左右乳房收缩松软，干乳工作即告结束。如果停乳后，乳房出现红肿、发亮等现象，必须再行挤净乳汁。注入抗生素封闭。对曾有乳房炎病史或正患乳房炎的母牛不宜应用快速干乳法。

（二）干乳期饲养

怀孕母牛由于甲状腺和脑垂体机能活动的加强，代谢机能也随之加强，在干乳期可增高30%，沉积蛋白质、钙、磷的数量常超过胎儿发育需要量的1.2~2倍，只要给予营养丰富的饲料，母牛恢复体力，增加体重，支持胎儿的正常发育是有保证的。在停乳后7~10天，乳房内残留乳汁已经被吸收，乳房干瘪，这时即可逐渐增加精料、多汁饲料、青贮饲料，经5~7天达到干乳期母牛的饲养标准。干乳母牛的营养需要约与日产20千克奶的泌乳母牛相同。日给8~10千克干草，10千克青贮饲料，3~5千克块根饲料，3~4千克混合精料，矿物质自由采食。产犊前

的2周，日粮中要提高精料水平，这对头胎育成母牛尤为重要。日粮中须添加100克以上的钙和45克以上的磷，及2 000国际单位的维生素D，以防止乳热症及产后瘫痪的发生。

干乳母牛的饲料质量一定要好，绝对不能饲喂冰冻的块根饲料，腐败霉变的饲料和有麦角、霉菌、毒草的饲料，冬季不可饮过冷的水（水温低于10～12℃）。

每天坚持适当运动，夏季可在良好的草地放牧，让其自由运动。但必须与其他牛群分开，以免互相挤撞而流产。冬季可在户外运动场逍遥运动2～4小时。

五、围产期母牛的饲养管理

实践证明，围产期饲养合理与否，不但关系本胎次奶牛的健康和效益，甚至影响其一生。所以越来越多的奶牛工作者把围产期作为奶牛生产中的一个关键期。

（一）围产前期的饲养技术

围产前期子宫内容物（胎儿、胎衣、胎水、子宫体）重量猛增，母牛的代谢强度增加，同时母牛因分娩临近会发生一系列生理上的变化，还要为泌乳做准备，营养物质要求浓度加大，日粮中干物质应为母体重的3%，粗蛋白质比维持需要增加30%，钙含量为80～90克，磷含量为35～45克，粗精饲料干物质比应由65:35提高到60:40，增加精饲料的目的是使瘤胃及瘤胃微生物逐渐适应日粮中的精饲料，不至于母牛分娩后因能量供应迅速增加引起酸中毒或其他消化性障碍，分娩后日粮中精料增加有助于防止酮血病的发生，并能提高受孕率，但量不超过5千克为宜。粗饲料配比应为优质干草3～4.5千克，青贮料10千克，糟粕类和块根类不超过3～5千克。除供应足够的矿物质外，应适当添加维生素A、D、E，尤其是维生素A，因为维生素A的缺乏会

引起母牛产后胎衣滞留率增加，补充维生素 E 和硒对于胎衣的正常脱落具有很好的促进作用。

（二）分娩期奶牛的饲养管理

母牛分娩后至产后 4 天的一段时间为分娩期，奶牛经历妊娠、分娩、泌乳的生理变化过程，在饲养管理上具有特殊性，应得到合理的饲养和护理。

1. 分娩前的管理 分娩前应由熟练工人负责看护，注意观察母牛的营养状况和乳房变化，如果营养良好，乳房膨胀显著，应减少精料和多汁饲料，防止由于产后乳房过分膨胀，泌乳过多，造成大量缺钙，导致产后瘫痪和乳房炎；如果营养不良，乳房仍未膨胀，应加强饲喂。产房要保暖、干燥、清洁，避免贼风和穿堂风，要及时备好水桶，消毒药水及接生急救药品，垫草要柔软、清洁、干燥，饲料要易消化。

2. 分娩后的护理与饲养

（1）分娩后的护理

①喂给母牛温热、足量的麸皮（麸皮 1～2 千克，盐 100～150 克），可起到暖腹、充饥、增腹压的作用。同时喂给母牛优质、柔软的干草 1～2 千克。

②产犊的最初几天，母牛乳房内血液循环及乳腺细胞机能的控制与调节均未正常，因此绝对不能将乳汁全部挤净，否则由于乳房内压显著降低，微血管渗出现象加剧，引起高产奶牛的产后瘫痪。一般产后第一天每次只挤 2 千克左右，够犊牛哺乳量即可，第二天每次挤泌乳量的四分之一，第三天挤二分之一，第四天后可挤净。

③分娩后乳房水肿严重，要加强乳房的热敷和按摩，每次 5～10 分钟，促进乳房消肿。

（2）饲养　分娩初期，为减缓母牛乳腺活动的机能，适应产后消化机能较弱的特点，产后 1～3 天内应以优质干草为主，辅

给玉米面，麸皮粥 1~2 千克，4~5 天后逐步增加精料、多汁料及青贮，每天增加 1 千克左右的精料，至产后第七天日粮可达到泌乳牛给料标准。产后 1~5 天应给饮温水，水温 37~38℃，以后逐渐降至常温。

（三）围产后期奶牛饲养技术

奶牛由分娩到产后 15 天，机体生理变化较大，体力付出较多，抵抗力减弱，消化机能及生殖器官均未复原，乳腺机能逐步增强，泌乳量逐日上升，体质恢复与产奶之间的矛盾较突出，此时应通过调整饲养，使奶牛尽快恢复体质，以充分发挥其泌乳能力。

1. 围产后期营养需要 围产后期，特别是产后 7~15 天，母牛的营养需要高于围产前期，且随着泌乳量的上升，日趋增加。

产后 5、6 天内只给予母牛保护性饲喂，产后 7~15 天各种物质需要量明显增加，与围产前期相比粗蛋白高 20%，能量高 27%。饲料摄取量大致为：干物质占母牛体重的 3%左右；粗蛋白占日粮干物质的 13%~14%；钙，130~150 克；磷，80~100 克。

2. 围产后期的日粮配合 围产后期的日粮系指产后第 7~15 天的日粮配合，配合原则如下。

（1）精饲料逐日增加，在 7~10 天时达到标准量，日采食干物质中精料占 50%~55%，精料中饼类饲料应占到 30%，增喂精饲料是为了满足产后日益增多的泌乳需要，尽早对妊娠、分娩期间出现的负平衡给予补偿。日粮中谷实类每天每头喂给 7~10 千克，饼类饲料 2~3 千克。

（2）粗饲料饲喂应由分娩期的优质干草为主，逐步增喂玉米青贮、高粱青贮，至产后 15 天，青贮喂量宜达 15 千克以上，干草 3~4 千克，其中为增进干草采食量可喂一些苜蓿草粉或谷草草粉，占干草量的三分之一左右，产后 7 天后还可以喂些块根类、糟渣类饲料，以增强日粮的适口性，提高日粮营养浓度。块

根类每头每天喂量 5～7 千克，糟渣类不超过 10 千克。

（3）产后 15 天内，营养处于负平衡状态，体内的钙、磷也处于负平衡状态。为保证牛体健康和产奶，母牛产后需喂给充足的钙、磷和 V_D。饲料中钙、磷不足或比例不合适应喂给矿物质添加剂，分娩 10 天后，每头每天饲喂钙量不低于 150 克，磷不低于 100 克。

不同饲料蛋白质在瘤胃中的降解率如表 3－14。

表 3－14　不同饲料蛋白质在瘤胃中的降解率

饲料品种	降解蛋白质(%)	非降解蛋白质(%)
马铃薯	85	15
青贮饲料	70～85	15～30
牧草	60～85	15～40
大麦	80	20
花生饼	80	20
油菜籽饼	75	25
禾本科干草	70	30
麦麸	60～70	30～40
豆科干草	60	40
棉籽饼	60	40
大豆饼	60	40
玉米	60	40
啤酒糟(湿)	55～60	40～45
大麦秸	50	50
肉骨粉	40	60
鱼粉	30	70
水解羽毛	30	70

六、泌乳牛的饲养管理

（一）泌乳牛的营养需要和饲养

泌乳期可根据牛机体不同时间段的生理状态、营养物质的代

谢规律、采食量和产奶量的变化分为泌乳早期、泌乳中期和泌乳后期，各个阶段的营养需要也各不相同。

1. 泌乳早期 围产后期至产后15～17周，据统计，50%的产乳量是产后120天内生产的。这个时期的特点是乳房已经软化，体内催乳激素的分泌量逐渐增加，乳腺机能日益旺盛，产乳量增加迅速，食欲恢复正常，饲料采食量增加。一般认为产乳量的高峰在产后6～8周，而饲料采食量的高峰约在产后11～12周，两个峰值相隔4～5周，同时，在这个时期还必须及时配种。由于消耗大、体重下降明显，因此要严格饲养管理要求，确保高的产奶量、减少失重并及时受孕。

（1）营养要求 饲料营养浓度要大，弥补产乳高峰与采食量高峰不同步而发生的营养空缺，对于初产母牛和高产母牛更为重要，饲养标准要稍高于同样体重和产奶量的经产母牛。其次，由于母牛动用机体组织蛋白质用于合成牛乳的效率，低于动用体内脂肪即能量的效率，在饲料营养浓度较低时，机体会动用较多的组织蛋白质，因此，泌乳早期的饲粮中必须有较高的蛋白质含量。

（2）饲养技术 母牛产犊后每日可增喂0.3～0.5千克的精饲料，直到泌乳量不再提高为止，粗精饲料比例按干物质计算应当为40∶60，甚至为30∶70。一般高产奶牛每日喂给11～15千克的精饲料即可保证能量摄入的需要，饲粮中蛋白质含量不低于16%，有条件的可配入瘤胃降解率低的蛋白质饲料。以玉米青贮做主要青粗饲料时每日应补充2～4千克优质青干草，总饲粮中粗纤维素含量不低于14%～15%，以保证乳脂率水平。

2. 泌乳中期 母牛产后15～35周，这一阶段的饲养目标是延长泌乳高产期，保持母牛较高的产奶量。产后18～19周母牛进入泌乳稳定期，维持8～9周，第26～27周以后泌乳量逐渐下降。泌乳中期是整个泌乳期中食入量最高的时期。母牛体质逐渐恢复，体重增加，体重增加的母牛的产奶量比体重没有增加的母牛要高，

饲养不但要满足提高奶产量的营养要求，还要维持配种及胎儿发育的营养需要。日粮中粗精饲料比例按干物质计算应保持 1∶1，在奶产量减少时合理减少精料数量，饲料中日产奶量在 27～29 千克以上时不宜减少粗料数量，蛋白质含量宜在 13%以上。

3. 泌乳后期 指干乳前的 2 个月。在泌乳后期，母牛妊娠也到了后期，胎儿发育很快，母牛要消耗大量营养物质以供胎儿生长发育之需要，在泌乳早期减失的体重也必须在泌乳后期得到部分弥补，同时还应力争保持较高产奶量，因此日粮中仍应含蛋白质 12%以上，可以在日粮中添加尿素或其他非蛋白氮，精料可减少至 5.5～6.5 千克，日粮中应含有尽可能多的优质饲料。

（二）泌乳牛日粮配合技术

1. 常年均衡供应优质青粗饲料 组织泌乳牛日粮，必须常年均衡供应优质青粗饲料，适量青粗饲料对乳牛生产性能以及疾病预防均有重要作用。青粗饲料给量应达到母牛活重的 1%～1.5%（按干物质计）。常用的青粗饲料，如人工栽培的各种豆科、禾本科牧草、多汁饲料都含有较高的粗蛋白质，且其纤维素的消化率较高，是乳牛的好饲料。因此，饲养奶牛，必须大力发展人工草场，种植优质饲草。许多国家有“养牛先种草”，“一手抓乳牛饲养，一手抓草料种植”的习惯，合理利用青粗饲料，是降低生产成本的基本措施。

2. 日粮组成应多样化、适口性好 由于乳牛是一种高产出牲畜，每天从机体中分泌出大量的营养物质。其日粮组成必须多样化且适口性好，最好由 2 种以上粗饲料（干草、秸秆、半干青贮）、2～3 种多汁饲料（青贮和块根）、4～5 种以上的精饲料组成。精饲料应混合均匀或加水煮成稠糊状。为了提高饲料的适口性，可以添加甜菜渣、糖蜜和淀粉浆一类的“甜味”饲料，这在使用非蛋白质含氮物配合日粮时尤为重要。

3. 选择易消化、发酵的饲料 近年来的研究结果表明，对

高产奶牛的日粮组成，不仅要考虑营养的需要，更重要的应考虑满足瘤胃微生物的需要，促进瘤胃的饲料发酵和消化，产生多量挥发性脂肪酸，而挥发性脂肪酸是奶牛40%～60%的能量来源，因此选择易发酵、消化的饲料是组织高产牛日粮时所必需考虑的。籽实类饲料中大麦较易消化，玉米、高粱次之。青粗饲料中以苜蓿干草易发酵消化，且含蛋白质和钙质高。

4. 饲料日粮要有一定的容积和营养浓度 日粮体积太大，奶牛吃不完；瘤胃充盈有饱感，奶牛不想多吃；难消化、质量差的青粗料排出慢，也会影响采食量。优质青粗料约可满足乳牛营养的70%，高产牛更需要多一些营养来自精料，据试验，每天喂精料4.5千克，不致明显影响青粗料的采食量，当超过4.5千克时，每增加1千克精料约降低0.5千克青粗料的采食量。以干物质计算，当精料占到日粮的50%～60%时，或日粮消化率达到65%～68%以上时，限制采食量的因素就不再是容积，而是日粮的能量了（也就是日粮的浓度），过多利用精料并不一定能达到多采食和提高生产的效果，所以乳牛在饲养上必须强调日粮即要有营养浓度，还要有一定的体积。营养浓度根据生理状态人为调节，青粗饲料要足量供应，以确保日粮体积。

年产3 000千克奶的母牛，日粮干物质中精饲料的比例应为15%～20%；年产3 000～4 000千克奶的应为20%～25%；4 000～5 000千克奶的应为25%～35%；5 000～6 000千克奶的应为40%～50%。当青粗饲料的品质优良时，可以取下限，当青粗饲料的品质不良时必须取上限。泌乳母牛精粗饲料的参考用量见表3－15，3－16。

表3－15 不同产乳量母牛的精饲料给量

日产乳量(千克)	＜10	10～15	15～20	20～25	25～30	＞30
每产1千克乳的精料量(克)	100克以内	150	200	250	300	350
每头牛每天的精料量(千克)	2千克以下	3～4	3～4	5～6	7～9	10千克以上

表 3-16　不同体重母牛的粗料日喂量

（单位：千克）

粗料量 / 体重 / 多汁料日喂量		中等给量				最大给量			
		300	400	500	600	300	400	500	600
不喂多汁饲料		10	11	12	13	14	16	18	20
喂多汁饲料	5~10	9	10	11	12	13	15	17	18
	15~25	7~8	8~9	9~10	10~11	12	14	15	16
	30~40	6~7	7~8	8~9	9~10	11	13	14	15

5. 日粮要有适当的轻泻性　要提高泌乳母牛对各种饲料的采食量，就必须适当缩短食糜在消化道中的停留时间。从整体讲，饲料的消化率虽有一定程度的降低，但总进食的营养物质却有所增加。同时，还可减少饲料蛋白质在瘤胃中的降解，增加通过瘤胃蛋白质的数量。

麸皮是常用的轻泻性饲料，可以在奶牛的日粮中占到精料的25%~40%。另外，还可饲喂具有轻泻作用的青草和根茎饲料。

（三）饲养技术

1. 饲喂方法

（1）*定时定量、少给勤添*　由于长时间定时饲喂所形成的条件反射，牛在采食前消化腺即已开始分泌，这对保持消化道的内环境，提高饲料营养物质的消化率极为重要。如果饲喂过早，由于食欲反射不强，牛必要挑剔饲料，加上消化液分泌不足，而影响消化机能。相反，饲喂过迟，会使牛饥饿不安，也会打乱消化腺的活动，主次饲喂要有一定数量。目前按泌乳阶段进行群饲时，精饲料按量喂给，而粗饲料自由采食，这样牛可以根据其食欲强弱，自行调节营养物质的进食量。

“少给勤添”，可以保持瘤胃内环境的恒定，使食糜均匀通过

消化道，提高了饲料的消化率和吸收率，还可以减少抛撒浪费。

（2）*更换饲料，逐步进行* 由于牛瘤胃细菌区系的形成需要20～30天时间，一旦打乱，恢复很慢。因此，在更换饲料的种类时必须逐渐进行。例如，由干草进入青饲料阶段，虽然细嫩牧草牛很爱吃，但吃的过多，不易消化，并发酵产气引起膨胀或其他胃肠疾病，只有慢慢地增加新的饲料，逐渐减少原饲料，采用交叉式的过渡方法。

（3）*饲料清筛，防止异物* 喂牛的精、粗饲料要用带有磁铁的清选器清筛，除去其中夹杂的铁钉、铁丝、玻璃、石块等尖锐异物及塑料纸、麻绳等异物，以免造成网胃——心包创伤和幽门堵塞，此外，还应保持饲料的新鲜和清洁，切忌使用霉变饲料、冰冻饲料。

2. 精料的饲喂 合理的精料饲喂方式对奶牛生产很重要，一般有湿料饲喂法和汤料饲喂法，实践证明湿料饲喂法明显优于汤料饲喂法。采用湿拌料法，每头牛的投料量可以按照实际需要量控制，各种营养物质的需要均得以满足，可提高消化率，并且可避免饲料的槽内浪费。而饲喂汤料，容易出现“吃大锅饭”的局面，即高产牛不会多吃，低产牛不会少吃。

另外，可取每天饲喂精料的1/5和3千克豆腐渣以1:10的比例加水煮成粥料，在喂完湿拌料后，接着饲喂粥料，有利于产奶量的提高，对于高、中产奶牛效果更明显。这可能是因为经过蒸煮，降低了饲料中蛋白质在瘤胃内的降解速度，提供更多的小肠可消化蛋白质。但蒸煮的精料量不可过多，否则会降低乳脂率。

3. 饲喂次数及顺序 国内一般采用3次饲喂、3次挤奶的工作日程。而国外绝大多数饲养场实行2次饲喂、2次挤奶的日程。试验表明，每日饲喂3次比2次可以提高日粮营养物质的消化率3.6%，因此，建议有条件的奶牛场，对于奶产量在3 000～4 000千克的奶牛可以实行2次饲喂制度，而对产奶量超

过6 000千克的牛，则最好实行3次饲喂，2次挤奶制度。

牛的饲喂顺序，一般是先粗后精，先干后湿，先喂后饮的方法。

4. 饮水 牛奶中含水87%以上，日产乳50千克以上的乳牛，每天需饮水100～150升。中低产乳牛日需饮水60～70升。如饮水不足，会直接影响产乳量。因此，必须保证母牛每天有足够的饮水。最好在牛舍内安装自动饮水器，让牛随时饮水。或在运动场设置水槽，经常放足清洁饮水，让牛自由饮用。在拴系式牛舍，每天定时饮水3～4次。夏季天热时更应增加饮水次数。水温应保持在5～8℃以上。

5. 运动和刷拭 舍饲乳牛，每天要有适当的运动量。运动不足容易引起牛体发胖，产乳量和繁殖力降低，对于外界不良环境的适应能力减弱，易患消化和呼吸器官疾病。光照不足和缺少运动易使母牛患骨质疏松及肢蹄病。因此，必须保证母牛每天有2～3小时的户外驱赶或逍遥运动。

经常刷拭，对保持牛体清洁卫生、调节体温、促进皮肤新陈代谢和保证牛乳卫生均有重要意义。因此必须坚持每天刷拭2～3次，最好在每次挤奶以前进行。刷拭的方法是：以左手持铁梳，右手拿棕刷，由颈部开始，由前到后、由上到下依次刷拭，即按颈—背—腰—股—腹—乳房—头—四肢—尾的顺序进行。刷拭不掉的污垢应先用水洗刷，再用铁梳轻轻刮掉。冬季以干刷为主，水洗的面积要尽量缩小，水温在33℃左右，洗后应立即将被毛和皮肤擦干，以防感冒。夏季以洗刷为主，用水冲洗牛体，既有助于皮肤卫生，又可防暑降温，有利于产奶量的提高。

（四）引导饲养法

引导饲养法也称挑战饲养法，应用这种饲养法可使母牛不因能量的缺乏而限制泌乳，使奶牛的泌乳潜力得到最大程度的发挥。虽然目前遗传性能高的优秀公牛精液已广泛应用于配种，利

用胚胎移植技术使产奶性能很好的母牛后代群体扩大，奶牛的产奶遗传潜力得到了发挥，但饲喂不足仍然是限制产奶量提高的主要因素。

1. 引导饲养法操作规程

（1）从母牛干乳期最后 2～3 周起，每日在喂给 2 千克精饲料的基础上，逐日递加 0.5 千克精饲料，直至母牛采食精饲料的数量达到每 100 千克体重为 1.0～1.5 千克为止，例如 500 千克体重的母牛每天喂以 5.0～7.5 千克精饲料。

（2）在母牛产犊后仍逐日递加 0.5 千克的精饲料，直到母牛达到最高产奶量，或者达到母牛的最大自由采食量为止。产犊前后增喂精饲料，目的是使高产母牛增加能量的摄入量，从而引导或刺激泌乳，提高产奶量。

（3）产奶量的测定和精饲料饲喂量的调整。从产犊两周后起，每周进行一次产奶量的测定，在母牛达到最高产奶量后不再增加精饲料。在引导饲养中，必须掌握的原则是增喂的 0.5 千克精饲料成本要低于该母牛增产牛奶的价值。

在泌乳早期，母牛对多余精饲料饲喂的反应，即奶产量的增加效果最佳，随着泌乳期的推移，必须仔细核实精饲料的饲喂量，至少每半月一次，并调整至最佳的经济饲养水平，对没有反应的母牛应减去精饲料，减至精饲料的喂量能够用增产的牛乳抵偿为止。

引导饲养法具有明显的增产效果和高度的适应性，对高产奶牛的效果更为显著，较之传统的饲养方法（每产 3 千克牛奶投喂 1 千克精饲料的方法）具有以下优点。

①可使母牛的瘤胃微生物在分娩前较早地适应高精料的瘤胃环境。

②母牛在产犊前采食较高的粗饲料，在产犊后继续采食较多的精饲料，使母牛在泌乳早期，即母牛最需要能量的关键时期能够得到丰富的能量，刺激母牛达到最大的产乳量。

③可以减少母牛代谢疾病诸如酮血症的发生，因母牛得到了丰富的能量，不需要依靠分解体内贮存的脂肪供给产乳需要的能量。

④有助于维持母牛在泌乳早期的体重。

2. 采用引导饲养法必须注意的问题

（1）在分娩前投喂较多的精饲料可能导致母牛较高的乳房水肿发生率，但与低精饲料饲喂的乳房水肿发生率差异不显著。

（2）高精饲料日粮所导致的高产奶量可能是乳房炎发生率高的原因之一，但不是原发原因，因为引导饲养法提高了泌乳量，无疑增加了乳房的生理负担，引导隐性乳房炎的急性发作。因此在采用引导饲养法时必须采取预防乳房炎发生的有效措施。

（3）采用引导饲养法时，要及时测定母牛对多余精饲料的反应，对没有反应的母牛应予以淘汰。

（4）计算当时当地青粗饲料的价格，合理采取饲养方法，以取得丰厚的经济效益。

（五）挤奶技术

挤奶技术有手工挤奶和机械挤奶两种，前者适用于小型奶牛场和专业户，后者适用于大型奶牛场。

1. 手工挤奶 挤前，挤奶员要剪短指甲，以免损伤乳房及乳头。乳房上过长的毛要剪掉。温和地将躺卧的牛赶起，待牛站起后，立即用粪铲清除牛床后 1/3 处的垫草，并将粪便刮入粪沟，以便于挤乳时的操作。刷拭牛体，准备好清洁的集乳桶及盛有 50～55℃温水的乳房擦洗桶及毛巾，洗净双手，即可进行挤乳前的预备操作。

擦洗方法：挤乳员站在牛的左侧，用湿毛巾先擦洗乳头，再擦洗乳房。然后站在牛的后侧，一手扶住牛的坐骨，一手擦洗牛的乳镜、乳房两侧与大腿之间。要洗得全面、彻底，每次挤乳应洗 2～3 次，最后将毛巾拧干，再按以上顺序擦拭乳房的每个部

位。接着将牛尾拴在牛的后腿上，立即进行乳房按摩，创造良好的放乳条件。

按摩乳房方法：先用双手按摩乳房表面，再轻按乳房各部，使乳房膨胀，皮肤表面血管努张，呈淡红色，皮温升高，触之较硬，这是乳房放乳的象征，要立即挤乳。挤出的第一、二把奶应收集在专门容器内，不可挤入奶桶内，也不应随便挤在牛床上。因为最初挤出的奶中含有大量细菌，能污染牛床垫草而传播疾病。

挤乳方法：挤乳员坐在牛的右侧后1/3～1/2处，与牛体纵轴呈50～60℃的夹角。两膝挟持乳桶，即可开始挤奶，挤奶方法有双向（先挤前侧2个乳头）、单向（先挤一侧2个乳头）、交叉（一侧前一侧后乳头）以及单乳头挤乳法，双向、单向使用较多。

挤乳的手式分为拳握式和指压式（滑榨式），拳握式是用拇指与食指紧握乳头的基部防止乳汁向上回流，其余三指由上而下依次压挤乳头，拳基部与乳头下部在同一水平或稍高半厘米。此方法的优点是用力均匀，不易疲劳，挤乳速度快，保持牛乳清洁，不损伤乳头，保持乳头清洁、干燥、不变形。指压式是以拇、食指夹住乳头颈部，向下滑动，将乳捋出。此法适合于乳头短小的乳牛，初学时很易操作，但对乳房危害很大，它能引起乳头皮肤破裂、乳头变长、乳头腔弯曲等。此法需用润滑剂来减轻手指与乳头皮肤的摩擦，乳汁是取之最方便的润滑剂，但这样会增加牛乳被污染的机会。因此，除乳头特别短小者外，此法禁止采用。

挤乳是一项紧张的工作，动作要迅速，每分钟挤压80～100次为宜，排乳反射旺盛时，速度可增加至120次，双手要用力均匀、有节奏，以便减少疲劳，每分钟的挤乳量应达到1～1.5千克。

当大部分乳已被挤完后，应再次按摩乳房。采取半侧乳房按

摩法，即分别按摩乳房的右侧和左侧乳区。动作是两手由上而下，由外向里按压一侧 2 个乳区，用力稍重，如此反复 6～7 下，使乳房内汁流向乳池，然后重复挤出各个乳区的乳汁，挤乳快结束时，进行第三次按摩乳房。这次必须用力充分按摩，尤其对新产牛。方法是用两手逐一按摩 4 个乳区，直到完全挤净。挤毕后可在乳头涂以油脂（凡士林），防止乳头龟裂。每次按摩时，要把挤乳桶放在一边，以免按摩时牛毛、皮屑以及其他污物落入桶中，污染牛奶。

为了保证做好挤乳工作，还必须注意以下方面。

挤乳速度要快：乳房经热敷、擦洗和按摩后，要在几分钟以内（一般 6～10 分钟）将乳挤完，中途不得停顿。如果时间拖得过长，反射活动已过，乳汁便潴留在乳房很难挤出，这样不仅降低了产乳量，而且容易诱发乳房炎。

遵守挤乳规程，严防放乳抑制：挤奶时要严格执行作息时间，并以一定的次序进行作业，不可任意打乱或改变。挤奶员在挤乳时要精神集中，禁止喧哗、嘈杂和特殊的噪音，保持挤乳环境的安静及舒适。

预防乳房炎的发生：乳房炎的感染轻则降低产奶量，重则造成乳房及乳头坏死，甚至使牛失去生产能力和死亡。预防是控制乳房炎发病的关键措施。挤乳以前，挤奶员的手应该在肥皂水中进行彻底的清洗，观察乳房的外观，看有无红肿、热痛现象，再将第一、二把牛奶挤入小怀中观察是否出现"奶渣"。对于有乳房炎先兆的母牛，要用单独的毛巾擦洗乳房，挤乳以后，乳头应立即浸泡在消毒液中，对于已经感染上乳房炎的母牛应该最后挤乳。

2. 机械挤奶

(1) 机械挤奶原理　现代化奶牛场多采用机械挤乳。挤乳机是利用真空原理将牛奶从乳房中吸出，与犊牛哺乳非常相似。一般挤奶设施有 3 种，管道式挤乳机，挤乳台和桶式挤乳系统，前

两种均适合于大型乳牛场，后者适合于拴系式饲养条件的小型奶牛场和专业户。

挤奶机主要由3个部分组成：真空泵、脉动器、挤乳机组。

真空泵：有转动式真空泵和活塞式真空泵。泵应有足够的体积，以容纳（或排出）大量气体。

脉动器：是调节气流来回往复地通向挤乳机组的装置。脉动器有气压控制脉动器和电力控制脉动器两种。

挤乳机组：有4个乳杯，分别由软管附着于装有脉动器的挤乳装置上。4个乳杯各自互相独立，每个乳杯由1个吸杯筒的橡皮内管和1个不锈钢（或尼龙塑胶）外管组成。与乳头接触的套筒内，在挤乳时产生约半个大气压的稳定真空度。

脉动室（在套筒和外管之间）：通过脉动器的作用交替地接受真空和大气压。脉动室接受真空时处于吸乳阶段，将牛乳从乳头中吸出，进入真空容器，之后又接受大气压转换到按摩阶段，使牛乳从乳房的腺泡流入乳池，按摩阶段使乳头放松，避免乳头充血和充液，引起疼痛，导致乳牛停止排乳，然后脉动室又接受真空，如此反复，吸乳与按摩脉动时间比为50∶50或60∶40。挤乳和按摩间脉动频率为每分钟50～60次。

挤奶时将4个吸杯套于乳头上，吸乳动作交替出现于两对角线侧乳头，牛乳从乳头被吸到真空容器。挤乳时若1个吸杯脱落，阀门自动关闭，以防止污物被吸入真空系统。

吸乳杯的橡皮内管（也称橡皮内套）是挤乳设备与乳头相接触的部分，其内径应小于20毫米，即所谓狭孔型为好。挤乳时乳头室真空的封口处位于乳头上部，不会使整个乳头被真空包围而影响牛乳从乳房腺泡进入乳池、乳头的速度。

挤乳机上一般安装自动流量计。每头牛每次挤乳量、挤乳时间均可显示出来。

（2）机械挤奶的操作规程

①先挤三把奶　挤奶开始时先从每个乳区挤出三把奶置于黑

色的检查平板上或固定在大杯子口上的带滤网的黑色检查板上，检查是否有“奶渣”并观察奶颜色的变化，判断该乳区的健康情况，头三把奶主要是乳池中的奶，常常含有很多的细菌，或含有残留的乳头浸泡液，不能混入大量商品奶中，也不能挤弃于地上或牛床上。

②清洗与按摩乳房

清洗乳房：在挤完 3 把奶之后就要清洗乳房，清洗水温为 50～55℃。在挤奶厅内可用乳房喷头冲洗乳房，套奶杯前一定要擦干，对擦洗乳房的毛巾要用放有消毒剂的温水清洗后晒干。

按摩乳房：清洗乳房之后，乳头和乳房都尚未饱满、绷紧，表明还没有完全形成排乳反射，必须继续按摩乳房，直到排乳反射完全形成为止。在乳房和乳头的皮肤上有许多压力和触觉感受器，把按摩形成的兴奋经神经传导到脑部，由脑垂体分泌催产素，随血液循环作用于乳房腺泡，将其内的乳汁经输乳导管排入乳池。

③套奶杯　当排乳反射形成后，要尽快套上奶杯实施挤奶，否则，从乳腺泡往乳池排乳过程就会减缓或中断。催产素的作用时间通常只维持 7～8 分钟，如果套奶杯不及时，与催产素的作用时间不同步，乳房内的残留奶就增多。从清洗乳房开始，大约 2 分钟血液中催产素的浓度已上升到顶峰。

套奶杯的具体操作是：一手握住奶爪，另一手的拇指和中指抓住奶杯靠近乳头，以食指将乳头导入奶杯内，套杯的顺序是，从左手对面的乳区开始顺时针方向依次套杯，这样既方便也安全。套杯时要避免进气；套杯前不要向乳头上涂挤奶膏或牛奶，以免奶杯提前或容易向上爬，锁住了从乳池到乳头的通道，使残留奶增多；套奶杯后检查奶爪悬挂的是否正常，下奶是否流畅，以免出现乳头在奶杯中扭伤或挤不净奶的可能。

④杜绝空挤　在挤尽奶或没有奶流时，真空仍完全地作用于乳头上，称之为空挤。空挤时在乳房内极易形成一个较大的残留

真空，有助于细菌进入乳房并在那里留存和繁殖，引起乳房炎，另一方面奶杯的橡胶内套继续运动，会降低其使用寿命。杜绝空挤的方法是，从观察管或观察镜中检查奶流情况。

⑤挤尽奶汁　当从观察管（镜）看不到奶流出时，还要用手去摸一摸乳房，检查是否还有奶。一般情况下，总还能挤出奶。因为乳房有不同程度的向前倾斜，使乳头也不同程度的指向前下方，奶爪的重力作用却使乳头垂直向下，当乳池内奶量少到一定量时，向乳头的流动受阻，此时挤奶员有必要将一手按在奶爪的中心，略向前施压，另一手再按摩乳房，并从不同的方向向乳头赶奶。如果残留奶较多，就要检查一下奶杯的橡胶内套和真空度。橡胶内套老化、失去弹性、破损或真空度过高都可使残留奶增多。残留奶多少还与乳房的健康状况、挤奶员的经验和责任心有关。

⑥卸奶杯　当挤净奶之后要立即卸奶杯，防止空挤，具体操作是：关闭通往奶杯的真空；稍待片刻，直到奶杯乳头室内的负压降低；将四个奶杯同时卸下落入手腕或手掌上；将四个奶杯的头部都朝上，再迅速地开闭几次真空开关，把残留在奶杯和奶管中的奶吸进挤奶管或挤奶桶。

操作错误易发生在第二点上，卸奶杯时严禁硬拉。有的挤奶员把手指放在乳头和奶杯之间，让空气迅速进入奶杯，可很快的卸下奶杯。但这样会使进入奶杯的空气开成疾风卷起乳汁，形成高速运动的奶滴，奶滴撞击乳头孔引起损伤；突然卸下奶杯还可使乳房残留真空，形成内外压力差，易把含细菌的空气吸入。

⑦消毒乳头　卸下奶杯之后，就立即用药液浸泡乳头，杀死或抑制乳头顶端和乳头孔内的细菌。乳房在卸下奶杯后的短暂时间内或多或少仍有残留真空，及时消毒，可吸入少量消毒液并保留在乳头孔内，阻止外界细菌的侵入。

（3）合理保养机械挤奶装置　挤奶机在每次挤奶后应先利用冷水或微温水除去残余的牛奶（此禁用太热的水，会使蛋白质凝

固而不易除去)，然后用85℃的热水洗涤。洗涤时可开启真空泵通过乳杯将水吸入挤奶桶，并进行反复。每周应对挤奶机的所有部件进行一次总的清洗，将拆开的零件先放在50～60℃的热碱水中刷洗，再在85℃以上的热清水中浸洗30分钟后捞出晾干。

真空泵的保养应注意经常向润滑油杯内注满机油，并以每分钟两滴的供油量来进行供油调节。真空泵应隔半年至1年进行一次拆洗检查。转子两端与泵盖端面的间隙为0.1～0.15毫米，转子径向与泵筒壁的最小间隙为0.08毫米。

七、奶牛夏季饲养管理

乳牛较耐寒不耐热。气温在0℃以下时，奶牛的体热散失量明显大于体热的产生量，导致一部分饲料或有一部分体内贮存的能量转化为体热，故寒冷必然会引起产奶量下降，但对母牛的食量没有影响，有时还会增加；气温超过27℃，奶牛的产奶量下降，超过32℃时食量约减少20%，40℃时，食欲废绝，采食量的减少可能是导致泌乳量下降的直接原因。改善夏季饲养管理是实现全年高产的一个重要途径，所以，乳牛夏季饲养作为特殊问题已日益引起人们的重视。

（一）夏季炎热给乳牛带来的危害

当牛体受到高温刺激时，必将发生一系列的应激反应。如体温增高，呼吸加快，皮肤代谢发生障碍，食欲下降，采食量减少，食入的营养不能满足产乳需要，营养呈负平衡。带来的后果是：①乳牛体重减轻，体况下降；②产乳量及乳脂率下降；③繁殖力下降；④疾病增加。

（二）夏季防暑降温的措施

夏季乳牛饲养原则应以防暑降温为主，把热应激减到最小限

度，增加饲料的适口性和消化率，提高采食量，饲养管理措施如下。

1. 日粮配制合理 研究表明，母牛在炎热天气动用体内贮存的能量和蛋白质用以维持产奶量的热增耗量比饲料直接转化为牛奶的产热量要低，后者比前者高1倍，这是泌乳母牛在夏季落膘、体况下降的原因；饲喂试验表明，高比例精饲料的日粮可以减少热增耗量，能比传统日粮得到较多的产奶量，实际上，热应激期间，母牛会自行减少粗饲料的采食量，日粮中蛋白质的缺乏会增加产热量，因此夏季要增加营养，饲料中含能量、粗蛋白质等营养物质要多一些，如果平时喂精料4千克，夏天可增加到4.4千克，平时喂豆饼占混合料的20%，夏天可增加到25%，但粗纤维含量不得低于17%。在奶牛日粮中加入价格便宜的脂肪（如未经榨油的脱毒棉籽），在泌乳早期具有提高产奶量和乳脂率的作用，在炎热季节添加可以提高日粮的能量浓度，减少日粮体积，而且消化过程中产热量很低，添加量占总干物质5%～6%。

2. 延长饲喂时间，增加饲喂次数 夏天，中午舍内温度比舍外低（北京舍外凉棚下为34.4℃，舍内28.5℃），为了使牛体免于受到太阳直射，12点上槽，增加饲喂时间；如日饲喂次数由3次改为4次，在夜间进行1次补饲，则增奶效果更好。

3. 喂稀料 将部分精料调制成粥料，既增加营养，又能满足水的需要。粥料成分为：精饲料1.5千克，干粕1.25～2.5千克，水58千克。

4. 定时喷雾洒水 给母牛定时喷雾洒水是一种很好的防暑降温措施。在气温超过27℃而且昼夜温差不大时，应在运动场一角安装洒水设备，每30分钟喷洒1分钟，让母牛自行出入喷洒区。

5. 补充钾盐 热应激会提高泌乳牛对钾的需要量，同时又降低了母牛对粗饲料的采食量，而钾在牛体内的贮存量很低，钾

又是牛奶中数量最多的矿物元素，因此在夏季必须另行补钾，试验证明，用含有1.53%钾盐的日粮与含有0.91%钾盐的日粮相比，母牛的采食量较多，产奶量较高，相反缺乏可减少采食，降低泌乳量。另一试验证明，在高温环境中（34℃）补充0.5%碳酸钾的完全日粮，可提高并保持高的乳脂率（3.7%），而没有添加碳酸钾的对照母牛的乳脂率为3.1%。

6. 减少湿度，增加排热降温措施 牛舍内相对湿度应控制在80%以下。相对湿度大，大气的容热量变小，牛体散热受阻加大，所以牛舍必须保持干燥，且通风良好。早晚打开门窗，有条件者，可安装吊扇，以加速湿度的排除，加快有害气体的排出。

7. 保持牛体和牛舍环境卫生 牛舍不干净，最容易污染牛体，这既影响牛体皮肤正常代谢，有碍牛体健康，而且严重影响牛乳卫生。夏天要经常刷拭牛体，以利牛体散热，保持牛体卫生。夏天蚊蝇多，干扰乳牛休息，还容易传染疾病，可用1%~1.5%敌百虫药水喷洒牛舍及其环境。

8. 预防为主，减少疾病 防止乳房炎、子宫炎、腐蹄病、胃肠疾病、食物中毒是提高夏季产奶量的关键，建议采取以下措施。

（1）从5月开始用1%~3%次氯酸钠溶液浸泡乳头。

（2）母牛生产后要密切注意胎衣脱落和恶露排出情况，产后15天，检查1次生殖器官，发现问题及时治疗。

（3）每月2次用清水洗刷牛蹄，并涂以10%~20%硫酸钠溶液。

（4）每天刷洗1次食槽。

八、全价混合日粮

全价混合日粮（TMR）是根据反刍动物（牛、羊等）营养

需要的粗蛋白质、能量、粗纤维，矿物质和维生素等，把揉碎的粗料、精料和各种添加剂进行充分混合而得到的营养平衡的混合日粮。配制全价混合日粮是以营养学的最新知识为基础，以充分发挥瘤胃机能、提高饲料利用率为前提，同时也要尽可能地利用当地的饲料资源，以降低饲粮成本。

（一）全价混合日粮的使用

全价混合日粮与传统饲料相比，可以较多利用粗料。一般把母牛按泌乳阶段分为泌乳早期、泌乳中期、泌乳后期和干乳期，再按平均产量和平均体重营养需要配制全价配合日粮，采用自由采食的饲喂方法，牛采食干物质比传统饲养法多。采食量的增加，有利于采用营养浓度稍低的日粮，即含粗料稍多的日粮，仍能保持母牛的营养需要，这是饲喂全价混合日粮能节约精料、降低成本的原因。

目前全价混合日粮主要有两种，一种是以秸秆、谷实类、蛋白质补充料和矿物质饲料等加工而成的全价日粮，粗料用量可按加工成本及营养需要来决定，这类干混合料可以2~3天上1次料，但粉碎饲料的成本高；第二种是以青贮玉米为基础，再加混合精料配成的全价的湿润日粮，这种日粮可每天上料1次。

从个体分喂的传统方法转为混合日粮自由采食制，应有两周过渡饲喂时期。

（二）使用全价混合日粮饲养技术应注意的事项

根据国外对全价混合日粮饲养技术的试验研究成果及生产实践的经验总结，在研究适合我国国情的全价混合日粮时，应注意以下事项。

1. 牛群的鉴定及合理分群 实施全价混合日粮饲养技术的奶牛场，要定期对个体牛的产奶量、奶的成分及其质量进行检测，这是科学饲养奶牛的基础，对不同生长发育和生产阶段及体

况的奶牛要进行合理的分群，这是总生产成绩提高的必要条件。

2. 全价混合日粮及其原料的常规营养成分的分析 测定全价混合日粮及其原料中各种营养成分的含量是科学配制日粮的基础。即使同一原料（如青贮玉米和干草等），也因产地、收割时期及调制方法等的不同，其干物质含量和营养成分有很大变异，所以应根据实测结果来配制相应的全价混合日粮。另外，必须经常检测全价混合日粮中水分含量及牛实际的干物质采食量（尤其是高产奶牛），以保证全价混合日粮的营养平衡和牛的足量采食。

3. 饲养体制转变应有一定的过渡期 在由放牧饲养或常规精粗料分饲转为自由采食全价混合日粮时，应选用一种过渡型日粮，以避免由于采食过量而引起消化疾病和酸中毒。

4. 饲槽中应经常保持有饲料 饲槽中不应断料，如果由于某种原因而使饲槽空了4小时以上，在重新添槽时应使第一次所用的饲料含有较多的粗饲料。

5. 注意奶牛日采食量及体重的变化 在用全价混合日粮进行饲喂时，奶牛的采食量高峰要比产奶高峰迟出现2～4周，泌乳期中干物质消耗量比产奶量下降要缓慢；在泌乳的中期和后期可通过调整日粮精粗料比控制体重的适度增加。

九、提高奶牛产奶量的几种饲养管理方法

（一）交替饲养法

交替饲养法是用增加干草量和多汁饲料量及交替变更精料量来提高奶牛的产奶量的饲养方法。即每隔一定的天数，定期改变饲养水平和饲料特性，通过这种周期性的刺激，提高奶牛的食欲和对饲料的转化率，促进泌乳量的增加。

具体作法是：从母牛产后20天开始，每天喂干草8千克，青贮玉米及块根饲料22千克，精料7千克。饲喂一周后，精料

减少到 3 千克，干草增加到 11 千克，多汁饲料增加到 30 千克（此时产奶量未下降）。一周后将精料再增加到 10 千克（产奶量逐渐增加）。经过一周后，再将精料降到 5 千克，干草增加到 14 千克，多汁饲料增加到 40 千克。再经一周后，精料逐渐增加到 11～13 千克。如此反复，不仅可提高产奶量，而且会增加奶牛粗饲料和多汁饲料的采食量，同时可降低饲养成本。

（二）诱导饮水法

一头奶牛每日饮水量达到其体重的 10%～12%（50～70 千克）才能保证食物的正常消化，维持正常的生理机能，满足生产牛奶的需要，采用诱导饮水法，是将奶牛饮水量增加 20%～30%，产奶量随之增加 5%～10%。

做法是：①1 份混合精料，5 份水调抖均匀，煮成熟料饲喂。②饮水中加 0.1%的食盐，或加 0.1%的红糖。冬季水温应保持在 37～38℃，汤料应保持在 38℃左右。③稻草、玉米秸、干草等，须经加工、氨化、碱化后饲喂。④奶牛日粮中必须搭配多汁青绿饲料及块根饲料。⑤夏季饲喂时，特别是炎热天气时应先饮水后喂料。

（三）加料法

1. 喂鱼粉 在奶牛泌乳早期，混合饲料内添加鱼粉，每头每天量为 0.75 千克，可提高产奶量 9.1%。

2. 喂胡萝卜素 在奶牛产前 30 天和产后 92 天的日粮中补加 7 克胡萝卜素制剂，结果每头泌乳牛净增牛奶 200 千克。

3. 加磷石膏粉 在每头奶牛的基础日粮中添加 71.5 克磷石膏，可使奶牛产奶量增加 1.7%，生产每千克牛奶的饲料消耗降低 11.4%。

4. 在日粮中添加 1.5%苏打粉、0.8%氧化镁 可使每头奶牛多产奶 3.8 千克。

5. 加尿素和芒硝 每吨青贮料加 5 千克尿素和 0.5 千克芒硝（将尿素、芒硝用水配成 1:2 的溶液，均匀地喷洒在待贮的饲料上）。喂此尿素青贮饲料可使日粮中精饲料减少 2/5，每消耗 100 个饲料单位的产奶量，比未加此青贮料的奶牛提高 7.3～10.3 千克。

（四）几项管理方法

1. 增加光照法 光照对奶牛有奇妙的影响，不但能增加体重，还能提高产奶量。试验证明，如果把奶牛的光照时间每天延长到 16 小时，结果牛体重增加 10%，产奶量增加 30%。

2. 修蹄法 如果经常给奶牛校正蹄形，前后蹄形保持 45 度，其产奶量每年可增加 200 千克，平均每天增加 0.5 千克。

3. 多次挤奶法 双人同步挤奶法和多次挤奶法（每日挤 3～4 次），比两次挤奶法多出奶量 10%～15%。

第四章 奶牛的繁殖

一、奶牛的生殖生理

（一）母牛的生殖器官

母牛的生殖器官由卵巢、输卵管、子宫、阴道、尿生殖前庭和阴唇组成，如图4-1所示。

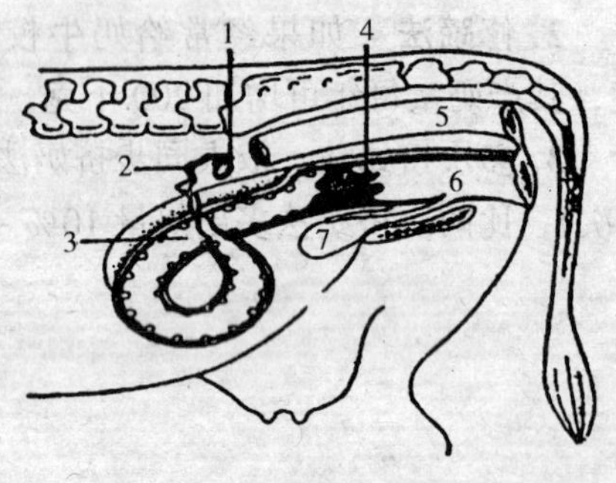

图4-1 母牛的生殖器官

1. 卵巢 2. 输卵管 3. 子宫角 4. 子宫颈 5. 直肠 6. 阴道 7. 膀胱

1. 卵巢 母牛卵巢的功能是分泌激素和产生卵子，包含1个卵子和周围细胞的卵巢结构，叫做卵泡。在发情周期，卵泡逐渐增大，发情前几天，卵泡显著增大，分泌雌激素增多。发情时通常只有1个卵泡破裂，释放卵子，留在排卵点的卵泡壁细胞迅速增殖，在卵巢上形成另一个主要的结构叫做黄体。黄体主要分泌孕酮，维持妊娠。

2. 输卵管 输卵管是卵子受精及受精卵进入子宫的管道，两条输卵管靠卵巢的一端扩大成漏斗状结构称为输卵管伞，输卵管伞部分包围着卵巢，特别是在排卵的时候。卵子进入输卵管，主要借助输卵管内皮细胞上纤毛的运动，沿着输卵管往下运行。卵子受精发生在输卵管的上半部，已受精的卵子（即合子）继续留

在输卵管内3～4天。输卵管另一端与子宫角的接合点充当阀门的作用，通常只在发情时才让精子通过，并只允许受精后3～4天的受精卵进入子宫。这样推迟合子进入子宫的时间是必要的，因为直到发情后3～4天的子宫内环境才有助于胚胎的生存发育。

3. 子宫 母牛的子宫由1个子宫体和2个子宫角组成。子宫是精子向输卵管运行的渠道，也是胚胎发育和胚盘附着的地点。子宫是肌肉发达的器官，能大大扩张以容纳生长的胎儿，分娩后不久又迅速恢复正常大小，阔韧带把子宫悬挂在腹腔中。

子宫肌层由纵肌和环肌细胞层组成。这些肌肉担负犊牛出生所必要的子宫收缩。子宫黏膜又称子宫内膜，它含有在发情周期分泌的多种化学成分和数量不同的液体腺，另外还有几十个稍高出周围子宫内膜表面的特化区，叫做子叶，即母体子叶，在妊娠期间，子宫上皮在这里与胎膜接触形成胎盘。

4. 子宫颈 子宫颈是子宫与阴道之间的部分。子宫颈由子宫颈肌，致密的胶原纤维和弹性纤维及黏膜构成形成厚而紧的皱褶，通常情况下收缩得很紧，处于关闭状态，只有在发情周期和分娩时，环绕子宫颈的肌肉方松弛，这种结构有助于保护子宫不受阴道内很多有害微生物的侵入，子宫颈黏膜里的细胞分泌黏液，在发情期间其活性最强，在妊娠期间，黏液形成栓塞，封锁子宫口，使子宫不与阴道相通，以防止胎儿脱出和有害微生物入侵子宫。

5. 阴道 阴道把子宫颈和阴门连接起来，是自然交配时精液注入的地点。虽然阴道黏膜有细胞分泌黏液以冲洗细菌，但仍有低度的感染持续存在于阴道中，可能导致阴道炎。

6. 阴门 阴门位于阴道与母牛体表之间。包括前庭和尿道下憩室（阴道底上的一个盲囊）。

（二）母牛的发情和发情周期

1. 性成熟 性的成熟是一个过程，当公、母牛生长到一定年龄，生殖机能发育达到比较成熟的阶段，就会表现性行为和第

二性状，最重要的是能够产生成熟的生殖细胞，在这期间进行交配，母牛能受胎，即称为性成熟。性成熟的主要标志是机体能够产生成熟的生殖细胞，即母牛开始第一次发情并排卵；公牛开始产生成熟精子。

奶牛性成熟的年龄，因品种、性别、气候、营养以及个体间的差异而有所不同。公牛一般为 9 个月，母牛一般为 8～14 个月。

2. 发情周期　母牛到了初情期后，生殖器官及整个有机体便发生一系列周期性的变化，这种变化周而复始（怀孕母畜除外），一直到性机能停止活动的年龄为止，这种周期性的变化，称为发情周期。发情周期通常是指从一次发情的开始到下一次发情开始的间隔时间，平均为 21 天，但也存在个体差异。发情周期的出现是卵巢周期性变化的结果。

根据母牛的性欲表现和相应的机体及生殖器官变化，可将发情周期分为发情前期、发情期、发情后期和间情期 4 个阶段。根据卵巢上卵泡的发育、成熟及排卵与黄体的形成和退化，将发情周期分为卵泡期和黄体期。卵泡期指从卵泡开始发育到排卵，相当于发情前期和发情期；而黄体期是指在卵泡破裂排卵后形成黄体，至黄体开始退化，相当于发情后期和间情期，由于卵巢的机能状态不同，母牛在各个阶段发生相应的变化（表 4－1）。

表 4－1　母牛发情周期的分期与相应变化

阶段划分及天数	卵泡期		黄体期		卵泡期
	发情前期	发情期	发情后期	间情期	卵泡期
	第 18、19、20 日	第 21、1 日	第 2、3、4、5 日	第 6～15 日	第 16、17 日
卵巢变化	黄体退化，卵泡发育、生长、成熟，分泌雌激素，发情结束后排卵		黄体形成、发育、分泌孕酮，无卵泡迅速发育		黄体退化，卵泡开始发育
生殖道变化	轻微充血、肿胀，腺体活动增加	充血、肿胀，子宫颈口开放，黏液流出	充血肿胀消退，子宫颈收缩，黏液少而黏稠	子宫内膜增生，间情期早期分泌旺盛	子宫内膜及腺体复旧
全身反应	无交配欲	有交配欲	无交配欲		

（三）青年母牛的初配适龄

公、母牛达到性成熟年龄，虽然生殖器官已发育完全，具备了正常的繁殖能力，但身体的生长尚未完成，故尚不宜配种，以免影响母牛本身和胎儿的生长发育及以后生产性能的发挥。

母牛的初配适龄应根据其具体生长发育情况而定，一般比性成熟晚 7 个月至 4 个月，在开始配种时的体重应为其成年体重的 70%左右。年龄已达到，体重还未达到时，初配适龄应适当推迟；相反也可适当提前，一般初配适龄为 15～18 月龄。

（四）母牛的发情鉴定

奶牛是四季发情的家畜，发情鉴定的目的是及时发现母牛发情，合理安排配种时间，防止误配、漏配，提高受胎率。

1. 母牛发情的特点

（1）*牛发情周期中，休情期长而发情期短*　牛从一次排卵到下次排卵的间隔时间（发情周期）平均为 21 天，和马、猪、山羊差不多，但牛的发情期最短，一般为 18 个小时，给发情鉴定带来困难，稍不注意，就会漏配。

（2）*牛对雌激素最为敏感*　当牛有发情的表现时，卵巢上的卵泡体积很小，在有发情表现的初期，卵泡小得不易从直肠中触摸到。给牛注射少量的雌激素即能引起表现发情，也说明牛对雌激素是很敏感的。由于牛对雌激素敏感，发情时的精神状态和行为表现都比马、羊、猪强烈而明显，这就为目测发情提供了方便。

（3）*牛的卵泡发育时间短，过程快*　牛的卵泡从出现到排卵约历时 30 个小时左右，所经历的时间比母马卵泡发育过程中的一个发育阶段还要短，过去人为的划分牛卵泡发育的阶段，在检查间隔时间稍长时，往往不能摸到其中的某一阶段，所以直肠检查发情状态的重要性远不如马、驴的大。

（4）排卵置后　马、驴、羊、猪等家畜在没有排卵时，卵泡中还有大量的雌激素分泌，雌激素可使发情的精神、行为表现到排卵，雌激素水平降低之后才消失，牛却不然。牛的排卵发生在发情的精神表现结束后约16小时，这是由于牛的性中枢对雌激素的反应很敏感，在敏感反应之后接着进入不应期，在牛性中枢进入不应期后即使血液中有大量雌激素流到性中枢，性中枢对雌激素已不起反应，牛的这一特点给发情后期的自然交配带来困难（拒绝交配），也给人工授精带来不便（输精时不安静，不利于操作）。

（5）排卵后有从阴门排出血迹的表现　发情时，血中雌激素的分泌量增多，使母牛子宫黏膜内的微血管增生，进入黄体期后，血中雌激素的浓度急剧降低，引起血细胞外渗，所以母牛的发情结束后1～3天内，特别是第二天，可以从外阴部看到排出混有血迹的黏液，这种现象在处女牛中约有80%～90%，经产牛约有45%～65%。

（6）产后发情晚，不能热配　马驴可在产后10天前后发情配种，俗称热配，牛则不行。据对3 132头奶牛的统计，产后第一次发情的时间大部分在32～61天，研究牛产后子宫复旧的资料证明，产后子宫恢复正常的天数是26.2天，有成熟卵泡发育的时间为28.2天，第一次排卵在40.7天，高产奶牛产后子宫恢复的时间要拖长，第一次发情的时间拖后。

2. 观察母牛发情的基本方法

（1）看神色　牛发情时精神兴奋不安，不喜躺卧，散放时，时常游走，哞叫，抬尾，眼神和听觉锐利，对公牛的叫声尤为敏感，食欲减退，排便次数增多，拴系时，兴奋不安，在系留桩周围转动，企图挣脱，拱背吼叫，或举头张望。

（2）看爬跨　在散放牛群中，发情牛常爬其他母牛或接受其他牛的爬跨。开始发情时，对其他牛的爬跨往往不太接受，随着发情的进展，有较多的母牛跟随，嗅闻其外阴部（发情牛不嗅闻

其他牛的外阴部)，由不接受其他牛的爬跨转为开始接受，以至于静立接受爬跨，或强烈的爬跨其他牛只，在其他牛拒爬时，常在爬跨中走动，并作交配的抽动姿势。发情高潮过后，发情母牛对其他母牛的爬跨开始感到厌倦，不大愿意接受，发情的精神状态结束时，拒绝爬跨。

(3) *看外阴* 牛发情开始时，阴门稍出现肿胀，表皮的细小皱纹消失展平，随着发情的进展，进一步表现肿胀、潮红，原有的大皱纹也消失展平，发情高潮过后，阴门肿胀及潮红现象，又表现退行性变化。发情的精神表现结束后，外阴部的红肿现象仍未消失，至排卵后才恢复正常。

(4) *看黏液* 牛发情时从阴门排出的黏液量大呈粗线状，是其他家畜所不及的。在发情过程中，黏液的变化特点是：开始时量少，稀薄、透明，继而量多，黏性强，潴留在阴道的子宫颈口周围；发情旺盛时，排出的黏液牵缕性强，粗如拇指，发情高潮过后，流出的透明黏液中混有乳白丝状物，黏性减退，牵拉之后成丝，随着发情将近结束，黏液变为半透明状，其中夹有不均匀的乳白色黏液，最后黏液变为乳白色，好像炼乳一样，量少。

有经验的配种员认为，发情母牛躺卧时，阴道的角度呈前高后低状潴留在阴道里的黏液容易排出积在地面上，发现这一现象，即可判定该牛发情，再结合上述4方面，可以综合判定发情的程度，还有配种员常以鞋掌的前部踩住排在地面上的黏液，脚跟着地，脚尖翘起，如果黏液前拉不起丝，即配种时间尚早，如能拉起丝即为配种适宜期。此外，还可取黏液少许夹于拇指和食指之间，张开两指，距离10厘米，有丝出现，反复张闭5~7次，不断者为配种适宜期，张闭8次以上仍不断者，尚早，3~5次丝断者则适配时间已过。

(5) *直肠检查法* 一般正常发情的母牛其外部表现比较明显，用外部观察法就可判断牛是否发情和发情的阶段，直肠检查法则是更为直接地检查卵泡的发育情况，判定适配时机，在生产

实践中也被广泛采用。方法是把手臂伸入母牛直肠内，隔着直肠壁触摸卵巢上卵泡发育的情况。母牛在发情时，可以触摸到突出于卵巢表面并有波动的卵泡。排卵后，卵泡壁呈一个小的凹陷。在黄体形成后，可以摸到稍为突出于卵巢表面、质地较硬的黄体。

牛发情时，卵泡形状圆而光滑，发育最大时的直径为1.8～2.2厘米。实际上，卵泡大部分埋于卵巢中，它的直径比所接触的要大。在排卵前6～12个小时，由于卵泡液的增加卵巢的体积也有所增大。卵泡破裂前，质地柔软，波动明显；排卵后，原卵泡处有不光滑的小凹陷，以后就形成黄体。

（五）母牛产后第一次配种

母牛产后一般约在30～72天发情，产后第一次发情的时间受奶牛的品种、子宫复原、挤奶次数以及产犊前后饲养水平等影响。

母牛产后第一次配种时间过早或过晚均不适宜。配种过早，子宫还没有完全恢复，不易受孕；配种过晚，延长了产犊间隔时间，降低奶牛的经济利用效率。根据奶牛的生殖生理特点，最理想的是一年产一犊，这样就需要在产后80～90天内配种受胎。实践证明，产后80～90天开始第一次配种，受胎率最高。对体质优良或产量较低、子宫复原早的母牛可在产后40～60天发情配种。这些牛虽然泌乳期不到10个月，但缩短了产奶量低的泌乳后期的天数，相对增加了泌乳高峰期天数，增加了年产奶量和产犊次数。由于产后40天内子宫的内环境还没有完全恢复，机体对疾病抵抗力差，配种时容易因消毒不严而感染疾病，引起难配，因此，产后40天内不应急于配种。对于高产奶牛可适当延长产后配种时间。但也不要超过120天，否则，泌乳后期低产天数增加，对提高奶牛经济利用效率不利。同时也应看到，过长拖配容易造成母牛不易受胎。

（六）常见的异常发情

母牛发情受许多因素影响，如营养、管理、激素调节、疾病等，当某些因素造成发情超出了正常规律，就会出现异常发情。常见的异常发情有以下几种。

1. 隐性发情 又称暗发情或安静发情。这种发情表现为性兴奋缺乏，性欲不明显或发情持续时间短，但卵巢上卵泡能发育成熟而排卵。多见于产后母牛、高产母牛和年老体弱母牛。主要原因是生殖激素分泌不足、营养不良或泌乳量高造成的。此外，寒冷冬季或雨季长，舍饲的母牛缺乏运动和光照，都会增加隐性发情牛的比例。

2. 假发情 母牛只有外部发情表现，而无卵泡发育和排卵。假发情有两种，一种是母牛在怀孕 3 个月以后，出现爬跨其他的牛或接受其他牛的爬跨，而在阴道检查时发现子宫颈口不开张，无充血和松弛表现，阴道黏膜苍白干燥，无发情分泌物。直肠检查时能摸到子宫增大和有胎儿等特征，有人把它称为“妊娠过半”或“胎喜”，其原因是妊娠黄体分泌孕酮不足，而胎盘或卵巢上较大卵泡分泌的雌激素过多；另一种是患有卵巢机能失调或子宫内膜炎的母牛，也常出现假发情，其特点是卵巢内没有卵泡发育生长，即或有卵泡生长也不可能成熟排卵。因此，假发情母牛不能进行配种，否则，会对妊娠母牛造成流产。

3. 常发情 正常母牛发情时间很短，而有的母牛发情持续时间特别长，2～3 天发情不止。主要原因是卵泡发育不规律，生殖激素分泌紊乱所造成。常发情多表现在以下两种情况。

（1）卵泡囊肿 这种母牛虽有明显的发情表现，卵巢也有卵泡发育，但卵泡迟迟不成熟，不排卵，而且继续增生、肿大、甚至造成整个卵巢囊肿，充满卵泡液，由于大量分泌雌激素，而使母牛持续发情。

（2）卵泡交替发育 一侧卵泡开始发育，产生的雌激素促使

母牛发情，同时在另一侧卵巢又有卵泡开始发育，前一卵泡则发育中断，后一卵泡继续发育，由于前后两个卵泡交替产生雌激素，使母牛延续发情。

4. 不发情 即母牛无发情的表现，也不排卵，这种现象多发生在季节寒冷、营养不良、患卵巢或子宫疾病的母牛，产奶量高又处在泌乳高峰期的母牛常产后久不发情。这是由于卵巢萎缩、持久黄体或卵巢处于静止状态等原因所致。

（七）几种重要生殖激素及其在繁殖上的应用

1. 促性腺激素释放激素 可刺激垂体合成和释放促黄体素和促卵泡素，促进卵泡生长成熟、卵泡内膜粒膜增生并产生雌激素，刺激母畜排卵，促进公畜精子生成并产生雄激素。在奶牛繁殖上，主要用于诱发排卵，治疗产后不发情，还可用在同期发情工作上，输精时注射 LHRH 类似物 LRH－$A_3$200～240 微克可提高情期受胎率，治疗公畜的少精症和无精症。

2. 催产素（OXT） 对经雌激素预先致敏的子宫肌有刺激作用，产后催产素的释放有助于恶露排出和子宫复旧，还可引起乳腺肌上皮细胞收缩，加速排乳。大剂量催产素具有溶黄体作用；小剂量催产素可增强宫缩，缩短产程，起到催产、促使死胎排出、治疗胎衣不下、子宫蓄脓和放乳不良等。人工授精前 1～2 分钟，肌注或子宫内注入 5～10 单位催产素，可提高配种受胎率；临产母牛，先注射地塞米松，48 小时后按每千克体重静注 5～7 微克催产素，可诱发 4 小时后分娩。

3. 促卵泡素（FSH） 促进卵泡生长发育，与促黄体素配合，促使卵泡发育、成熟、排卵和卵泡内膜细胞增生并分泌雌激素，对于公畜则可促进精细管的生长、精子生成和雄激素的分泌。在奶牛繁殖上，可促使母牛提早发情配种，诱导泌乳期乏情母牛发情；连续使用促卵泡素，配合促黄体素可进行超排处理；治疗卵巢机能不全、卵泡发育停滞等卵巢疾病及提高公畜精液品

质。

4. 促黄体素（LH） 诱发排卵，促进黄体形成，促进精子充分成熟。在奶牛繁殖上，可诱导排卵，预防流产，治疗排卵延迟、不排卵、卵泡囊肿等卵巢疾病，并可治疗公畜性欲减退、精子浓度不足等不育疾病。

5. 孕马血清促性腺激素（PMSG） 类似 FSH 的作用，也有 LH 的作用，促进母畜卵泡发育及排卵，促使公畜细精管发育、分化和精子生成。在奶牛繁殖上，用以催情，母牛肌注孕马血清促性腺激素 1 000～2 000国际单位，3～5 天后可出现发情；刺激超数排卵，增加排卵率；注射孕马血清促性腺激素 1 000～2 000 国际单位，促进黄体消散，治疗持久黄体。

6. 人绒毛膜促性腺激素（hCG） 类似 LH 的作用，FSH 作用很少，促进卵泡发育、成熟、排卵、黄体形成，并促进孕酮 P_4、雌激素 E_2合成，同时可促进子宫生长；对于公畜，可促进睾丸发育、精子的生成，刺激睾酮和雄酮的分泌。在奶牛繁殖上，促进卵泡发育成熟和排卵，增强超排和同期排卵效果，治疗排卵延迟和不排卵；治疗卵泡囊肿和促使公畜性腺发育。

7. 孕酮（P_4） 与雌激素协同促进生殖道充分发育；少量孕酮可与雌激素协同作用促使母畜发情，大量孕酮则抑制发情；维持妊娠；刺激腺管已发育的乳腺腺泡系统生长，与雌激素共同刺激和维持乳腺的发育。在奶牛繁殖上，用以诱导同期发情和超数排卵；进行妊娠诊断；诊断繁殖障碍，治疗繁殖疾病。

8. 雌激素（E_2） 刺激并维持母畜生殖道的发育；刺激性中枢，使母畜出现性欲和性兴奋；使母畜发生并维持第二性征；刺激乳腺管道系统的生长；刺激垂体前叶分泌促乳素；促进骨骼对钙的吸收和骨化作用；在奶牛繁殖上，可用于催情，增强同期发情效果；排除子宫内存留物，治疗慢性子宫内膜炎。

9. 前列腺素（PG） 天然前列腺素分为 3 类 9 型与繁殖关系密切的有 PGF 与 PGE，前列腺素 F 型可溶解黄体，影响排

卵，如 $PGF_{2\alpha}$促进排卵作用，PGE 能抑制排卵，影响输卵管的收缩，调节精子、卵子和合子的运行，有利于受精；刺激子宫平滑肌收缩，增加催产素的分泌和子宫对催产素的敏感性；提高精液品质。在奶牛繁殖上，前列腺素 $PGF_{2\alpha}$可用于调节发情周期，进行同期发情；用于人工引产；治疗持久黄体，黄体囊肿等繁殖障碍，并可用于治疗子宫疾病；对公畜，则可增加精子的射出量，提高人工授精效果。

二、奶牛的人工授精技术

（一）输精方法

目前都采用直肠把握输精法，也叫深部输精法。该方法具有用具简单，操作安全，输精部位深，受胎率高的优点。

1. 输精前的准备

（1）输精器的准备　输精器材应事先消毒，并确保一头牛一支输精管。玻璃或金属输精器可用蒸气或高温干燥消毒；输精胶管因不宜高温，可用酒精或蒸汽消毒。

（2）母牛的准备　将接受输精的母牛固定在六柱栏内，尾巴固定于一侧，用 0.1%新洁尔灭溶液清洗消毒外阴部。

（3）输精操作人员的准备　输精员要身着工作服，指甲需剪短磨光，戴 1 次性直肠检查手套。

（4）精液的准备　输精前应先进行精子活力检查，合乎输精标准才能应用。颗粒冷精解冻后，用输精器吸取，塑料细管精液解冻后装入金属输精器。金属输精器见图 4－2。

2. 输精　在输精实践中会遇到许多问题，必须掌握正确方法。术者左手呈楔形插入母牛直肠，令母牛排除蓄粪，然后消毒外阴部。左手再进入直肠，触摸子宫、卵巢、子宫颈的位置，摸清子宫颈后，手心向右下握住子宫颈，无名指平行握在子宫颈外

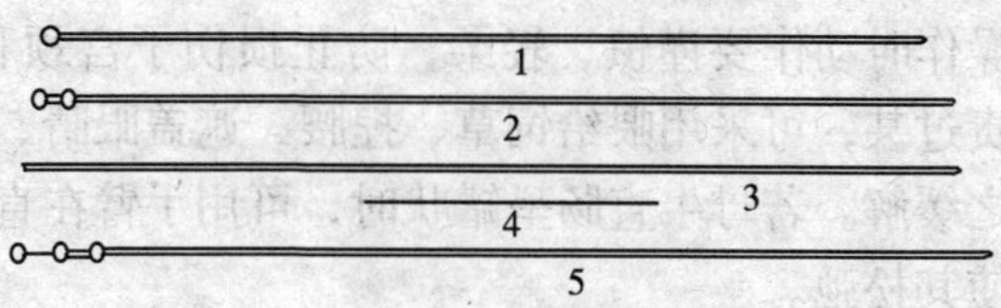

图 4-2　塑料细管输精器

1. 钢推杆　2. 钢套管　3. 塑料套管　4. 塑料细管
5. 装在一起的金属输精器

口周围，把子宫颈握在手中，握得太靠前会使颈口游离下垂，造成输精器不易插入颈口，如图 4-3 所示，右手持输精器，向左手心中深插，即可进入子宫颈外口，然后，多处转换方向向前探插，同时用左手将子宫颈前段稍作抬高，并向输精器上套。输精器通过子宫颈管内的硬皱襞时，会有明显的感觉。当输精器一旦越过子宫颈皱襞，立即感到畅通无阻，即抵达子宫体处，手指能很清楚地触摸到输精器的前段。确认输精器已进入子宫体后，应向后抽退一点，以避免子宫壁堵塞住输精器尖端出口，然后缓慢地将精液注入，再轻轻地抽出输精器。

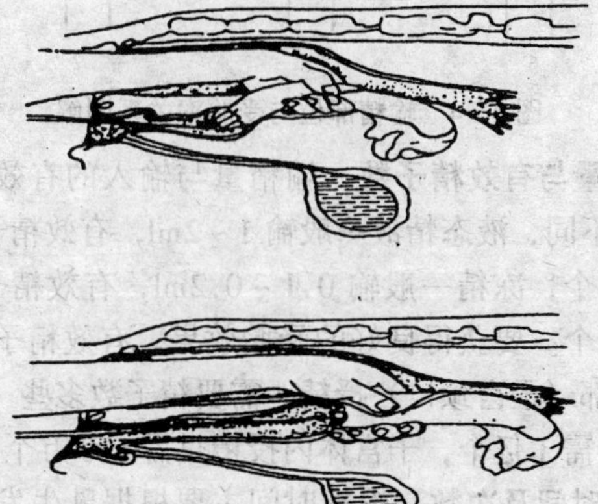

图 4-3　直肠把握输精

上为错误的操作手势　下为正确的操作手势

输精操作时动作要谨慎、轻柔，防止损伤子宫颈和子宫体。若母牛努责过甚，可采用喂给饲草、捏腰、遮盖眼睛、按摩阴蒂等方法使之缓解。若母牛直肠呈罐状时，可用手臂在直肠中前后抽动以促使其松弛。

关于输精的部位，有学者认为子宫颈深部、子宫体、子宫角等不同部位输精的情期受胎率没有显著差别，也有学者认为将大部分精液输到子宫右角基部可获得较高的情期受胎率（72%以上），经验证，后者对提高奶牛受胎率有积极意义，输精部位与受胎率关系如图 4-4 所示。但是输精部位过深容易引起子宫损伤。

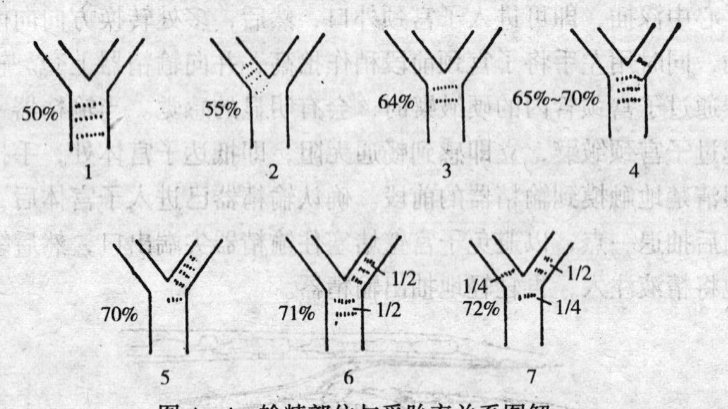

图 4-4　输精部位与受胎率关系图解

3. 输精量与有效精子数　输精量与输入的有效精子数因精液的类型而不同，液态精液一般输 1～2ml，有效精子数为 3 000 万～5 000 万个，冻精一般输 0.1～0.2ml，有效精子数为 1 000 万～2 000 万个。要获得良好的受胎效果，有效精子数与授精部位有关，浅部（子宫颈口）授精，需要精子数多些（易发生精液倒流），最少需 1 亿个，子宫体内授精只需 500 万个即可。

4. 输精时间及次数　输精时间主要根据乳牛发情后的排卵时间等决定。乳牛的排卵时间一般发生在发情结束后 10～12 小时。卵子保持受精能力的时间是 12～18 小时，精子在母牛生殖道中保持受精能力的时间是 28～50 小时，虽然精子与卵子在母牛

生殖道保持受精能力的时间可以达到上界，但在失去受精能力之前，就已失去产生一个具有高度生活力胚胎的能力，因此综合以上几点，输精时间应选择在排卵前6～24小时。发情母牛半数以上在凌晨4～8时排卵，25%在14～21时排卵。在实践中要得到高的受胎率就必须正确判断母牛的排卵时间。一般根据发情表现、流出黏液的性质和卵泡发育情况来确定配种时间。当发情母牛安静接受他牛爬跨时，输精时间就此时向后推迟12～18小时，在发情末期，母牛拒绝爬跨，此时正是配种适时期；流出的黏液由稀薄透明转为黏稠混浊且黏度增大（用拇指与食指夹住并牵拉黏液7～8次不断）时即可配种；直肠检查，卵泡在1.5厘米以上，泡壁薄且波动明显时，也是配种的合适时间。如果对母牛的发情和排卵时间掌握正确，输精一次即可，否则就需要两次输精，即上午发现发情，下午和次日上午各输精一次，下午发现发情次日上午和下午各输精一次，两次输精时间相隔8～10小时。只要正确掌握母牛的排卵时间，一次输精的效果不比两次输精差。输精时间与受胎率的关系如图4－5所示。

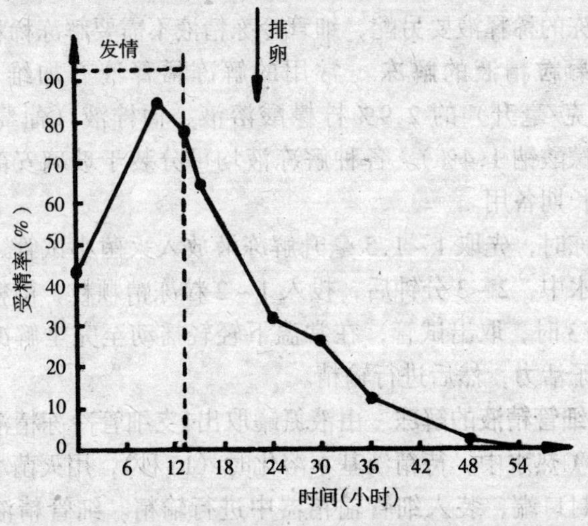

图4－5 输精时间与受胎率关系

（二）冷冻精液的保存

冷冻精液的包装上须标明公牛品种、牛号、精液的生产日期、精子活率及数量，再按照公牛品种及牛号将冷冻精液分装在液氮罐提筒内，浸入固定的液氮罐内贮存。

定期添加液氮，正确放置提筒，不使罐内贮存的颗粒或细管冷冻精液暴露在液氮面之上，且液氮容量不能少于容器的2/3。

提取冷冻精液时，提筒不得提出液氮罐口，必须置于罐颈之下，用电筒照看清楚之后用镊子夹取精液，动作要准确、快捷。精液每次脱离液氮时间不得超过5秒钟。

贮存精液的液氮罐应放置在干燥、凉爽、通风和安全的专用室内，且要水平放置，不倾斜，还要经常检查盖子是否泄漏氮气。

（三）冷冻精液的解冻

由于冷冻保护液不同，冷冻精液的解冻方法也有差别。颗粒冻精解冻的稀释液要另配，细管冷冻精液不需要解冻稀释液。

1. 颗粒精液的解冻 常用的解冻稀释液有加维生素 B_{12}（0.5毫克/毫升）的2.9%柠檬酸溶液、葡柠液（葡萄糖3%、二水柠檬酸钠1.4%）。各种解冻液均可分装于玻璃安瓿中，经灭菌后长期备用。

解冻时，先取1～1.5毫升解冻液放入灭菌小试管，再浸入40℃热水中，2～3分钟后，投入1～2粒冻精颗粒，待精液溶化1/2～1/3时，取出试管，在常温下轻轻摇动至完全解冻，检查评定精子活力，然后进行输精。

2. 细管精液的解冻 由液氮罐取出1支细管冷冻精液，立即投放40℃热水中，待精液基本溶化时（15秒），用灭菌小剪剪去细管的封口端，装入细管输精器中进行输精。细管精液品质检查，可按批抽样评定，不需每支精液均作检查，否则将会减少每

头份精液的输精量及输入精子数。

3. 注意事项 精液解冻后必须保持所要求的温度，严防在操作过程中温度出现波动；冷冻精液解冻后不宜存放时间过长，应在1小时内输精。

三、妊娠诊断

母牛配种后应尽早进行妊娠诊断，以利于保胎，减少空怀，提高母牛繁殖率和经济效益。奶牛的妊娠诊断有以下几种方法。

（一）直肠检查法

直肠检查法适用于奶牛妊娠诊断，是一种最基本、最可行的办法，在妊娠的各个阶段均可采用，能判断奶牛是否怀孕及怀孕的大体月份、一些生殖器官疾病及胎儿的存活情况。

直肠检查判定母畜是否怀孕的主要依据是怀孕后生殖器官的一些变化，这些变化因怀孕时间的不同而有所侧重。在怀孕初期，以子宫角形状、质地及卵巢的变化为主；在胎胞形成后，则以胎胞的发育为主，当胎胞下沉不易触摸时，以卵巢位置及子宫动脉的妊娠脉搏为主。

配种后19～22天，子宫勃起反应不明显。在上次发情时卵巢上的排卵处有发育成熟的黄体，黄体柔软，卵巢较他侧卵巢大，疑为妊娠。如果子宫勃起反应明显，无明显的黄体，卵巢上有大于1厘米的卵泡，或卵巢局部有凹陷，质地较软，可能是刚排过卵。这两种情况均表现未孕。

妊娠30天，孕侧卵巢有发育完善的妊娠黄体，黄体肩端丰满，顶端突起，卵巢体积较对侧卵巢大1倍；两侧子宫角不对称，孕角较空角稍增大，质地变软，有液体波动的感觉，孕角最膨大处子宫壁较薄，空角较硬而有弹性，弯曲明显，角间沟清楚，用手指轻握孕角从一端向另一端轻轻滑动，可感到胎膜囊由

指间滑动，或用拇指及食指轻轻提起子宫角，然后稍为放松，可以感到子宫壁内先有一层薄膜滑开，这就是尚未附植的胚囊。据测定，妊娠28天，羊膜囊直径为2厘米，35天为3厘米，40天以前羊膜囊为球形这时的直肠检查一定要小心，动作要轻柔，并避免长时间触摸，以免引起流产。

妊娠60天，由于胎水增加，孕角增大且向背侧突出，孕角比空角约粗一倍，且较长，两者悬殊明显。孕角内有波动感，用手指按压有弹性。角间沟不甚清楚，但仍能分辨，可以摸到全部子宫。

妊娠90天，孕角如排球大小，波动明显，有时可以触及漂浮在子宫腔内如硬块的胎儿，角间沟已摸不清楚。这时子宫开始沉入腹腔，子宫颈移至耻骨前缘，初产牛子宫下沉时间较晚。

妊娠120天，子宫全部沉入腹腔，子宫颈越过耻骨前缘，触摸不清子宫的轮廓形状，只能触摸到子宫背侧及该处明显突出的子叶，形如蚕豆或小黄豆，偶尔能摸到胎儿。子宫动脉的妊娠脉搏明显可感。

妊娠150天，全部子宫沉入腹腔底部，由于胎儿迅速发育增大，能够清楚地触及胎儿。子叶逐渐增大，大如胡桃、鸡蛋；子宫动脉变粗，妊娠脉搏十分明显，空角侧子宫动脉尚无或稍有妊娠脉搏。

妊娠180天至足月，胎儿增大，位置移至骨盆前，能触摸到胎儿的各部分，并能感到胎动，两侧子宫动脉均有明显的妊娠脉搏。

（二）阴道检查法

1. 根据阴蒂变化对奶牛进行早期妊娠诊断 仔细观察阴蒂的大小、形状、位置、质地、色泽、血管、分泌物等，综合分析，做出诊断。

乏情母牛的阴蒂深埋于阴蒂凹内，呈扁圆形长柱状，粉白色，表面干燥无光泽，血管不明显，无分泌物，质软而斜下；发情母牛的阴蒂埋于阴蒂凹内，粉红色，扁圆形长柱状，质地较软；妊娠 20 天内的母牛，阴蒂体积稍有增大，长约 0.6 厘米，宽约 0.3 厘米，厚约 0.2 厘米，1/2 体积突出于阴蒂凹上方，红黄色，稍硬，表面发亮，血管稍有充血，有少量分泌物；妊娠 40 天的母牛，阴蒂的 2/3 体积突出于阴蒂凹上方，体积继续增大，如樱桃大小，直立发硬，紫黄色，表现湿润光滑，周围黏膜呈青紫色并有黄色分泌物，血管呈树枝状。据报道，妊娠 30 天和 40 天的诊断符合率分别为 94.1%和 94.7%。

2. 阴道的变化 母牛怀孕 3 周后，阴道黏膜由未孕时的淡粉红色变为苍白色，没有光泽，表面干燥，阴道收缩变紧；怀孕1.5～2月，子宫颈口附近黏液量少，黏稠；怀孕 3～4 月，黏液量大且浓稠如糨糊、灰白或灰黄色、子宫颈口紧缩关闭，有子宫颈栓。

（三）通过卵巢规律性的变化对奶牛进行早期妊娠诊断

配种前，做卵巢直肠触诊检查，详细记录两侧卵泡的位置及卵泡发育情况。在配种后 10～14 天做第一次检查，原卵泡发育处形成柔软的初级黄体，对卵巢及黄体的大小、形状予以记录，再过 10 天即配后 20～25 天做第二次检查，这时卵巢体积增大至原来卵巢体积的二倍，表现光滑，质地柔软，并有弹性，黄体略为明显，突出于卵巢表面，比第一次检查时稍硬，根据这些变化即可诊断为妊娠。若第二次检查时发现原来增大的卵巢体积缩小，即定为未孕。此法正确率较高，符合率达 96%，且直感明显，易于判定。

（四）激素对抗探试法

母畜怀孕后，雌激素的作用可被孕酮所抑制。若给配种后 18～

20天的母牛注射少量外源雌激素，如己烯雌酚2~3毫克，5天内不发情者可诊断为妊娠，未孕牛则有发情表现，准确率在80%以上。

（五）3%硫酸铜溶液诊断法

取常乳和末把乳各1毫升于玻璃平皿上，滴入1~3滴3%硫酸铜溶液并迅速混匀，呈现出雾状沉淀者为阳性（妊娠），反之为阴性。可用产后8天的奶牛常乳作对照。配种后16~35日内为该方法的最佳检测时期。配种后的天数不同，其符合率也不同。配种后22~28天总符合率为95%；31~33天总符合率为93.8%；33天以后，随天数的递增，其符合率有下降趋势。此法操作简便、快速，不受技术水平和经验的限制，准确率较高，易在生产实践中应用推广。

（六）95%酒精反应法

取待检牛的鲜奶5毫升，盛入玻璃器皿中，加入95%的酒精1毫升。牛奶若在5分钟内凝集者为妊娠；在30分钟以后凝集者为未孕。此法对妊娠40天以上的准确率达95%。

（七）血清凝集抑制实验

将受检母牛的血清稀释5万倍，取0.5ml，加入透明质酸酶抗血清，混合均匀，再加上2滴致敏羊红细胞，混匀后在37℃恒温箱中静置60分钟，不发生凝集者为妊娠。此法对妊娠20天以上的准确率达95%。

（八）眼检法

母牛配种后20天，瞳孔的正上方巩膜表面若有明显纵向血管1~2条，呈直线状态（少数曲弯），直径为1毫米，深红，同时母牛无发情表现，则判为妊娠。若母牛有发情表现，巩膜表面无明显血管暴露或血管色淡则判为未孕。若血管紊乱，横向者较

多，纵向血管不清，色暗红则卵巢或子宫有疾患。

（九）激素水平测定法

此方法是利用未孕与怀孕母牛血液中孕酮水平变化的规律来判断妊娠与否，测定的方法有放射免疫测定法或酶免疫测定法。

四、繁殖新技术

随着学科的交叉应用和生物技术的发展，奶牛的繁殖技术也得到长足的进步，主要体现在诱导发情、超数排卵、卵母细胞的体外受精、胚胎的体外发育及其冷冻保存和解冻移植、胚胎分割、胚胎性别鉴定、胚胎克隆等。

（一）同期发情

同期发情是将不同时期发情的母牛经激素处理，使成批或成群母牛在相同时间内发情的技术。其目的是使母牛同时发情，同时配种，集中分娩，利于劳力的安排和管理。

1. 孕激素类法 使用孕激素使母牛的发情周期延长再集中催情。常用的药物有孕酮、甲孕酮、甲地孕酮、氯地孕酮和孕马血清、人绒毛膜促性腺激素等。经激素处理的第一个情期的受胎率很低，第一次自然发情时，受胎率明显提高。

2. 前列腺素法 用前列腺素及其类似物溶解成熟黄体，以缩短母牛的发情周期。对无发情记录的母牛肌注氯前列烯醇 0.12～0.24 毫克，部分母牛不发情，隔 9～13 天再注射 1 次。有正常发情记录的母牛在发情周期的第 8～12 天肌注氯前列烯醇 0.12～0.24 毫克，注射后 48～72 小时出现发情，配种后受胎率正常。

（二）超数排卵

一般情况下牛每次发情后只排一个卵子，超数排卵是通过激

素处理使牛一次发情排多枚卵的技术，这是胚胎移植的基础。通常在母牛发情周期的第 16 天或 19 天肌注孕马血清 1 500 ~ 3 000 单位（可同时注射人绒毛膜促性腺激素 1 000 ~ 1 500 单位），第 19 或 21 天肌注氯前列烯醇 0.12 ~ 0.24 毫克，48 ~ 72 小时出现发情，一次可排卵 7 ~ 10 枚不等。

（三）胚胎移植

胚胎移植又叫借腹怀胎，是提高良种高产奶牛繁殖潜力的一个有效方法，胚胎移植过程包括供、受体的准备，受精卵的收集、检查、培养、保存和移植等几个环节。

母牛经过超排处理，配种后第七日非手术回收胚胎，这时的胚胎处于桑葚胚和囊胚期，移植成功率较高（60%以上）。胚胎的移植大多用卡苏移植枪非手术将胚胎移入受体牛黄体侧的子宫角，受体牛已同供体牛进行了同期发情处理，如果是冷冻胚胎移植，受体牛应该处于自然发情的第 7 天。

（四）胚胎冷冻保存

胚胎冷冻保存研究的成功，是胚胎移植技术的重要新发展，使得胚胎移植能随时进行。目前，胚胎冷冻保存有快速冷冻法和一步冷冻法。前者需要特制程序冷冻仪，冷冻效果好，而后者方法简便，但冷冻效果较差。随着胚胎冷冻保护剂的改进，胚胎的解冻移植已脱离实验室严格的无菌条件，可以在养殖场（户）随时操作。

（五）卵母细胞的体外受精技术

卵母细胞的体外受精技术是：活体采集高产奶牛的卵子，在体外模拟环境中培养至成熟，再进行体外受精获得胚胎的技术。这就是良种奶牛的胚胎工厂化生产，对充分挖掘高产奶牛的繁殖潜力，快速繁育高产奶牛非常有效。

（六）胚胎分割与性别鉴定技术

无论是自然生产的胚胎还是体外受精生产的胚胎，均可以通过胚胎的分割获得成倍或成几倍的胚胎，这些胚胎可以通过体外培养再移植，也可以通过性别鉴定后再进行所需性别胚胎的移植，获得遗传物质完全相同的个体。胚胎性别鉴定技术发展很快，目前最简便实用的方法是 PCR 法。

五、妊娠期间母牛的生理变化

妊娠期间，母牛的内分泌、生殖器官系统会发生一系列明显的变化，以维持母体和胎儿之间的平衡。

（一）内分泌

妊娠期间，内分泌系统发生明显改变，各种激素协调平衡以维持妊娠。几种激素的变化如下。

1. 雌激素 在妊娠期间，较大的卵泡和胎盘能分泌少量的雌激素，但维持在最低水平，妊娠后期分泌增加，到妊娠第 9 个月时分泌明显增加。

2. 孕激素 在妊娠期间不仅黄体分泌孕酮，而且肾上腺、胎盘组织也能分泌孕酮，血液中孕酮的含量保持恒定，直到分娩前数天孕酮水平才急剧下降。

3. 促性腺激素 在妊娠期间由于孕酮的作用，使垂体分泌促性腺激素的机能逐渐下降，并维持到妊娠期满。

（二）生殖器官的变化

由于激素的作用和胎儿在母体内的发育，促使生殖系统也发生明显的变化。

1. 卵巢 如果配种没有妊娠，黄体会逐渐消退，配种妊娠

后，黄体会继续存在并不断发育，发情周期停止。妊娠母牛的黄体以最大的体积维持存在于整个妊娠期，持续不断地分泌孕酮，到妊娠后期逐渐消退。在妊娠早期，卵巢上较大的卵泡闭锁萎缩。

2. 子宫　在妊娠期间，随胎儿的增长，子宫的容积和重量不断增加，子宫壁变薄，子宫腺体增长、弯曲。

3. 子宫颈　妊娠后，子宫括约肌收缩、紧张，子宫颈分泌的化学物质发生变化，分泌的黏液稠度增加，形成子宫颈栓，把子宫颈口封闭起来。

4. 子宫韧带　子宫韧带中平滑肌纤维及结缔组织增生变厚，弹性增加，由于子宫重量增加，子宫下垂，子宫韧带伸长。

5. 子宫动脉　子宫动脉变粗，血流量增加，出现妊娠搏动。

6. 阴道和外阴部　阴道黏膜苍白，黏膜上覆盖有从子宫颈分泌出来的浓稠黏液。阴唇收缩，阴门紧闭，直到临分娩前才变为水肿而柔软。

（三）母畜体的变化

初次妊娠的青年母畜，在妊娠期仍能正常生长。妊娠后新陈代谢旺盛，食欲增加，消化能力提高，所以母畜的营养状况改善，体重增加，毛色光润。血液循环系统加强，脉搏、血压、血流量增加，供给子宫的血流量明显增加。

六、奶牛的分娩与助产

（一）分娩

母牛经过一定时间的妊娠，胎儿逐渐发育成熟，母体和胎儿之间在多种因素的作用下而失去平衡，导致母牛将胎儿及附属膜排出体外的过程称为分娩。

1. 分娩预兆 随着胎儿的逐步发育成熟和产期的临近，母牛身体会发生一系列先兆变化，为保证安全接产，必须安排有经验的饲养人员昼夜值班，注意观察母牛的临产症状。

（1）乳房变化 产前约半个月，孕牛乳房开始膨大，乳头肿胀，乳房皮肤平展，皱褶消失，有的经产牛还见乳头向外排乳。

（2）阴门分泌物 妊娠后期，孕牛外阴部肿大、松弛，阴唇肿胀，如发现阴门内流出透明索状黏稠液体，则1～2天内将分娩。

（3）荐坐韧带变化 妊娠末期，荐坐韧带软化，臀部有塌陷现象，在分娩前12～36小时，韧带充分软化，尾部两侧肌肉明显塌陷，俗称“塌沿”，这是临产的主要前兆。

2. 分娩过程

（1）开口期 从子宫开始阵缩到子宫颈口充分开张为止的一段时间，一般为2～8小时（范围为0.5～24小时）。这时只有阵缩而不出现努责。初产牛表现不安，时起时卧，徘徊运动，尾根抬起，常作排尿姿势，食欲减退。经产牛一般比较安静，有时看不出有什么明显表现。

（2）胎儿产出期 从子宫颈充分开张至产出胎儿的一段时间，一般持续0.5～2小时（范围为0.5～6小时）。初产牛通常持续时间较长。若是双胎，则两胎儿排出间隔时间一般为20～120分钟。这个时期的特点是阵缩和努责同时作用。进入这个时期，母牛常侧卧，四肢伸直，强烈努责，羊膜绒毛膜形成第一胎囊突出阴门外，该囊破裂后，排出淡白或微带黄色半透明的浓稠羊水。胎儿产出后，尿囊才开始破裂，流出黄褐色尿水。有时尿膜绒毛膜囊形成第一胎囊先破裂，然后羊膜绒毛膜囊才突出阴门破裂。在羊膜破裂后，胎儿前肢和唇部逐渐露出并通过阴门，这时母牛稍事休息后，继续把胎儿排出。这一阶段的子宫肌收缩期延长，松弛期缩短，胎儿的头和肩胛骨宽度大，娩出最费力，努责和阵缩最强烈。

(3) 胎衣排出期　从胎儿产出后到胎衣完全排出为止，一般需2~8小时（范围为0.5~12小时）。当胎儿产出后，母牛即安静下来，子宫继续阵缩（有时还配合轻度努责）使胎衣排出。牛属子叶型胎盘，母子间胎盘粘连较紧密，宫缩不易排出胎衣，胎衣排出时间较长，若超过12小时，胎衣仍未排出，即视为胎衣不下，需及时采取处理措施去除胎衣，特别是夏季。处理方法有人工剥离或用药灌注，两者结合使用效果更好。

（二）助产

分娩是母牛正常的生理过程，一般不需助产，但胎位不正，胎儿过大，母牛娩出无力等情况会给母牛正常分娩带来一定困难，这时需要人为帮助，以确保母子安全。

1. 助产的准备工作

(1) 产房的准备　母牛分娩时要集中精力，任何不良因素都会影响分娩进程。为了分娩的安全，应设有专用产房和分娩栏。产房要求清洁，宽敞，干燥，阳光充足，通风良好，环境安静；产房墙壁、地面要平整，以便于消毒；产房铺垫的褥草不可切得过短，以免仔畜误食而卡入气管内。临产母畜应在预产期前1周左右进入产房，值班人员随时注意观察分娩预兆。

(2) 助产用器械和药品　产房内应该备有常用助产器械及药品，如酒精、碘酒、来苏儿、催产素、药棉、纱布、细线绳、产科绳、剪刀、手术刀、镊子、针头、注射器、手电筒、手套、肥皂、毛巾、塑料布、面盆、胶鞋、工作服、常用手术助产器械等。

2. 正常分娩的助产

(1) 清洗产畜的外阴部及其周围部位　当母畜出现分娩先兆时，应将其外阴部、肛门、尾根及后躯洗净，再用0.1%新洁尔灭溶液消毒。

(2) 观察母畜的阵缩和努责状态　正常分娩时，子宫肌的收

缩（即阵缩）和腹肌、膈肌的收缩（即努责），排动胎儿向产道移动，当胎儿进产道，母畜开始拱背闭气努责，属正常生理反应。努责微弱时，胎儿排不出来，或仅排出一部分，或双胎只排出1个胎儿后不再努责，属分娩力量不足；当努责过于强烈或努责时间过长，2次努责间歇时间很短，胎儿迅速排出时，软产道往往会受到严重创伤。如产程过长，子宫颈口已完全开张，胎水已排出，尤其是胎儿已经死亡时，助产人员应采取措施，设法将胎儿拉出。

当胎儿姿势不正常时会造成难产，如果子宫肌出现痉挛性强直性阵缩，母体胎盘血管受到压迫，会使胎儿长期缺氧而窒息，有的还会继发子宫脱出。此时可使母畜站立，抬高后躯，减轻子宫对骨盆的接触和压迫，亦可牵引母畜走动或捏其阴蒂可使努责减弱，必要时可使用麻醉药品。

(3) *检查胎儿和产道的关系是否正常* 母畜分娩进入产出期后，胎儿的前置部分已经进入产道，当母畜躺卧努责，从阴门可看到胎膜露出时，助产人员可用消毒的手臂伸入产道检查胎儿的方向、位置及姿势是否正常，以便及早发现问题及时矫正。检查时可以隔着胎膜触诊，不要轻易撕破胎膜，也可以在尿囊破裂后进一步检查。

分娩时胎儿是否顺利地产出，与胎儿在子宫内的方向、位置、姿势有密切的关系。胎儿必须有正常胎向、胎位、胎势，分娩时才能顺利通过母牛产道。胎向是指胎儿的背腰与母牛背腰的关系，分为3种：纵向即胎儿的背腰与母牛的背腰呈平行状态，这是正常的胎向，其中胎儿的前肢和头部朝向产道开口的为正生，这种情况下分娩的占多数，胎儿的后肢和臀部朝产道开口的为倒生，这是少数。横向即胎儿横在子宫内，胎儿的背腰和母牛的背腰几乎垂直，背部或腹部朝向产道，这种情况易发生难产。竖向即胎儿竖在子宫内，胎儿的背腰和母体的背腰呈上下垂直，胎儿的头部或上或下，背部或腹部朝向产道，这种情况也易发生

难产。胎位表示胎儿在母体内的位置，以胎儿的背部和母体的背部的相对关系来表示，分为3种：上位即胎儿伏卧在子宫内，背部向上，这是正常的胎位；下位即胎儿仰卧在子宫内，背部向下，这是异常的胎位；侧位即胎儿的背部向着母体一侧的腹壁。胎势是指胎儿本身的姿势。一般头、四肢呈卷曲的姿势。前置是指胎儿的解剖部位与母体骨盆入口的关系，在分娩中，胎儿在子宫内通常是纵向的，多数是头前置，背部向上为正生。

检查胎儿的姿势是否正常，主要是通过触诊头、颈、尾及前后肢的形态特点状况，判断胎儿的姿势和前置部位，检查蹄底的方向也很重要。胎儿正生时应三件俱全（唇及二前蹄）。如果两前肢露出很长时间而不见唇部，或露出唇部而不见前蹄，可能是头颈侧弯、额部前置、颈部前置、头向后仰等不正常姿势。如果两前肢长短不齐，有可能是肘关节屈曲、肩部前置。如果只摸到嘴唇而触不到前肢，有可能是肩部前置、两侧腕部前置或肘关节屈曲。倒生时，两后肢蹄底向上、可摸到尾巴。如果在产道内发现2条以上的腿，可能是正生后肢前置或倒生前肢前置，可根据腕关节及跗关节的差别作出判断。

在检查胎儿和产道的关系同时，也应检查产道的松软及润滑程度，子宫颈松弛及扩张程度，骨盆腔的大小、软硬及产道有无异常现象，以判断有无发生难产的可能。

(4) 处理胎膜　牛的胎膜多是羊膜绒毛膜先形成一囊状物突出于阴门，努责及阵缩加强时，将胎儿向着产道的推力加大，羊膜绒毛膜由于胎盘的牵扯而破裂，流出淡白或微黄色的黏稠羊水。有时尿膜绒毛膜先露出于阴门外破裂而排出褐色的尿水。因此，牛胎儿排出时不会有完整的胎膜包被。在胎儿娩出过程中，不要随意强行撕破胎膜。

(5) 保护会阴及阴唇　胎儿头部通过阴门时，如果阴唇及阴门非常紧张，助产员应用手护住阴唇及会阴部，使阴门横径扩大，促使胎儿头部顺利通过，且能避免阴唇上联合处被撑破撕裂。

(6) 帮助牵拉胎儿

①牵拉胎儿的确定。在下述任何一种情况下，应帮助牵拉出胎儿。

头部通过过慢：正生时胎儿头部、尤其是眉弓部通过阴门比较困难，所需时间较长。为避免母畜过多地消耗体力，助产人员可以帮助牵拉胎儿。

胎儿排出过慢：可能是由于产道狭窄或胎儿某一部过大。

母畜阵缩、努责微弱：无力排出胎儿。

倒生：倒生时脐带常被挤压于胎儿和骨盆底之间，影响血液畅通，可能造成胎儿窒息死亡，需要尽快排出胎儿。

②牵拉胎儿须遵循下述原则。

胎儿姿势必须正常：异常姿势必须经过矫正后再进行牵拉。

配合母畜努责：配合努责牵引比较省力，而且也符合阵缩的生理要求，助手还应推压母畜的腹部，以增加努责的力量。

按照骨盆轴的方向牵拉：牛的骨盆轴是上下曲折的，由腰部向尾部的轴线走向是先向上，再水平，然后向下，牵拉胎儿过程也应随这一曲线方向，先向上，待胎儿头颈出阴道口后再水平，在胎儿胸腰出阴道口后向下、向后牵拉。当胎儿肩部通过骨盆入口时，因横径大，排出阻力大，此时牵拉应注意不要同时牵拉两前肢，而应交替牵拉两前肢，使肩部倾斜，缩小横径，容易拉出胎儿。当胎儿臀部将要排出时，应缓慢用力，以免造成子宫内翻或脱出，也避免腹压突然下降，导致母牛脑部贫血。当胎儿腹部通过阴门时，应将手伸到胎儿腹下握住脐带，和胎儿同时牵拉，以免将脐带扯断在脐孔内。

(7) 护理仔畜

①保证呼吸畅通。胎儿产出后，应立即擦净口腔和鼻孔内的黏液，或在胎儿的口鼻端露出阴门时就擦净其上的黏液。观察呼吸是否正常。若无呼吸应立即用草秆刺激鼻黏膜，或用氨水棉球放在鼻孔上，以诱发仔畜的呼吸反射，或将胶管插入犊牛鼻腔及

气管内，吸出黏液及羊水，并进行人工呼吸。

②处理脐带。胎犊娩出时，脐带一般被扯断，脐带没有扯断时应将脐血管中的血液捋向胎儿，以增加胎儿体内的血液。剪脐带前应在脐带基部涂上5%碘酊，以细线在距脐孔5厘米处结扎，向下隔3厘米再打一线结，在两结之间涂以5%碘酊后，用消毒剪剪断，断端应在5%碘酊中浸泡，也可用烙铁断脐，断面再涂以5%碘酊。在卫生条件好的环境里，断脐后可以不作包扎，每天用5%碘酊处理1次，以促进其干缩脱落。

③擦干仔畜体表。犊牛身上的黏液可令母牛舔干，也可用干草擦干。舔食犊牛身上的羊水能增强子宫的收缩，有利胎膜的排出。

④尽早吮食初乳。待体表被毛干燥后，仔畜即试图站立，此时即可人工喂食初乳。

（三）产后护理

1. 新生仔畜的护理 通常新生犊牛断脐在生后1周左右干缩脱落，在脐带干缩落前后，要注意观察脐带的变化，出现滴血或排液现象时，要及时治疗和结扎，这是由于脐血管或脐尿管闭锁不全所引起。注意避免仔畜互相舔吮脐带，防止脐带感染。

2. 产后母牛的护理 母畜经历分娩过程后极度疲劳，应注意加强护理，以便促使母体尽早恢复体力，防止发生产后疾病。

①补充水分 在分娩过程中，母体丧失很多水分，产后要及时饮以足够的温盐水、麸皮汤、面汤或麸皮盐水。

②消毒外阴 用消毒液清洗母畜的外阴部、尾巴及后躯。因为胎儿娩出过程中会造成产道表浅层创伤，娩出胎儿后子宫颈口仍开张，子宫内积存大量恶露，极易受微生物的侵入，引发产后疾病，因此要做好清洗消毒工作。

③观察母畜努责情况 产后数小时内，母畜如果依然有强烈努责，尾根举起，食欲及反刍减少，应注意检查子宫内是否还有胎儿或有子宫内翻脱出的可能。

④检查排出的胎膜　胎儿娩出后，要及时观察检查胎膜的排出情况，胎膜排出后，应检查是否完整，并注意将胎膜及时从产房移出，防止母畜吞食胎膜，吞食过胎膜的母畜容易养成吞食仔畜的恶癖。若胎膜不能按时排出，应及时进行处理。

⑤观察恶露排出情况　恶露最初呈红褐色，以后变为淡黄色，最后为无色透明，正常恶露排出时间为 10～12 天。如果恶露排出时间延长，或恶露颜色变暗、有异味，母牛有全身反应则说明子宫内可能有病变，应及时检查处理。

七、奶牛的产犊间隔

据调查，我国成年母奶牛的情期受胎率为 40%～60%，年总受胎率 75%～95%，分娩率 93%～97%，年繁殖率为 70%～90%，母牛产犊间隔为 14～16 个月，双胎率为 3%～4%，母牛繁殖年限在 4 个泌乳期左右。目前，要提高奶牛的经济效益，缩短产犊间隔、延长繁殖年限是很重要的方面。

（一）奶牛的产犊间隔

奶牛的产犊间隔是指奶牛 2 次分娩之间的间隔天数，又称为胎间距。它能够科学、直观地反映母畜的繁殖力，直接决定母牛终生的产犊数和产奶量。与畜群经济效益有着密切的联系。因此，它是母畜繁殖的一个重要的生物学及经济学综合指标。奶牛的适宜产犊间隔应该是 365 天，也就是说，奶牛在产后 85 天内配种妊娠，再经 280 天的妊娠期，即可以达到 1 年产 1 胎。在奶牛业生产中将产后 85 天的空怀母牛定作不孕母牛，此后至再次妊娠的间隔时间，按不孕期统计。于是产犊间隔这一关系到奶牛经济效益的繁殖学指标，已被国际上许多国家广泛采用。产后 60～80 天妊娠的母牛，平均产奶量最高，年产标准乳也最多。

（二）适宜的奶牛产犊间隔与产奶量的关系

大多数母牛分娩后具有 10 个月的泌乳潜力，之后的产奶量即会大幅度减少，濒于干奶期。产犊是母牛产奶的先决条件，虽然现在已经有启动泌乳技术，但效果不是太理想。母牛通过产犊才能与产奶紧密地联系在一起。奶牛 12 个月的产犊间隔，包括 10 个月的泌乳期和 2 个月的干乳期。奶牛经过干乳期以恢复体力，为下个泌乳期打下良好基础。生产潜力相同的个体间，产犊间隔短的母牛，往往是高产母牛。据统计，头均年产奶量为 3 000～4 000 千克的奶牛场，如果产犊间隔延长 1 个月，产奶量就减少 300～400 千克，相当于每 10 头牛中就有 1 头牛空怀 1 年。假如产犊间隔为 12 个月的母牛，终生平均可产 4.9 个胎次，如果产犊间隔为 15 个月的母牛，终生平均胎次则为 3.8 个，一生减少了 1 个胎次，也就是减少了 1 个泌乳期的产奶量。苏联学者（1988）确定的因奶牛不孕造成的经济损失计算方法为：

损失总额 = 3.92 ×（产后空怀天数/头～85 天）
×产奶量（吨）× 4%乳脂率标准乳收购价/吨
×母牛头数

如将产犊间隔为 12 个月的母牛的各项经济指标定为 100，随着产犊间隔的延长，经济指标亦随之降低，如表 4－2 所示，一个拥有 280 头适繁母牛的奶牛场，如果能将产犊间隔缩短 1 天，即可大约增产 1 头奶牛的 1 个泌乳期的产奶量并多获得 1 头犊牛。

表 4－2　产犊间隔的经济效益

项　目 \ 产犊间隔（月）	12	13	14	15
个体奶牛单产	100	99	90	86
牛均产值	100	98	81	72
产犊率	100	92	86	80

（三）缩短母牛产后乏情期的方法

母牛产后30天要按制度进行例行检查，掌握生殖器官的恢复情况和患病情况，做到有病及时治疗，确保母牛在产后40天正常发情。如果产后40天生殖器官恢复，但仍无正常发情表现，有效的方法是采用生殖激素诱导发情。

母牛分娩后适时使用促性腺激素释放激素可以激发卵巢的活性，促使其恢复周期性活动。在产后20天及35天注射2次促性腺激素释放激素（100微克/次），再在产后47天注射0.24毫克氯前列烯醇，可将产后空怀期由109天缩短至78天。应用国产促黄体激素释放激素类似物（LRH－A_3）200～300微克也有缩短母牛空怀期的作用。

应用孕马血清促性腺激素1 000～1 200单位，配合前列腺素类、促黄体激素释放激素或孕激素对产后40～50天的母牛进行处理，5日内可使排卵率达80%以上，第一情期受胎率达40%。

（四）影响母牛产犊间隔的因素

母畜产仔后再次妊娠的时间受产后子宫复旧、卵巢机能恢复、营养状况和人为因素等的影响。凡是影响子宫复旧及卵巢机能恢复的因素，都会直接影响母牛的产犊间隔。

1. 胎次 据调查表明，随着母牛胎次数的增加，产犊间隔有逐渐缩小的趋势。

2. 分娩季节 调查结果表明，一年中，春季分娩的母牛产犊间隔最长，秋季分娩的产犊间隔最短，这与气温、青绿饲料的供应有关。

3. 产奶量 年产奶量在5 000千克以下的母牛，产犊间隔似乎与产奶量关系不大，但产奶量为5 000千克以上的高产母牛，产犊间隔明显延长，因为高产奶牛产后80天以前的妊娠率显著降低。

4. 营养状况 营养水平直接关系到母牛的体况和生殖器官

的恢复进程。

5. 胎衣不下及子宫卵巢疾患 产后子宫受到感染，胎衣不下等均会严重影响产后子宫的复旧，降低受胎率；持久黄体、黄体囊肿等会引起卵巢无卵泡发育，母牛乏情，导致产犊间隔的延长。

6. 人为因素 人为漏配也是导致产犊间隔延长的原因，如管理不当，忽略发情表现弱的母牛。

八、提高奶牛繁殖率的措施

（一）做好发情鉴定和适时配种

只有将正处于发情期的母体鉴别出来，再进一步预测其排卵时期，确定适宜的配种时间，才能防止误配和漏配，提高受胎率。

（二）遵守操作规程，采用推广繁殖新技术

人工授精技术的推广，特别是冷冻精液的应用大大提高了种公畜的繁殖效率，提高了畜群的生产水平。在推广人工授精技术过程中，一定要遵守操作规程。

为了提高优良母牛的繁殖力，应逐步推广应用适宜、成熟的繁殖新技术，如同期发情和超数排卵技术，胚胎冷冻、分割、性别鉴定和移植技术等。生殖激素的正确使用，可使患繁殖障碍的母畜恢复正常的生殖机能，从而保持和提高其繁殖力。

（三）进行早期妊娠诊断，防止失配空怀

通过有效的早期妊娠诊断，及早确定母牛是否妊娠，对已确定妊娠的母体，应采取保胎措施，使胎儿正常发育，防止孕后发情造成误配，对未孕牛，应认真及时找出原因，采取相应措施，不失时机地补配，缩短空怀时间。

(四) 减少胚胎死亡和流产

造成胚胎死亡和流产的因素是复杂的、多方面的,应全面地分析,找出主要原因,以便有针对性的采取相应的措施来预防。主要从营养及管理失调、外力创伤、生殖细胞老化,生殖道及全身性疾病等几个方面着手。

(五) 防治不育症

按造成奶牛不育的原因可将母牛不育症分为:先天性不育、衰老性不育、疾病性不育、营养性不育、利用性不育、人为性不育。

由于先天性和衰老性不育,难以克服,应及早淘汰;对于营养性和利用性不育,应通过改善饲养管理和合理的利用加以克服;对于传染性疾病引起的不育,应加强防疫和治疗,必要时要隔离和淘汰;对于一般性疾病引起的不育,应采取积极的治疗措施,以便尽快地恢复其繁殖能力;加强管理,减少人为性不育。

(六) 保证足量粗饲料供应

粗饲料喂量与奶牛繁殖密切相关。给予的粗饲料可根据干物质与体重之比进行调整,高产牛为体重的1.0%~1.8%,一般牛为体重的1.0%~1.6%。粗饲料干物质给予量少于体重的1%,会造成卵巢功能低下。给予的粗饲料品质力求优良。

(七) 添加维生素A、D、E

在计划配种前,日粮中需添加维生素A、D、E,以增强卵巢功能,营造优良的子宫内环境,提高卵子质量和胚胎着床几率。

(八) 提高牛分娩前后的卫生水平

搞好产房及分娩卫生,可以减少子宫感染的机会和胎衣不下的发病率,缩短产后子宫复旧时间。

第五章

牛场建设和牛舍建筑

牛场建设的宗旨是保障牛只的健康和生产的正常进行及与周边环境的和谐相处，保护自然环境。

一、场址的选择

（一）地势、地形

牛场选址应当地势高燥，最低也应高出当地历史洪水线，地下水位应在2米以下。地势要向阳背风，保证场区小气候温热状况能够相对稳定，减少冬春季风雪的侵袭，特别是要避开西北方向的风口和长形谷地。场内的地面要平坦略有坡度，以便排水，防止积水和泥泞。地面坡度以1%～3%较为理想，最大坡度不得超过25%，场区面积可根据饲养规模、管理方式、饲料贮存和加工等方面确定（表5－1）。

表5－1　牛场生产区占地面积

总头数	成年乳牛(头)	后备牛(头)	占地面积(公顷)
700	385	315	4.11
400	220	180	2.35
200	122	78	1.33
100	55	45	0.67
50	27	23	0.33

（二）土质、水源

土质对奶牛饲养管理的好坏有很大关系，最适合建场地的土

壤为砂壤土，这类土壤由于砂粒和黏粒的比例适合，兼具两者的优点，既有一定数量的大孔隙，又有多量的毛细管孔隙。透气性、透水性良好，持水性小，雨后不会泥泞，易于保持适当的干燥。

奶牛场生产过程中，牛的饮用，饲料调拌，牛奶冷却贮存，牛舍的清洗、用具洗刷都需要大量的水。因此拟建产的牛场必须有 1 个可靠的水源，水量充足、水质良好，没有污染源，取用方便。一般水源有 3 个，即地表水、地下水和自来水，地下水和自来水较为安全。

（三）饲料饲草来源

建场时要充分考虑饲料、饲草来源，因为牛每天都要食入大量的饲料、饲草，饲料饲草来源应丰富、方便、种类多、品质好。

（四）交通运输、防疫和社会环境

牛场的位置应选在居民点的下风处，地势低于居民点，奶牛场与居民点的距离一般要求 300 米以上，但要离开居民点的污水排出口，更要远离化工厂、屠宰厂、制革厂。交通要便于牛场产供销和对外联系，但为了防止传染病传播，牛场与公路的距离至少要在 500 米以上。因此，较大奶牛场要修建专用道路与公路干线相接。牛场还应具备可靠的电源供应，为减少供电投资，场址应靠近输电线路，以缩短新线路的铺设距离。

场址选定后，应依照方便生产，利于生活，便于场内交通，保持场区环境卫生和小气候改善，又利于卫生防疫等原则，对新建牛场进行整体规划和建筑物的合理布局。

二、场地的规划和布局

按牛场经营管理功能，一般把牛场分为 3 个区。即生产区、

管理区、职工生活区。分区规划应首先考虑地势和主风方向，从人和畜保健的角度出发，使区间建立最佳生产联系和环境卫生防疫条件，来合理安排各区位置，通常以图 5-1 的模式表示。

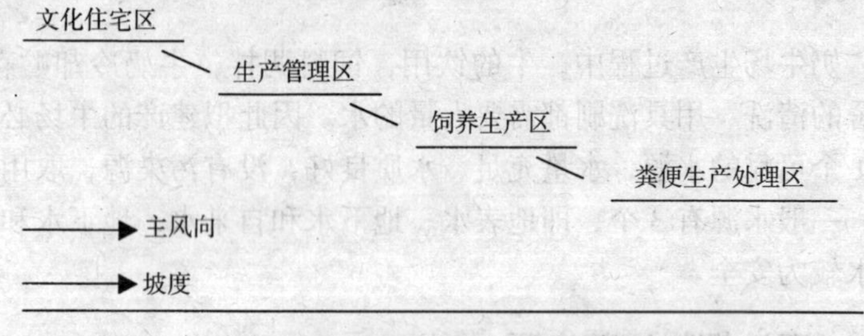

图 5-1　畜牧场各区依地势、风向配置示意图

（一）职工生活区

职工生活区（包括居民点），应在全场上风和地势较高的地段，这样的配置，使牛场产生的不良气味、噪声、粪尿和污水不致因风向与地面径流而污染居民生活环境，减少了人畜共患疫病对人的影响，同时避免了因无关人员走动而影响牛场的疫病防治工作。

（二）管理区

管理区是场部机关，指挥全场生产的中心，是生产资料的供应、产品的销售和对外联系的场所，与外界联系密切，在规划该区的位置时，应有效利用道路和输电线路，充分考虑饲料和其他生产资料的供应、产品的销售因素等。奶制品加工规模较大的应独立组成加工生产区。一般情况，加工车间可设在管理区内，但应自成单元，不应设在饲养生产区。为防止疫病传播，管理区内的场外运输车辆严禁进入生产区。除饲料库以外，其他仓库如车库等也应设在管理区。管理区与生产区应隔离，外来人员只能在管理区活动，不得进入生产区。

（三）饲养生产区

饲养生产区是奶牛场的核心，对生产区的各种牛舍、生产附属用房、饲料仓库、饲料加工调制用房、干草堆放场地、粪场等的规划布局应给予全面、细致的周密考虑。如果奶牛场经营是单一或专业化生产，对饲料仓储、牛舍以及附属设施等的布局的要求也就比较单一。在饲养中，根据奶牛饲养特点将成牛、青年牛、育成牛、待产牛和犊牛分群分舍饲养，并按群设置运动场。与饲料的供应、贮存、加工调制有关的建筑物，其位置的确定必须同时兼顾饲料由场外运入，再运到牛舍两个环节，同时，这些建筑物原则上应设置在地势较高处，并应保证防疫、卫生安全。

干草与垫草的堆放位置，除应遵守上述一般原则外，还应注意防火，必须设在生产区的下风向，并与其他建筑物保持 60 米的防火间距，如设置有防火林带，间距可适当缩短。

牛的粪尿、污水以及其他废物的堆放、处理和利用，对牛场的环境卫生及疫病防治至关重要。贮粪场的位置应设在生产区最边缘的下风向，并离牛舍有一定距离，既要便于粪尿由牛舍、运动场运出，又要便于运到田间使用。同时，应使其在堆放期间不致造成环境污染和蚊蝇的孳生。

（四）生产区规划布局应注意的事项

生产区的规划应充分利用原址的地势、地形，有利于排水，保持牛舍内干燥；牛舍应建设在向阳坡面；尽量减少施工土方量，便于施工；生产区的布局应在建成后有利于饲养管理；较长的牛舍及其他建筑物的长轴应与等高线平行，但考虑到采光与通风，建筑物的长轴也可以与等高线适当错开一定角度，这样配置也有利于防止雨水流入牛舍内。建筑物的坡度以两端位差不超过1%～1.5%为宜。此外，在坡地上建筑必须充分考虑排水问题。

在寒冷地区，为防止寒风侵袭及下雪吹入牛舍，除充分利用

有利地形挡风及避开风雪外，还应使牛舍的迎风面尽量减少。在主风向设防风林带、挡风障或挡风墙，可起到良好的挡风防寒作用。在炎热地区，则可利用主风向对场区和牛舍通风降温。

合理确定牛舍朝向，充分利用太阳光照，对牛舍温度的调节和采光有很大影响。由于我国处在北纬 20～50 度，太阳高度角冬季小，夏季大，牛舍采取南向（即牛舍长轴与纬度平行），冬季有利阳光照入舍内提高舍温，而夏季利于防止强烈的太阳光照射而引起舍内温度升高，故在全国各地均以南向配置为宜。

三、牛舍的建筑

（一）奶牛舍建筑的基本要求

1. 奶牛舍的建造必须符合奶牛的生物学特性、饲养管理及生产要求，以保证人、畜的健康、高效生产及卫生防疫。

2. 奶牛舍应建在地下水位低、地势高燥、地面平整、排水顺畅的地方。牛舍的朝向以坐北朝南，且以南偏东 15 度为最佳，这样可使牛舍夏季免受太阳直射，冬季又可得到较多的阳光照射，使牛舍冬暖夏凉。

3. 牛舍内应有良好的采光和通风。牛舍的窗应方便通风、采光和保暖，一般采光系数应为 1∶12，即窗的玻璃面积为舍内地面面积的 1/12 左右。这个系数对牛舍的采光和通风，保持牛舍的干燥及环境卫生都是适宜的。

4. 牛舍建筑除满足不同牛只所需面积外，还应包括辅助面积，例如鲜奶收贮、饲料存放、管理间等。

5. 牛床建造要坚固，并有防滑线，要求床面光而不滑，有一定的坡度，便于冲刷和消毒。

6. 舍内要有供水、排污设施，满足奶牛饮水、清洗用水及污水排放的需要。

7. 便于饲养管理操作，如便利饲喂、容易消毒、方便挤奶等，还要有利于牛舍日常清洁消毒。

（二）牛舍的结构

牛舍是奶牛场很重要的建筑之一，建筑类型结构必须因地制宜，依当地的气候、地理条件、建筑材料设计，但要防止过于简陋，造成差的卫生条件。

1. 屋盖 屋盖是牛舍的上部结构，起防寒、防热、防雨的作用，要求不透风不透水，还要有一定坡度，以利排除雨水。屋盖通常采用双坡、单坡或拱形，材料多用瓦或水泥预制构件。

2. 墙体 墙体是牛舍的主要围护结构，起隔离外界、隔热、保暖作用。因牛比较耐寒而怕热，故我国南北方牛舍墙体类型不同，在广东、福建等省份主要考虑防暑，牛舍四周无墙，在北方各省份一般采用封闭式牛舍，设有门窗可以启闭，也有些地方采用半开放式牛舍，即三面有墙，南面无墙或只有半截墙。

3. 门、窗 门一般开在牛舍南北面墙上正中或东西两端墙上，供牛出入的门口应没有台阶和门槛，门的式样有双外开门和两侧推拉门。窗设在牛舍开间墙上，起到采光、通风、保暖的作用，大小因气候条件而定，一般根据 1/12 的采光系数设计。

4. 地面 牛舍内的地面应高于舍外地面，要求平坦、防滑、有一定坡度。

（三）牛舍分类

1. 犊牛舍 犊牛舍是饲养出生后 7 日龄至断奶（3～4 月龄）犊牛的场所。舍内根据不同月龄犊牛的生活特点设置单栏和通栏两种床位。单栏饲喂，也即最近流行的独牛岛，在这里饲养可以更方便、更详细地观察犊牛。独牛岛内有休息、运动场所和饲喂、饮水设施，夏季通风，冬季保暖。

2. 育成牛舍 即饲养 5～16 月龄育成牛的牛舍。舍内可设

单排或双排通栏，牛只必须定位，以便管理。

3. 青年牛舍 即饲养从配种妊娠到分娩前母牛的牛舍。青年牛年龄一般在 16～25 月龄。舍内设施同育成牛舍。

4. 分娩牛舍 即奶牛产犊时的专用牛舍，亦即通常讲的产房。产房要求冬季保温，夏季通风，便于清洗和消毒，并设有助产用具专柜和药品柜。

5. 成年母牛舍 即饲养产奶牛的牛舍，舍内分单列式或双列式牛床。也可采用喂料、休息、运动、挤奶分开的较先进的散养式牛舍。

6. 混合牛舍 即生产规模较小的牛场饲养成年母牛、育成母牛、犊牛等的牛舍。其对牛栏的构造、大小等原则上要求要因牛而定。成年母牛和犊牛、育成牛要分开，这样有利于不同年龄牛的采食。混合牛舍比较适宜于饲养牛群在 50 头以下的小型牛场。

（四）成年母牛舍的建筑

成年母牛舍在奶牛场的生产区占的比例最大，该牛舍的建筑直接关系到奶牛的健康、产奶量和奶的品质，建筑设计和构造显得十分重要。

式样：可根据饲养头数的多少分为单列式或双列式。

方位：坐北朝南，保证舍内冬暖夏凉。

结构：混凝土结构、砖木结构、框架石棉瓦结构均可，可因地形和经济条件选用。

水位：地下水位低，地势高燥，排水良好。

地基及墙壁：应就地取材，经济实用。作地基和墙壁的材料要求坚固耐用，导热性能小，便于冲洗消毒，如砖、石头、水泥等，舍内距地面 1.2～1.5 米的墙面应用水泥粉饰，便于冲洗消毒。在农村，地基与墙壁下部 1.2～1.5 米用砖、石砌成，上部用黏土夯实或麻泥作墙，经济实用。

顶棚：距地面高 3.5～4 米，顶极上最好设置 50～70 厘米厚的保温层，以起到冬暖夏凉的作用。

屋面：因地制宜，预制板、瓦、石棉瓦、草等材料均可，用草更有利于保温防暑，但使用年限短。

门：门宽 2～2.5 米、高 2.2～2.5 米，最好设置推拉门，也可设置外开门。每栋牛舍至少要有两个大门，以便牛只出入和饲料、粪的运送。

窗：应根据不同类型的牛只，按要求设置窗户面积，一般为房舍地面积的 1/12 左右，以便通风采光和保暖。

通风孔：气候炎热地区，在牛舍上部应设出气孔，在与舍内地面同高处设进气孔，以利于通风换气，保持舍内的凉爽干燥，如图 5－2 所示，钟楼式、半钟楼式（屋顶向阳面设置天窗），具有较好的通气作用。

图 5－2　钟楼式牛舍示意图

（五）牛舍内的平面布局

奶牛除运动外，饲喂、挤奶等都在牛舍内操作，牛舍内的平面布置要便于饲养、挤奶、清洁消毒。常用的平面排列为纵向排列，有以下几种形式。

1. 单排列　沿牛舍纵向布置一排牛床位，牛舍横跨度小，通风好，散热面积大，适合于饲养规模较小的奶牛场。

2. 双排列　沿牛舍纵向布置两排牛床位，牛舍横跨度较大。双排列牛舍又可分为：

（1）对尾双列式　即中间为除粪通道，两边各有一条喂料走道。这种形式的牛床排列对挤奶、牛床清扫、查看牛群的发情情

况和生殖道疾病很方便，牛头对着窗口，通风良好。目前多采用这种形式的布置（图 5－3 所示）。

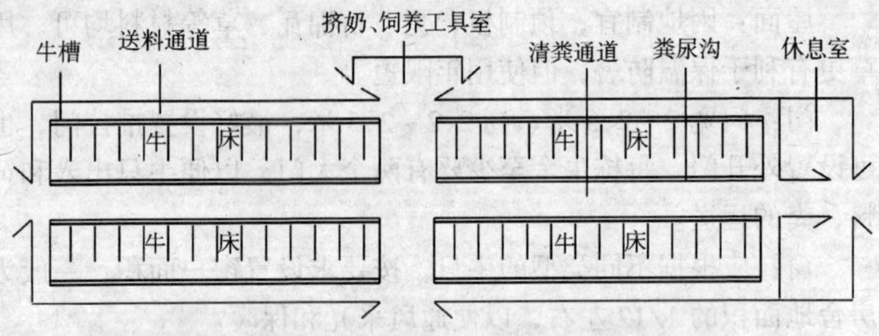

图 5－3 对尾双列式牛床布局

（2）对头双列式 中间为喂料走道，两边为除粪通道，饲喂方便，但给清扫、除粪带来一定不便。

（六）牛舍内的主要设施

1. 喂料及清粪通道 在对尾双列式牛舍中，中央有 1 条通道，宽约 1.5～1.65 米，1%的拱度，供清除通道两旁排尿沟内的粪便、挤奶及照料母牛时行走之用。南北两侧墙壁与饲槽之间各有一条给饲走道，宽约 1.2～1.3 米。中央通路两旁的排尿沟宽约 30～40 厘米，微向暗沟倾斜，以利排水。

2. 牛床 牛床的长度：牛床的长度一般要求在牛躺下休息时，后肢接近粪尿沟边缘，排粪尿时粪尿能直接排入粪沟，减少牛床的污染。

牛床的宽度：牛床的宽度要求利于牛的活动，又不使牛的粪尿排在牛床上，同时也不能太窄，以免妨碍挤奶工作和牛的休息。

牛床有长形和短形两种。长形牛床适用于种公牛和高产牛，附有较长的活动铁链。此种牛床的长度，自饲槽后沿到排尿沟约为 1.95～2.25 米，宽 1.3～1.6 米。短形牛床适用于一般母牛，附有短链，牛床长约 1.6～1.9 米，宽 1.1～1.25 米。为了防止

牛只相互侵占床地，便于挤奶、管理，可在牛床之间装钢管隔栏，其长度为牛床地面长度的 2/3。牛床地面应向粪尿沟作 1% 的倾斜，利于排水。

3. 食槽 牛床前面设有固定的水泥食槽，槽底为弧形，最好用水磨石建造，表面光滑，经久耐用，易于清洗消毒。食槽净宽约 60~80 厘米，前沿高 60~80 厘米，后沿高度视牛床长短而定，长形牛床用高槽，为 40~50 厘米，短形牛床用低槽，高度为 20~30 厘米，中央应有月牙形缺口，以便牛的采食或休息。牛舍各种设备规格，视牛体大小而定，参考表 5-2。

表 5-2 牛舍内各种设置的规格

（单位：米）

体　别	牛床宽	牛床长	尿沟宽	尿沟深
大牛(590~725 千克)	1.2~1.4	1.6~1.8	0.3~0.4	0.05~0.10
中牛(454~590 千克)	1.1~1.2	1.5~1.6	0.3~0.4	0.05~0.10
小牛(454 千克以下)	1.0~1.1	1.4~1.5	0.3~0.4	0.05~0.10
育成牛	0.8~1.0	1.3~1.5	0.3~0.4	0.05~0.10
犊牛	0.6~0.8	1.2~1.3	0.3~0.4	0.05~0.10

体　别	走道宽	饲槽宽	饲槽旁走道
大牛(590~725 千克)	1.4~1.8	0.45~0.61	1~1.4
中牛(454~590 千克)	1.4~1.8	0.45~0.61	1~1.4
小牛(454 千克釉下)	1.4~1.8	0.45~0.61	1~1.4
育成牛	1.4~1.8	0.45~0.61	1~1.4
犊牛	1.4~1.8	0.45~0.61	1~1.4

4. 地面 牛舍地面多为混凝土地面，在牛床和牛进出通道上画线防滑。混凝土地面有利洗刷、消毒，粪尿易清除，缺点是导热性大，硬度高，牛肢蹄病发病率高，冬季需铺垫草，目前国外有采用橡胶、塑料、软木等作牛床的面层的，国内也正在试验研究解决。

5. 拴系用具 奶牛舍饲拴系方式很多，有直链、横链、颈枷等。拴系的作用是将牛固定于牛床上，不能随意运动，控制牛

不要退至排尿沟或前肢踏入饲槽，以免粪尿污染牛体、牛蹄污损饲料、抢食其他牛的饲料、将粪尿排在牛床上，但拴系不合适会妨碍牛的活动及休息。目前最常用的是直链和颈枷。牛每天上下槽均要系放，链枷要轻便、坚固、光滑，操作方便。

（七）挤奶厅的构造和设施

挤奶厅的构造如下。

（1）挤奶厅的位置　要考虑供水、供电条件，母牛出入和牛奶运送方便，扩展的可能性以及出入口的风向、排水排污条件等。同时还要注意外观以及气味对临近房屋的影响，周围环境及气味对牛奶的影响。

（2）厅内布局　一是挤奶台的容量，一般每头母牛占地 1.4 米^2，挤奶台容纳的母牛头数应以 1.5 小时内挤完奶为宜。母牛站台要高出操作者站立的地面，旁边过渡坡上要划有斜线，防止滑倒。母牛站台地面向操作者所在方向倾斜，坡度为 1%。二是挤奶机机房的大小，取决于配置设备的标准、类型和所用的牛奶贮存设备的大小。从奶罐到墙的空间或工作区要有 90 厘米的清扫面，天花板的高度以不妨碍测量棒上提，以及打开奶罐时不发生碰撞为度。三是待挤奶牛等候区要建成长条形，牛进入挤奶厅或候畜栏之前的入口处要设单行通道，宽度约 76 厘米。可用驱牛器训练母牛，使牛自始至终逐头自然地被赶入挤奶厅而不拥挤。等候区应与自由活动区分开。四是办公室要有足够的空间。

（3）建筑技术要求　一是墙和天花板要能隔热，保证能控制适当的温度和湿度。墙内侧面要有防止蒸汽凝滴设施。挤奶厅和奶库内侧全部墙面要光滑，无孔洞和间隙。二是地面要铺上混凝土或其他无空隙材料，使地面呈粗糙状态，地面坡度以 2.1% 为宜，以便排水，不打滑。通往挤奶台的单行通道斜坡表面也不能打滑，须砌成阶梯坡，坡度限制在 16.7% 以下。排水管直径为

9.8厘米，入口处，放置带孔洞的盖板筛。盖板筛可用钢板或玻璃纤维板制作，阴沟的坡度以3%为宜。三是母牛停留区，门开着的时候不要大于102厘米。若在等候区和挤奶厅之间没有墙，为小气候的需要可以安装悬吊式门、自动启闭门和其他形式的门。机房的门要闭合紧密，并能自动关闭，便于奶罐进出。

(4) 附属设施

照明：在整个操作区的上方，设置人工照明，能清楚方便操作为宜，不可太亮。

通风：挤奶厅、奶库以及各种房间，要提供合理的通风设备。如果这些房舍与等候厅相通，室内更要经常交换空气，保持通风良好。

温、湿度：自动化等候厅要有保持在43℃水温的自动喷雾设备，并有喷雾挡板，以防造成挤奶厅内湿度过大。

(5) 牛奶冷却系统　用管式或桶式冷却器有助于降低冷却器的负荷，并节约能耗。压缩机的大小要能使奶冷却至10℃以下为好。妥善保管和保养设备可延长设备的使用寿命。冷却器的大小，应根据现有产奶量再加10%的保险容量。

四、奶牛场的配套设施

(一) 运动场

运动可以促进牛体健康，提高奶产量，户外运动还可使牛受到外界气候因素的刺激和锻炼，促进机体代谢机能，提高抗病力。运动场适应牛的生理特性，为牛提供一个休息的场所，利于饲料的消化。运动场应选择在背风向阳的地方，一般利用牛舍间的空间距离，也可在牛舍两侧设置。运动场的面积既要保证牛的活动、休息、不拥挤，又要节约用地，一般为牛舍建筑面积的3~4倍，不同牛群的运动场面积参照表5-3。

表 5-3 运动场面积（米²/头）

群　别	运动场面积
成乳牛	25～25
青年牛	20～25
育成牛	15～20
犊　牛	10

运动场的地面最好用三合土夯实，要求平坦，干燥，中央隆起，四周稍低（利于排水），周围设有排水沟。运动场也可用易清洁的水泥地面，但水泥地面在夏天热辐射大，冬天冰冷，因此运动场也可一半为三合土，一半为泥地，中间隔开，随季节和天气开放。运动场围栏用钢筋混凝土立柱式横架铁管，立柱间距为3米，立柱高度1.3～1.4米，植入土中0.5米，架横梁3～4根。

每群牛的运动场内都应设饮水槽，50～100头牛的饮水槽为5米×1.5米×0.8米（两边饮水）。牛头数少，饮水槽可适当缩小。水槽两边应为混凝土地面。为水槽给水或洗刷方便，水槽应与场区给水和排水系统相接，水槽的建造要便于消毒。补饲槽一般设在运动场两头靠近道路的围栏旁，为舍饲采食粗饲料不足的牛补饲，将新的或舍内剩草放在采食槽内让牛自由采食。另外，在采食槽一端设一个食盐槽。采食槽长按成乳牛每头20～30厘米，槽宽80～90厘米，外缘高80厘米，内缘高60厘米，槽深40～50厘米，牛采食站立的一侧地面为混凝土地面。

为了夏季防暑，运动场内应设有凉棚，凉棚长轴应东西方向，并采用隔热性能好、反射能力高、吸热能力小的材料做棚顶。

凉棚面积一般为每头成年乳牛4～5米²，青年牛、育成牛3～4米²。另外可借助运动场四周的植树遮荫，凉棚内地面采用夯实的三合土，地面经常保持20～30厘米砂土垫层。

（二）牛场的消毒设施

牛场的消毒设施主要有消毒池和消毒间。

1. 消毒池 一般设在生产区和场大门的进出口处，当人员、车队进入场区和生产区时，鞋底和轮胎即被消毒，从而防止将外界病原体带入场内。消毒池一般用混凝土建造，其表层必须平整、坚固，能承载通行车辆的重量，还应耐酸碱、不漏水。池的宽度以车轮间距确定，长度以车轮的周长确定，池深 15 厘米左右即可。

2. 消毒间 一般设在生产区进出口处。消毒间内设有消毒池、紫外线灯，供职工上下班时消毒，以防工作人员把病原体带入生产区及将疫区病原体带出。

（三）青贮窖的建设

青贮窖的位置应选择生产区与管理区的结合部，地势应高，干燥，窖的容积根据奶牛头数、年饲喂青贮料的天数、日喂量、青贮饲料的单位体积重量来定。一般情况下，玉米秆上梢每立方米 460 千克，老玉米秆每立方米 480 千克，全株玉米每立方米 600 千克。

（四）牛场粪便处理的设施

牛场的粪便处理设施主要有粪尿沟、粪尿池及粪场等。粪尿沟设在牛舍内，收集牛排出的粪尿及冲洗牛床的污水，排入牛舍外的粪尿池。粪场一般设在牛场的一角，并自成院落，对外开门，以免外来拉牛粪的车辆出入生产区。

（五）其他辅助设施

1. 兽医室和人工授精室 为确保奶牛健康，减少疾病给生产带来的损失，在以预防为主、治疗为辅的原则下，建立较为完善的兽医室是很必要的。为了不失时机地给母牛进行配种，在奶牛场中设置人工授精室也是十分必要的。兽医室和人工授精室应建在生产区的较中心部位，以便及时了解、发现牛群发病、发情

情况。兽医室应设药房、治疗室、值班室，有条件的可增设化验室及手术室、病房。人工授精室内应设置精液稀释和检测精子活力的操作台、显微镜及人工授精保定架等设施。另外，由于药品气味对精子活力不利，因此，兽医室和人工授精室在布局上要留一定距离。

2. 饲料加工室 加工配制饲料的场所一般采用高地基平房，即室内地平要高出室外地平，墙面要用水泥粉饰 1.5 米高，以防饲料受潮而变质。加工室应宽大，以便运输车辆出入，减轻装卸劳动强度。门窗要严密，以防鼠、鸟等。另外，饲料加工室在布局上要兼顾原料仓库及成品库。

3. 绿化 牛场的绿化可改善小气候，树木花草具有遮荫、降温、调节湿度、清新空气、防风防尘的重要作用，但要注意防虫和消毒，防止鸟类传播疾病。

第六章

牛乳及其初步处理

一、牛乳的化学组成

（一）牛乳的化学组成

牛乳是由多种成分组成的一种白色或微黄色的不透明液体。据分析，牛乳中至少有120种化学成分，含有幼儿和出生牛犊生长发育所需的全部营养成分，最适于消化道吸收，牛乳主要是由水分、脂肪、蛋白质、乳糖、盐类、维生素、酶类等组成，成分及含量如下。

1. 水分 水分是牛乳的主要组成成分，约占86%～89%。

2. 总乳干物质 总乳干物质约占牛乳的11%～14%。其成分都是复杂的化合物，包括脂质乳固体和无脂乳固体，脂质乳固体约占3%～5%，主要有脂肪、磷脂质（卵磷脂、脑磷脂、神经磷脂等）、脂溶性维生素（维生素A、D、E、K、胡萝卜素等）、胆固醇；无脂乳固体约占7.8%～8.4%，主要有乳蛋白（酪蛋白、白蛋白、球蛋白等）、非蛋白氮化合物、糖（乳糖、葡萄糖）、无机质（钙、磷、钾、氯等）。

3. 色素 牛乳的颜色主要来自胡萝卜素、叶黄素、乳黄素等。

4. 水溶性维生素 包括维生素B_1、B_2、B_6、B_{12}、C、烟草酸、泛酸、叶酸等。

5. 酶 主要有淀粉酶、过氧化酶等。

6. 气体 有CO_2、氮等。

另外，牛乳中还有一些细胞，如乳房内表皮细胞，白细胞等。

（二）影响牛乳成分的因素

正常的牛乳成分基本是稳定的，但受到各种因素影响时也有一定的变动，其中变化最大的是乳中的脂肪含量，其次是乳蛋白质，而乳糖的变化较小。

1. 品种 各品种奶牛的乳汁成分具有明显的差异，尤其是乳脂率，如娟姗牛的牛乳含脂率最高，平均为5.3%，而中国荷斯坦牛最低，平均为3.5%。

2. 饲料 饲料及其成分的质量和数量均可影响牛乳成分。如粗饲料质量差或供应量不足，乳中含脂率会明显下降，若饲料中蛋白质和碳水化合物供应过多或不足，可引起牛乳中无脂乳固体的增加或降低。

3. 泌乳时期 在同一泌乳期的不同阶段，牛乳中的含脂率及乳固体均有一定范围的变化，尤其是初乳与末乳更明显。

4. 年龄 初产牛的牛乳含脂率和无脂乳固体是所有胎次中最高的，以后随胎次增多而逐渐减少。

5. 季节 一般冬季乳脂率最高，夏季最低。

6. 环境温度 环境温度在4~21℃时，含脂率不受环境温度变化的影响，在环境温度由21℃升至27℃，含脂率下降，超过27℃时，含脂率则上升，不过，乳中无脂乳固体下降。

7. 挤乳因素 在一次挤乳过程中，最初挤出的乳汁含脂率低（1%左右），最后挤出的乳汁含脂乳率高（最高可超过10%）；挤乳过程越长，含脂率越低，蛋白质和无脂乳固体量变化不大。

8. 疾病 乳房炎等可引起无脂乳固体含量下降，消化系统疾病会引起乳糖减少，灰分增加。

二、牛乳的物理性质

（一）牛乳的色泽、外观与气味

正常牛乳应当是白色或略带微黄色而不透明。牛乳的不透明性是由于脂肪球和酪蛋白微粒受光线反射之故，色泽则是由于牛乳中所含的胡萝卜素、核黄素、乳黄素，乳脂因含胡萝卜素而略带黄色，乳清则因含核黄素而呈荧光性黄绿色。

健康的牛所产生的新鲜乳具有清香味。其气味易受外界不清洁的环境或奶牛所吃饲料气味影响而改变。因此，为了保持牛乳纯香新鲜，具有固有的奶香，必须经常洗刷牛体和注意清洁环境卫生；挤下的牛奶要及早撤离牛舍，并加以冷却并贮存于低温清洁的场所。

（二）牛乳的黏性

牛乳的黏性取决于乳中干物质含量及其成分的物理状态。在20℃时牛奶黏度约为2.1厘泊（这时水的黏度约为1厘泊）。奶的黏度随温度升高而降低。

（三）牛乳的比重与密度

当前乳品检验中常用的牛乳比重计分两种：一种是以15℃牛奶的重量与15℃同体积的纯水的重量之比（D15℃/15℃）为标准制造的，称牛乳比重计；另一种是以20℃牛乳的质量与同体积4℃水的质量之比而制造的，称密度计。

在相同温度下牛奶的比重和密度差异不大，因制定时温度标准不同，密度较比重小0.0019（化整为0.002）。在乳品检验中常利用0.002这个差数来进行乳的密度与比重间的换算，即比重＝密度＋0.002。常乳的密度范围一般在1.028～1.032之间，

平均为 1.030，而乳的比重则为 1.032。

乳的密度与温度有关，温度越高，乳的密度越小。向乳中加水，会使乳的密度降低，每加入 10% 的水，密度约降低 0.003。因此，可据此测定奶中是否加水和大致的加水量。

（四）牛乳的冰点与沸点

牛乳中含有无机盐和乳糖，故牛乳冰点降低而沸点升高。正常乳的冰点在 -0.525 ~ -0.575℃之间，平均为 -0.54℃，当牛乳酸度增加时，冰点明显降低，酸度为 17°T 时，牛乳的冰点为 -0.57℃；酸度升至 18.3°T 时，冰点则降至 -0.625℃；酸度为 32°T 时，冰点降至 -0.665℃。乳的沸点较水略高，为 100.2℃，最高时达 101.1℃，沸点随干物质含量增加而升高。

（五）牛乳的酸度

牛乳的酸度主要来自两个方面，一是自然酸度，也称固有酸度，是乳糖尚未分解为乳酸时所具有的酸度，牛乳固有酸度来源于乳中 CO_2、蛋白质和酸性盐（磷酸盐和柠檬酸盐等）所具有的酸度；二是发酵酸度，也称真酸度，是微生物活动分解乳糖而产生的酸度，两种酸度的总和为总酸度，即牛乳的酸度。

乳的酸度用“度”（°T）来表示。即以酚酞为指示剂，中和 100 毫升牛奶，每消耗 0.1 摩尔氢氧化钠溶液 1 毫升为 1°T。如中和 100 毫升牛奶，消耗 0.1 摩尔氢氧化钠溶液 18 毫升，则此乳的酸度为 18°T。刚挤下的新鲜牛乳酸度一般在 16 ~ 18°T 之间，其中来自酪蛋白、白蛋白 3 ~ 4°T，来源于 CO_2 等气体20°T，来源于酸性盐类 10 ~ 20°T。

总酸度越高，牛乳对热的稳定性就越低，这种情况在乳品加工与消毒中具有重要意义。酸度过高的牛奶，不仅热稳定性差，利用它制成的奶粉，溶解度也差。酸度超过 25°T 的牛乳，煮沸时会自行凝固，很难再加工利用。因此，为避免酸度升高，挤下

的牛奶应尽可能快地进行冷却并低温保存。

三、牛乳的初步处理

（一）乳的验收

牛乳在处理和利用前都要进行认真检验，不能因小部分不合格牛乳影响了大量牛乳的质量，进而影响成品乳的质量。牛乳的来源不同，检验的项目也不同。如确知来源安全可信的牛乳，即牛乳来自正常饲养无传染病和乳房炎的健康牛，在检验时，只进行感官检验、酒精试验等即可。而对来源不定或情况不明的牛乳，则应在以上项目的基础上补充比重测定、含脂率的抽样检查及防腐剂、可疑掺假物的抽查、酸度滴定、煮沸试验及细菌指标检查等。

1. 感观检查 感官检查是牛乳检验的第一步，许多异常牛乳首先在感观上表现出来，这一工作必须要有一定经验的人担任。当发现牛乳在感观上有异常情况时，即应判断可能存在的原因与应进一步检验的方法和项目。

2. 酸度测定 利用滴定法测定牛乳酸度，准确性高，但不甚简便，另外，在生产中，只要牛乳酸度不超过一定范围即可利用。因此，常根据生产的目的，只需测牛乳的界限酸度。所谓“界限酸度”是指在某一用途下，作为原料乳的酸度要求的最高限度数值，例如市售乳酸度一般要求不超过20度，对制造炼乳的原料则要求不超过18度，特别是淡炼乳的要求更为严格。超过20度酸牛乳的界限酸度测定方法如下。

中和试验：预先在每一试管中注入0.01摩尔氢氧化钠溶液2毫升（要求界限酸度量为18度时，可加1.8毫升）或加入0.02摩尔氢氧化钠1毫升（如界限酸度为18度，则加0.9毫升），酚酞指示剂一小滴，检查时只需向试管中注入1毫升待检

牛乳，充分混合，如牛乳仍呈红色即说明酸度在20度以下，即酸度合格乳，如牛乳变为白色则是酸度超过20度，为不合格乳。

酒精试验：在玻璃器皿内加入1毫升待检牛乳，然后加入等量68%的中性酒精，充分混合后使其在器皿中流动，如在器皿底部出现白色颗粒或絮状物即说明此乳的酸度已超过20度。根据絮状物的大小，尚可推知超过的程度。同样方法利用70%的酒精可使酸度超过19度的牛乳产生沉淀。利用72%的酒精等量混合牛乳而不出现絮状物的牛乳相当于酸度在18°T以下的牛乳。牛乳的酸度与引起酪样凝固的酒精浓度之间的关系见表6-1。

表6-1 牛乳的酸度与引起牛乳酪样凝固时酒精浓度的关系

引起牛乳酪样凝固时的酒精的浓度(%)	产生酪样沉淀物时的碱滴定酸度(°T)
70	19~20
68	20~22
60	23

（二）乳的净化

牛乳在挤出过程和挤出后免不了要落入一定数量的尘埃、牛毛、饲料、粪屑及上皮细胞等。这些杂质的混入不仅使牛乳外观不洁，并且带入相当数量的微生物，这些杂质存在于牛乳中的时间越长，对乳的影响越大，因此，在牛乳加工利用前常进行多次净化处理。乳的净化分为人工与机械两种，前者多为过滤，过滤是利用自然压力的作用，效率较低，较大型奶场多利用过滤器或净乳机净乳。

乳的第一次净化多在牛舍中结合将牛乳由挤奶桶倒入大桶时进行。当将乳倒入大桶时，借助于安装在大乳桶桶口上的过滤筛进行乳的第一次净化。第二次净化常结合收乳进行，在乳磅或乳槽上安装过滤器。

（三）乳的冷却

1. 冷却的意义 挤出后的牛乳，无论运输、加工或藏贮，都不能长时间停留在适合细菌繁殖的温度下，这是处理牛乳的基本原则，也是获得优质牛乳和乳制品的必要条件。

刚挤出的牛乳温度接近体温，是细菌繁殖的最适宜温度，如果不及时处理，落入乳中的细菌便会大量繁殖。冷却可以有效抑制细菌的增殖，又不影响牛乳的品质，冷却的温度越低，抑菌效果越好，乳的保存时间越长。牛乳的保鲜性与冷却温度的关系见表6-2。

表6-2 牛乳的保鲜性与冷却温度的关系

牛乳的保存时间	乳的酸度(°T)		
	未冷却的乳	冷却至18℃的乳	冷却至13℃的乳
刚挤出的乳	17.5	17.5	
挤后3小时	18.3	17.5	
挤后6小时	20.9	18.0	17.5
挤后9小时	22.5	18.5	
挤后12小时	变酸	19.0	

刚挤出的牛乳中含有溶菌酶，溶菌酶具有杀菌作用，杀菌时间延续的长短因乳的温度和细菌污染程度而异，0℃时杀菌作用可保持48小时，5℃时可保持36小时，10℃时可保持24小时，25℃时可保持6小时。随着时间的延长，杀菌作用逐渐减弱，因此挤出的鲜乳应迅速冷却后冷藏。消毒后的牛乳也应迅速冷却并冷藏，尽可能降低残存于乳中的耐热性细菌的活力。

2. 冷却方法 利用冷水对乳进行冷却是最古老而简单的方法。利用冷水冷却牛乳应当有专用的水池，水池的大小与深度，应视所利用的乳桶多少与大小而异。牛奶的导热性较差，在利用冷水冷却牛乳时，最初几小时里应对牛乳进行多次搅拌，以使乳温均匀下降。

目前多数牧场或乳品厂，常利用表面冷却器（冷排）冷却牛

乳。国内外大型乳品厂，多利用片式热交换器冷却牛乳。

（四）牛乳的均质

牛乳均质的目的在于改善牛乳的消化吸收率，防止牛乳装瓶装袋后脂肪上浮及由脂肪分离所引起的变化，同时也使牛乳灭菌彻底。牛乳的均质是在消毒过程中于均质机内进行的，一般适宜的温度为58～60℃。

（五）牛乳的消毒

牛乳在挤出、运输、冷却、贮存等各个环节都会受到污染，为避免乳汁的酸败变质，防止致病微生物的传播，维护公共卫生，又最大限度地保持牛乳的风味和营养，最简单有效的方法就是对牛乳进行加热灭菌处理，这个过程叫牛乳的消毒，牛乳的消毒方法根据所用温度的不同，分为以下几种。

1. 低温长时间消毒法 又称保温杀菌法或巴氏消毒法，即将牛乳加热至62～64℃，保持30分钟。这种方法能杀死全部致病菌，而不致引起乳中各种成分和牛乳风味的显著改变，但杀菌率只能达到99%左右，杀菌后的牛乳依然不能久贮。此外，该种方法在大规模生产中的最大缺点是间歇式分批生产，不利于连续操作，因此，目前除生产规模较小的乳品厂外，多采用高温短时间消毒法。

2. 高温短时间消毒法 此法是将牛乳在72～75℃保持15～16秒钟或在80～85℃经数秒钟的瞬间消毒方法，还有一种超高温瞬时消毒法，即将牛乳加热至120～140℃，保持1～2秒后立即冷却至50～70℃或20℃。高温短时消毒法因高温保持时间短，可以连续生产，适合较大规模乳品消毒，其所用设备多为转鼓式（挤压滚筒式）加热器、片式热交换器、管式杀菌器，套管式杀菌器等。

牛乳杀菌后并不是将所有的细菌全部杀死，一般消毒乳不能贮存过长时间。为了长时间保存牛乳，有些国家趋向于生产无菌乳，即将超高温灭菌与无菌包装相结合，成品乳在不冷藏的条件下，一般可保存 1 个月以上，甚至可保存 6 个月。

杀菌后的牛乳，必须立即冷却，防止嗜热性微生物的繁殖。

四、牛乳的贮存与运输

（一）牛乳的贮存

牛乳应尽可能全面冷却后贮存在低温处。

冷却只能抑制微生物的生命活动，但不能消灭微生物，乳温上升后，微生物又开始活动，所以乳在冷却后的整个保存时间里都应维持在 4℃的低温下，温度越低，保存的时间越长。保存时间与保存温度间的关系如表 6－3 所示。

表 6－3　牛乳的保存时间与冷却温度的关系

牛乳的保存时间(小时)	牛乳应冷却的温度(℃)
6～12	10～8
12～18	8～6
18～24	6～5
24～36	5～4
36～48	2～1

（二）乳的运输

原料乳的运输多是由生产牧场送往收购站或加工厂，运输中应注意以下几点。

1. 防止牛乳在运输中温度升高　特别是在气温高的季节，应根据路途远近采取措施，如安排早晨、晚间或夜间运乳。必要时应用隔热覆盖物浸湿后盖在乳桶外面，防止牛乳升温。

2. 保持运输容器清洁　运输容器使用前应严格消毒，桶盖

上应有扣锁，橡胶盖垫也应在使用前消毒，不得用其他不洁物做衬垫。

3. 防止强烈震荡 强烈震荡能改变乳的物理性状，为防止震荡，应尽量将乳桶装满并盖严。

目前我国中小城市多利用乳桶运乳，大城市多用乳槽车运乳。在乳源零星、数量不多的情况下，利用乳桶运输比较便利，容器价格较低，但与乳槽车相比，存在一定缺点，如利用乳桶装乳，单位容量表面积较乳槽车大5～7倍，吸热面积大，乳温容易升高；每次洗刷大量乳桶，需要较多人工和消耗较多消毒蒸汽；乳桶不断搬运，损坏率高，维修费用大；乳桶总重量大，装车后桶间间隙大，不能充分利用运输工具，运输成本高等。

五、牛乳的污染及预防措施

（一）乳的污染

一切异物及微生物进入乳中都属于污染牛乳，这两种污染又有连带关系，异物污染的同时往往又连带微生物的增多。乳中微生物不仅能引起牛乳的腐败变质，还能传播疾病，危害食用者的身体健康，因此，在生产中必须十分注意。

根据国家1985年颁布GB5408国标规定，供消毒牛乳及加工淡炼乳用的生乳中细菌总数（每毫升牛乳）不得超过5×10^5个；供加工其他乳制品用的生乳细菌总数不得超过10^6个。牛乳的污染主要有以下几个方面。

1. 挤乳前的污染 乳牛的饲养环境和乳牛乳房卫生状况与挤出牛乳的污染程度密切相关。每次挤乳时将最初的第一、第二把乳弃去，对减少乳中细菌总数具有重要意义。

部分病源菌可能直接由血液进入乳中，如患结核病中的牛，虽在外观上看不出乳房的病变，但有可能从乳中排出结核菌；患

布氏杆菌病的牛也会从乳中排出细菌；牛的波状热是由勃氏立克次体引起的，立克次体也有可能从乳中排出等等。因此，乳牛场应该注意乳牛健康，按时对乳牛进行检疫，定时进行环境消毒，以保证牛乳的卫生。

2. 挤乳时的污染 如乳牛场卫生条件差，在挤乳过程中，牛乳很容易被牛体上的异物、粉尘、空气、苍蝇、牛乳容器、挤乳机械、过滤用具、挤乳员的手等污染，带入大量的细菌。

3. 挤乳后的污染 牛乳挤出后要经过许多处理环节，如从挤奶桶转入大桶、过滤、运输、贮存、冷却、装瓶等，任何环节的疏漏，都会造成牛乳的污染。因此，一切管道、容器、用具的刷洗消毒都是十分重要的。

乳的污染有的是单方面的，有的是多方面的，综合性的，要减少乳的污染，应该对各个环节加强管理。

卫生管理良好的乳牛场的牛乳细菌数可以控制至很低，一般每毫升仅 500 个左右，甚至可低于 200 个以下，但稍有不慎即可达每毫升 1 000 个以上。不注意清洁卫生的牧场，每毫升细菌数可达数百万个。

（二）用具的清洗和消毒

为了保证乳品卫生质量，凡与乳品接触的一切容器、管道、滤布、乳槽车、乳桶、乳瓶、搅拌棒、冷却器等，每次使用后都应进行洗刷和消毒，并在第二次使用前进行 1 次冲洗。

由于乳品用具洗刷消毒十分频繁，卫生条件要求高，不仅要易于安装拆卸，光洁度高，而且缝隙、楞角、死角、盲管要少，以减少乳的残留和细菌的滋生。

乳品用具应先用清水充分洗涤，水温一般应在 35℃以下。然后利用热洗涤水洗刷，水温可保持在 60～72℃。

经过以上的洗涤后，不同器皿的具体消毒方法如下：

1. 乳桶 在利用热洗涤水刷洗后，用近沸点的热水冲洗，

提高桶的温度，然后用蒸汽喷射，最后倒置，空出桶中余水，晾干或以热空气喷干备用。

2. 乳瓶 以洗涤剂冲洗后，再用温水冲洗，为使装瓶前瓶温降低，最后应用氯处理过的冷水（15℃以下）冲洗。

3. 乳槽 用清水冲去洗涤液，通入蒸汽直至冷却水出口的水温达82～85℃，即可达消毒目的。也可采用注满85℃热水保持10分钟的办法，但耗热多，需水量大，不经济。

4. 其他金属器皿与管道 以洗涤液冲洗后，可用90℃以上热水浸泡或循环15分钟，可达杀菌目的。

5. 表面冷却器 表面冷却器及转鼓式消毒器的杀菌方法与贮乳槽基本一致。此外，也可利用次氯酸钠溶液（将次氯酸钠溶于0.25%碳酸钠溶液）喷射，但浓度过大的溶液对金属有腐蚀作用，加入碳酸钠的目的是减低氯对金属的腐蚀作用。

6. 滤布等棉织品 先充分漂洗，再用洗涤剂洗净，以清水漂洗干净后用蒸气或煮沸消毒，烘干或晾干备用。

乳品用具的洗涤与消毒过程中应严格按程序进行，如消毒时间不足，即便例行了一定过程，也达不到杀菌目的，特别是缝隙较多的用具如搅拌器、管道接头等处更要注意，不可漏过；利用化学药品消毒，必须按要求浓度执行，浓度过低达不到杀菌目的，浓度过大对设备有腐蚀，特别是铝制器皿，对酸碱的耐蚀力差，不可使用过浓的酸与碱洗刷，也不可在酸碱液中浸泡时间过长，应用化学药品消毒过的用具应充分冲洗，以减少残留。

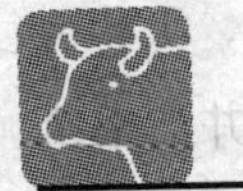

第七章

奶牛场的卫生防疫和奶牛常见病的防治

一、奶牛场的卫生防疫

在牛场生产中应坚持“防病重于治病”的方针，防止和消灭奶牛疾病，特别是传染病、代谢病，使奶牛更好地发挥生产性能，延长使用年限，提高养牛的经济效益。

（一）传染病和寄生虫病的防疫工作

1. 日常的预防措施

（1）奶牛场应将生产区与生活区分开。生产区门口应设置消毒池和消毒室（内设紫外线灯等消毒设施），消毒池内应常年保持2%～4%氢氧化钠溶液等消毒药。

（2）严格控制非生产人员进入生产区，必须进入时应更换工作服及鞋帽，经消毒室消毒后才能进入。

（3）生产区不准解剖尸体，不准养狗、猪及其他畜禽，定期灭蚊蝇。

（4）每年春、秋季各进行一次结核病、布氏杆菌病、副结核病的检疫。检出阳性或有可疑反应的牛要及时按规定处置。检疫结束后，要及时对牛舍内外及用具等彻底进行一次大消毒。

（5）每年春、秋各进行一次疥癣等体表寄生虫的检查，6～9月份，焦虫病流行区要定期检查并做好灭蜱工作，10月份对牛群进行一次肝片吸虫等的预防驱虫工作，春季对犊牛群进行球虫

的普查和驱虫工作。

(6) 新引进的牛必须持有法定单位的检疫证明书，并严格执行隔离检疫制度，确认健康后方可入群。

(7) 饲养人员每年应至少进行一次体格检查，如发现患有危害人、牛的传染病者，应及时调离，以防传染。

2. 发生疫情时的紧急防制措施

(1) 应立即组成防疫小组，尽快做出确切诊断，迅速向有关上级部门报告疫情。

(2) 迅速隔离病牛，对危害较重的传染病应及时划区封锁，建立封锁带，出入人员和车辆要严格消毒，同时严格消毒污染环境。解除封锁的条件是在最后一头病牛痊愈或屠宰后两个潜伏期内再无新病例出现，经过全面大消毒，报上级主管部门批准，方可解除封锁。

(3) 对病牛及封锁区内的牛只实行合理的综合防制措施，包括疫苗的紧急接种、抗生素疗法、高免血清的特异性疗法、化学疗法、增强体质和生理机能的辅助疗法等。

(4) 病死牛尸体要严格按照防疫条例进行处置。

(二) 代谢病的监控工作

由于奶牛生产的集约化和高标准饲养及定向选育的发展，提高了奶牛的生产性能和饲养场的经济效益，推动了营养代谢问题研究的进展，但与此同时，若饲养管理条件和技术稍有疏忽，就不可避免地导致营养代谢疾病的发生，严重影响了奶牛的健康、奶产量和利用年限，因此必须重视奶牛代谢病的监控工作。

(1) 代谢抽样试验（MPT） 每季度随机抽 30 ~ 50 头奶牛血样，测定血中尿氮含量、血钙、血磷、血糖、血红蛋白等一系列生化指标，以观测牛群的代谢状况。

(2) 尿 pH 和酮体的测定 产前一周至分娩后 2 个月内，隔日测定尿 pH 和酮体一次，对测出阳性或可疑牛只及时治疗，并

关注牛群状况。

(3) 调整日粮配方

①定时测定平衡日粮中各种营养物质含量。

②对高产、消瘦、体弱的奶牛，要及时调整日粮配方，增加营养，以预防相关疾病的发生。

(4) 高产奶牛群在泌乳高峰期，应在精料中适当加喂碳酸氢钠、氧化镁等添加剂。

(三) 乳房、蹄部的卫生保健

1. 经常保持牛舍、牛床、运动场、牛体及乳房的清洁，牛舍、牛床及运动场还应保持平整、干燥、无污物（如砖块、石头、炉渣、废弃塑料袋等)。

2. 挤乳时必须用清洁水清洗乳房，然后用干净的毛巾擦干，挤完乳后，必须用3%～4%次氯酸钠溶液等消毒药浸泡每个乳头数秒钟。

3. 停乳前10天、3天要进行隐性乳房炎的监测，反应阳性牛要及时治疗，两次均为阴性反应的牛可施行停乳。

停乳后继续药浴乳头1周，并定时观察乳房的变化。预产期前1周恢复药浴，每日2次。

4. 每年的1、3、6、7、8、9、11月份都要进行隐性乳房炎的监测工作。对有临诊表现的乳房炎采取综合性防治措施，对久治不愈的乳牛应及时淘汰，以减少传染来源。

5. 每年春、秋季各检查和整蹄一次，对患有肢蹄病的牛要及时治疗。蹄病高发季节，应每周用5%硫酸铜溶液喷洒蹄部2次，以减少蹄病的发生，对蹄病高发牛群要关注整个牛群状况。

6. 禁用有肢蹄病遗传缺陷的公牛精液进行配种。

7. 定期检测各类饲料成分，经常检查、调整、平衡奶牛日粮的营养，特别是蹄病发生率达15%以上时。

二、牛的正常生理指标

（一）体温

38～39.2℃，小犊牛、兴奋状态的牛或暴露在高温环境的牛体温可达39.5℃或更高，若超出这个范围均视为异常。发热可分为稽留热、弛张热、间歇热、回归热，稽留热是一旦体温升高即高温维持数天或更长时间，弛张热是温度忽高忽低，昼夜间有较大的升、降变化（变化中幅度在1.0℃～2.0℃以上），但不会低至正常范围；间歇热是在一天之内有时恢复到正常温度范围，第二天会重复前一天的温度模式，回归热的特点是发热几天隔1天或数天体温正常，以后又重新升温。发热是机体一种破坏微生物和激发保护性防御机制的手段，不应被抗炎或退热药物所掩盖。

（二）脉搏率

成牛的正常脉搏率为60～80次/分，犊牛为72～100次/分。多种环境因素和牛的状态（运动，采食等）均可影响脉搏率。热性、代谢性、心脏器质性、呼吸系统、疼痛性疾病及毒血症都引起心动过速，饥饿、垂体肿瘤，迷走神经性消化不良等可以引起心动徐缓，脉搏率、心音、心动节律及其强度变化也可以提示心脏代谢性疾病。

（三）呼吸频率

成牛安静时的正常呼吸频率为18～28次/分，犊牛为20～40次/分。正常呼吸的次数、深度受多种环境因素（气温等）和牛的状态（运动等）影响，呼吸的次数、深度、特性可作为多种疾病的依据，兴奋、运动、缺氧时呼吸的深度增加；代谢性酸中

毒会导致呼吸深度和频率增加；胸、膈、前腹疼痛时，呼吸变得浅表；牛的正常呼吸应该是胸腹式，腹膜炎和腹部膨胀、腹部疼痛等妨碍腹部参与呼吸运动，引发胸式呼吸，同样胸部及肺部疾患则发生腹式呼吸。

（四）消化系统生理指标

健康牛瘤胃蠕动每分钟约 1～3 次，瘤胃内容物 pH5.0～8.1，一般为 6～6.8，每昼夜反刍 6～8 次，每次约 4～50 分钟，每口咀嚼 20 多次，每分钟嗳气 17～20 次。

三、常见传染病

（一）口蹄疫

口蹄疫为偶蹄动物的一种急性、发热性、高度接触性传染病。本病特性是口腔黏膜、舌、蹄部和乳房皮肤发生水疱和溃烂。本病一旦发生，流行很快，使乳牛的生产性能降低，在经济上造成很大损失。本病还可以感染人，应引起高度重视。

1. 病原 口蹄疫的病原体为口蹄疫病毒，属微核糖核酸病科，口蹄疫病毒属，此病毒呈圆形，直径为 21～25 纳米，是已知病毒中最细小的一种。此病毒在不同条件易发生变异，根据病毒的血清学特性，目前已知的口蹄疫病毒有 A、O、C 型，南非 1、2、3 型和亚洲 1 型等 7 个类型，各型中又有很多亚型。各型间抗原性不同，没有交叉免疫性，同型的亚型间有部分交叉免疫性。

病毒主要存在于病牛的水疱皮内及淋巴液中，在水疱期发展过程中，病毒进入血液，分布到全身各种组织和体液中，发热期血液中含病毒量最高，退热后乳、粪、尿、口涎、眼泪等分泌物中都会有一定量的病毒。

病毒对外界环境的抵抗力很强，生存时间与含毒材料、病毒浓度及环境状况密切相关。病毒在土壤中可存活 1 个月，在干草上可生存 104～108 天，在牛毛上毒力可保持数周。低温不会使毒力减弱，在冰冻情况下，肉中的病毒可生存 30～40 天。在 5℃条件下，病毒在 50%甘油生理盐水中能保存 400～700 天。高温和阳光可杀死病毒。在 60℃条件下经 30 分钟、120℃时经 3 分钟即可被杀死。乙醇、石炭酸、来苏儿、升汞等消毒药对病毒的杀灭能力微弱。2%的福尔马林和 2%的苛性钠对该病毒具有较强的杀灭作用。

2. 流行病学 乳牛对口蹄疫病毒具易感性，病牛是本病的传染源，其分泌物、排泄物及畜产品如乳、肉皆含有病毒，口蹄疫病毒的传染性很强，一经发生常呈流行性，传播方式既有蔓延式的，也有跳跃式的。

此病的传染方式，有直接感染，如病牛与健康牛接触，受水疱液传播，也有间接传播，即通过各种媒介物，如牛的唾液、粪、尿、乳、呼出的气体等能将病毒蔓延。其传播途径主要是消化道，也可经黏膜、乳头及受损伤皮肤和呼吸道感染。

乳牛多在冬、春两季发病，一般从 11 月份开始，第二年 2 月截止。育成牛、成年牛发病较多，犊牛发病较少。

3. 症状 潜伏期为2～4天，最长达 7 天。

发病初期，病牛的体温升高到 40～41℃，精神委顿、食欲降低。1～2 天后流涎，涎呈丝状垂于口角两旁。采食困难，口腔检查，发现舌面、齿龈处有大小不等的水泡和边沿整齐的粉红色溃疡面。水泡破裂后，体温降至正常。

乳头及乳房皮肤上发生水泡，初期水泡清亮，以后变混浊，并很快破溃，留下溃烂面。挤乳时有疼痛感，泌乳量下降，有时感染继发乳房炎。

蹄部水泡多发生于蹄冠和蹄叉间沟的柔软部皮肤上，若被泥土、粪便污染，患部会继发感染化脓，走路跛行。严重者，可引

起蹄匣脱落。

本病一般为良性。口腔发病，约经1周时间可痊愈。蹄部出现病变时，病程较长，可达2~3周。死亡率低，仅为1%~2%。但如果水泡破溃后继发细菌感染，糜烂加深，则病程延长或恶化，也有在恢复期病情突然恶化的病牛，表现为全身虚弱，肌肉颤抖，心跳加快、节律不齐，反刍停止，站立不稳，最后因心肌麻痹而死亡。恶性口蹄疫是由于病毒侵害心肌所致，死亡率高达20%~50%。

犊牛发病后死亡率很高，主要表现出血性肠炎和心肌麻痹（虎斑心）。

4. 诊断 根据流行季节和牛的口腔、蹄、乳房皮肤上的特征性病变，可以初步做出诊断，但应与牛瘟、传染性口炎相区别。

（1）与牛瘟的区别 牛瘟只有感染牛，牛瘟无水泡发生，溃疡面不规则，乳头、蹄部无病变。牛瘟还伴发胃肠炎，腹泻；口蹄疫水泡和溃疡在牛乳房、口腔、蹄部均有发生，溃烂面较规则，边缘平整，易愈合；除牛外，猪等偶蹄兽均可感染此病。

（2）与传染性口炎的区别 传染性口炎，除牛、猪外，马、驴等单蹄兽也能感染，流行范围小，发病率低，必要时可进行动物实验加以区别。

诊断时，还应考虑到口蹄疫病毒具有多型性的特点。

5. 治疗 此病目前尚无特效疗法。发生口蹄疫时应严格隔离，加强护理，给予优质的饲料（如玉米粥、麸皮粥等），搞好环境卫生，对症治疗，防止继发感染。

（1）对口腔的处理 常用0.1%高锰酸钾或1%明矾或2%醋酸溶液冲洗口腔，每天2~3次，冲洗后可涂抹下列药物之一：3%紫药水、碘甘油、冰硼散、青黛散。

（2）对蹄部的处理 先用10%硫酸铜溶液或3%来苏儿水彻底洗净患蹄，然后涂10%碘酊或松馏油。如果病变严重，可打

蹄绷带，每隔 2 天处理 1 次。

蹄部药浴：制作长 1.5～2 米、宽 1～1.5 米、高 20～25 厘米的暂时浴池，内盛 1%福尔马林液或 10%硫酸铜，每天使病牛通过浴池 1～2 次，连续 5～6 天。

对乳房的处理：用 0.1%高锰酸钾液或 1%～2%来苏儿水或 0.1%新洁尔灭液，清洗患部乳区，待挤完乳后，可涂抹 10%磺胺膏或抗生素软膏或 3%紫药水。

对体温升高、食欲废绝的病牛，为防止其继发感染，可用抗生素、磺胺等药物治疗。

高免疫血清有较好的疗效。病情严重紧急时，可考虑使用痊愈牛血或血清，但使用前应作安全试验。

6. 预防

(1) 发生口蹄疫的牛场，首先应将疫情上报有关单位，同时采取紧急措施。

隔离病牛：对乳牛场内所有的牛要及时细致地检查，将病畜尽早从牛群中挑出，集中在一僻静地方隔离饲养，严禁与健康牛群接触。

封锁病牛场：病牛场内的饲养员、车辆及一切用具都应固定，不得出场。严禁外来人员与车辆入场。

严格消毒：

①食槽每天都要用清水洗刷，每隔 3～4 天消毒 1 次。运动场、牛舍内的地面，每隔 5～7 天消毒 1 次，消毒液为 2%氢氧化钠。污水及消毒液应集中处理。

②牛场大门及交通要道要有专人看管，并设有消毒池，必须出入的人员或车辆都必须经消毒池消毒。各牛舍门口也要设有消毒池。场内的工作人员不能随意走动，上下班时要洗手，并用 1%来苏儿水消毒，上下班服装要严格控制，不能混穿，上班服装还要做必要的消毒。

③病牛所产乳均应用消毒剂充分消毒后废弃。病牛场内其他

牛所产生的乳应集中起来，作高温处理。

（2）未发病的牛场　坚持严格的消毒和防疫制度，严禁与病牛场的人、物、牛接触，定期注射口蹄疫疫苗。

（二）结核病

结核病为分布较广的人畜和禽类慢性传染病，主要侵害肺脏、消化道、淋巴结、乳房等器官，在多种组织形成肉芽肿（结核性结节、脓疡）、干酪化和钙化病灶。

1. 病原　结核病的病原体是结核分支杆菌。结核菌有人型、牛型、禽型，牛型与人型可以交叉感染。结核菌对环境的抵抗力强。在干燥环境中，病菌可存活6～8个月，在牛奶中可活9～10天。此病菌耐干热，在100℃干热条件下，经10～15分钟才能被杀死。但不耐湿热，65℃经15分钟、85℃经2分钟、100℃经1分钟即可被杀死，故牛奶及其乳品采用巴氏消毒法即可杀灭该菌。该菌对普通化学消毒剂、酸、碱等有相当的抵抗力，约经4小时才可杀灭，70%酒精和10%漂白粉有很强的杀菌作用。

2. 流行病学　结核病在世界各国广泛流行。越是人烟稠密、地势低洼、气候温和、潮湿的地区，发病越多。结核病潜伏期长，发病缓慢。

患结核病的牛和其他动物以及人是本病的传染源，特别是开放性结核病畜和人。

结核病的传播途径，一是呼吸道，二是消化道。

不良的外界环境，如饲料营养不足、牛舍阴暗、潮湿、卫生条件差，牛缺乏运动，饲养密度过大，皆可促使结核病的发生与流行，结核病的发生往往呈地方性流行趋势。

3. 症状　潜伏期长短不一，短者十几天，长者可达数月或数年。

（1）肺结核　乳牛的多发病。主要症状是干咳，尤其是起立、运动、吸入冷空气或含尘埃的空气时更易咳。病初时食欲、

反刍均无变化，但易疲劳。随着病情的发展，咳嗽由少而多，带疼感，伴有低热，咳出的分泌物呈黏性、脓性，灰黄色，呼出气体带有腐臭味，严重时呼吸困难，伸颈仰头。肺部听诊有啰音和摩擦音，叩诊有浊音区。体表淋巴结肿大，患牛消瘦、贫血。当发生全身性粟粒结核、弥漫性肺结核时，体温升高到40℃。

（2）肠结核　主要症状是前胃弛缓或瘤胃膨胀，腹泻与便秘交替发生，腹泻时，粪呈稀粥状，内混有黏液或脓性分泌物，营养不良，渐进性消瘦，全身无力，肋骨外露。直肠触摸时，腹膜表面粗糙、肠系膜淋巴结肿大，有时会触摸到腹膜或肠系膜的结核结节。

（3）乳房结核　乳房上淋巴结肿大，乳房实质部有数量不等、大小不一的结节，质地坚硬，无热无疼。泌乳量减少，发病初期乳汁无明显变化，严重时乳汁稀薄，呈灰白色。

（4）生殖器官结核　主要症状是性机能紊乱，发情频繁，久配不孕，母牛流产，公牛附睾肿大，有硬结。

4. 诊断　奶牛发生不明原因的消瘦、咳嗽、肺部听诊与叩诊异常、乳房硬结、顽固性下痢，体表淋巴结慢性肿胀，即可怀疑本病。现行确诊结核病的方法是结核菌素检疫。结核菌素检疫有点眼法、皮内法和皮下法3种，通常用皮内法和点眼法综合评定。皮内法的具体方法如下：

（1）注射部位　将结核菌素注射在左侧颈部皮内，3个月以内的犊牛注射到肩胛部。注射前，应测量皮肤厚度。

（2）注射剂量　3个月以内的小牛注射0.1毫升，3~12个月龄的牛0.15毫升，1年以上的牛0.2毫升。

（3）结果观测　注射后72小时测量皮肤厚度，并注意注射部位有无热、痛、肿等情况。

（4）判定

①阳性反应（+）：局部发热，有痛感，并呈现界限不明显的弥漫性水肿，其肿胀面积在35毫米×45毫米以上；或上述反

应较轻，而皮差（接种后皮厚与原皮厚之差）超过8毫米以上。

②可疑反应（±）：炎性肿胀面积在35毫米×45毫米以下，皮差在5~8毫米之间。

③阴性反应（-）：无炎性水肿，皮差在5毫米以下，或仅有坚实而界限明显的硬块。

点眼法的具体做法如下：

（1）*方法* 详细检查两眼，并用2%的硼酸冲洗；正常时方可点眼，一般点左眼，左眼有病可点右眼，必须在记录上说明。一般点3~5滴。

（2）*观察反应* 点眼后于3、6、9、24小时各观察一次，观察两眼的结膜与眼睑的肿胀情况，流泪及分泌物的性质与量的多少，阴性反应和可疑牛只72小时后于同一眼再点一次。

（3）*判定*

①阳性反应：有2毫米×10毫米以上的黄色脓性分泌物积聚在结膜囊及眼角或散布在眼的周围，或者分泌物较少但结膜充血、水肿、流泪明显，并伴有全身反应。

②疑似反应：有2毫米×10毫米以上的灰白色、半透明的黏液性分泌物积聚在结膜囊或眼角处，但无明显的眼睑水肿及全身反应。

③阴性反应：无反应或仅有结膜轻微充血，眼有透明浆液性分泌物。

综合判定：以上两种方法中任何一种呈现阳性反应即判定为结核菌素阳性反应牛；任何一种反应呈疑似反应者即判定为疑似反应牛。

5. 防治 对结核病牛应立即淘汰，对于应保护的良种母、公牛可用链霉素、异烟肼及利福平治疗。

处方一：异烟肼2mg/kg体重，口服，每日2次，3个月一个疗程。

处方二：链霉素2~4g，肌注，每日2次，隔日用药，配合

异烟肼。

处方三：利福平 3～5g，口服，每日 2 次，配合异烟肼。

结核病的防制主要采取综合性防制措施，原则是防止疾病传入，净化污染牛群，培养健康牛群。

（1）检疫消毒措施　奶牛场每年必须对牛群进行 2 次结核病检疫，春秋各进行一次。开放性结核病牛，应予以屠宰，产品处理应按照防疫条例进行；无症状的阳性牛，应隔离或淘汰；可疑牛需复检，凡 2 次可疑者，可判为阳性。病畜污染的牛棚、用具，要用 10%漂白粉或 20%石灰乳或 5%来苏儿消毒。

结核病牛场，在第一次检疫后 30～45 天应对牛群进行第二次检疫，后每隔 30～45 天进行一次检疫。在 6 个月内连续 3 次不再有阳性病牛检出，可认为是健康牛群。

已出场的牛，不要再回原牛场。新购入的牛，需进行结核菌素检疫，反应阴性者才能入场。

每年春秋两季都要对牛场进行全面的消毒。牛棚、牛栏可用石灰乳粉刷，食槽、用具可用 10%漂白粉消毒。粪便要堆积发酵。

饲养员应定期进行健康检查，如有患结核病者，不再做饲养奶牛的工作。

（2）在结核病牛群中培养健康牛　将无症状的结核病阳性牛集中饲养，场地应选在较偏远的地方，定为结核牛场。该场要与健康牛场绝对隔离，所产的乳要用巴氏消毒法消毒。该场的产房应清洁、干燥，定期消毒，出生犊牛脐带断口要用 10%碘酊浸泡 1 分钟。犊牛出生后要立即与母牛分开，调入中途牛场，人工喂初乳 3 天，以后由检疫无病的母牛供养或喂消毒乳；犊牛舍一切用具应严格消毒，犊牛出生后 20～30 天做第一次结核菌素检疫，100～120 天时做第二次检疫，160～180 天时做第三次检疫。3 次检疫为阴性者，可进入健康的牛群。

（3）公共卫生　人结核病多由牛结核菌杆菌所致，饮用带菌的生牛奶是最直接的原因，因此消毒牛奶是预防人患结核病的一项重要措施。

（三）布鲁氏杆菌病

布鲁氏杆菌病为人、畜共患的一种接触性传染病，主要危害生殖器官，引起子宫、胎膜、睾丸的炎症，还可引起关节炎。临床特征是流产、不育和多种组织的局部病灶。牛、羊、猪最常发生，人感染此病后，表现为波浪热、关节痛、睾丸肿大、神经衰弱等症状。

1. 病原 布鲁氏杆菌病的病原体是布鲁氏杆菌。此病菌微小，近似球状。形态不甚规则，不形成芽孢，无荚膜，革兰氏染色阴性。为需氧兼厌氧菌，组织细胞内寄生。

布鲁氏杆菌对热的抵抗力不强，60℃湿热经 15 分钟可被杀死。对干燥的抵抗力较强，在尘埃中可存活 2 个月，在皮毛中可存活 5 个月。

本病菌侵袭力和扩散力很强，不仅能从损伤的黏膜、皮肤侵入机体，还能从正常的皮肤、黏膜侵入机体。它不产生外毒素，其致病的是内毒素。

普通消毒剂有杀菌作用。1%～3%石炭酸、2%福尔马林、0.1%升汞、5%石灰水都可杀死该病菌。

布鲁氏杆菌主要有羊型（马尔他岛热）、牛型、猪型 3 种。每型又有多种亚型。近几年新发现的还有绵羊布鲁氏菌、沙林鼠布鲁氏杆菌及犬布鲁氏杆菌。

2. 流行病学 牛型布鲁氏杆菌主要侵害牛，病牛是主要传染源。病菌主要存在于病牛的阴道分泌物、流产的胎儿、胎水、胎膜、乳汁、粪尿及公牛的精液中。其传播途径，一是直接接触传染，通过交媾、创伤皮肤和结膜感染；二是消化道传染，即健康牛采食了被病原菌污染的饲料和饮水，经消化道而被感染。此外吸血昆虫也可以传播本病。初产母牛对此病敏感，病牛流产

1~2次后，很少再发生本病，有自然康复和产生免疫的现象。

本病无季节性，饲养管理不当，营养不良，防疫消毒不严格等皆可促使本病的流行，本病多地方性流行。

3. 症状 潜伏期2周至6个月。

布鲁氏杆菌首先侵害侵入门户附近的淋巴结，继而随淋巴液和血液散布到其他组织中，如妊娠子宫、乳房、关节囊等，引起体温升高，发生关节炎、乳房炎、妊娠母畜发生流产，导致胎衣不下、子宫内膜炎等症状，致使母牛不易受孕。流产胎衣呈黄色胶胨样浸润，有些部位覆有纤维蛋白絮片和脓液，有些部位增厚，加杂有出血点，胎儿第四胃有淡黄色或白色黏液絮状物。

临床流产多发生于妊娠后5~8个月，流产胎儿可能是死胎或弱犊。公牛睾丸受侵害时会引起睾丸和附睾发炎、坏死或化脓，阴囊出血坏死，慢性病牛结缔组织增生，睾丸与周围组织粘连。

乳房实质、间质细胞浸润、增生。

4. 诊断 本病的临床症状不典型，不易确诊。乳牛流产的原因较多，有的是布鲁氏杆菌引起的，也有感染布鲁氏杆菌的牛不流产；有的孕牛流产，又不是由布鲁氏杆菌引起的，因此，乳牛流产时应对其胎儿、胎膜进行细菌学分离和鉴定病原，万不可疏忽大意。病料可取流产胎儿的第四胃及其内容物、肺、肝及脾脏，送有关单位化验。目前，广泛采用血清凝集反应及补体结合试验，进行布鲁氏杆菌病的诊断。

5. 治疗 本病目前还未有特效治疗药物，只能对症治疗，流产后继发子宫内膜炎的病牛，或胎衣不下经剥离的病牛，可用0.1%高锰酸钾液、0.02%呋喃西林溶液等冲洗阴道，子宫放置金霉素或土霉素。严重病例可用金霉素、链霉素等抗菌药物全身治疗。

6. 防制 布鲁氏杆菌病预防原则是定期检疫，及时隔离病牛，加强防疫，防止病原菌侵入，培育健康犊牛。

（1）*健康牛群*　加强饲养管理：日粮营养要均衡，矿物质、维生素饲料供应要充足，以加强乳牛体质。

严格消毒：产房、饲槽及其他用具都要用10%石灰乳或5%来苏儿溶液消毒。孕牛分娩前要用1%来苏儿洗净后躯和外阴，人工助产器械、操作人员手臂都要用1%来苏儿清洗消毒。褥草、胎衣要集中到指定地点发酵处理。

隔离可疑牛：有流产症状的母牛应隔离，并取其胎儿的第四胃内容物作细菌鉴定。呈阴性反应的牛可回原棚饲养；阳性反应的牛要隔离饲养，同时整个牛场要进行一次大消毒。

定期检疫：每年应分别在春、秋各进行1次检疫，阳性牛要与健康牛隔离。注射过流产19号疫苗的牛场，应用血清抗体检疫困难，应作补体结合试验，以最后判定是否患有此病。

定期预防注射：犊牛6月龄时注射流产19号疫苗。注射前要做血检，阴性者可注射。注射后1个月检查抗体，凡血检阴性或可疑者，再做第二次注射，直到抗体反应阳性为止。目前在我国的有些地区已经净化了此病，形成无布鲁氏杆菌病区域，这些地域只进行疫情监测，不注射疫苗。

（2）*病牛群*　对于存在该病的牛群要定期检疫、淘汰、隔离病牛，控制传染源，切断传播途径，同时要加强饲养管理，饲料要丰富，品质要好，保持良好的卫生环境，做好消毒工作，培养健康牛群。约经2年时间，牛群无阳性反应牛出现，标准是2次血清凝集反应和2次补体结合试验全为阴性，且分娩正常。

病牛所生的犊牛，出生后立即与母牛分开，人工饲喂初乳3天后，转入中途站内用消毒乳饲喂。在5～9个月龄内，进行2次血清凝集反应检疫，阴性反应牛注射流产19号疫苗或直接归入健康牛群。

人也可感染布鲁氏菌病，其传染源主要是患病动物，传染途径是食入、接触、吸入被病原污染的食物、污物、粉尘等，一般不由人传染给人，所以人类该病的消灭有赖于动物布鲁氏病的消

灭。首先直接参与牧畜生产及畜产品加工的人员及实验室工作人员应做好自身防护，其次应注意食饮卫生和饮食习惯，在疫区还可以接种疫苗。

（四）炭疽

炭疽为各种家畜共患的一种急性、热性、败血性传染病。其特征是病牛的皮下和浆膜下组织呈出血性浆液浸润，血凝不全，脾脏肿大，常呈最急性和急性经过。本病可传染给人。

1. 病原　炭疽病的病原是炭疽杆菌。炭疽杆菌菌体长、直，菌端方正或微凹，呈竹节状。人工培养的菌体呈长链状，在病畜血液及组织中呈单个或短链。此杆菌能产生荚膜。在有氧条件下形成芽孢，芽孢位于菌体中央，或稍偏一端，芽孢具有很强的抵抗力，在病畜体内未与空气接触的细菌不会产生芽孢，故凡患炭疽病的尸体，严禁剖检，以防止菌体形成芽孢后污染环境。

炭疽杆菌在外界环境分布很广，发生炭疽病的地区，其土壤中分布较多。炭疽杆菌的繁殖体抵抗力不强，60℃条件下经15分钟即被杀死。但当形成芽孢后，抵抗力则增强，如在干燥环境中可生存10年，在粪便与水中也可长期存活。温热的10%福尔马林、含0.5%盐酸的0.1%升汞和5%氢氧化钠可将芽孢杀死，石炭酸及来苏儿对它作用甚微。

2. 流行病学　病牛是本病的主要传染源，频死病牛及其分泌物、排泄物中含有大量的病菌。尸体处理不当，形成大量芽孢会污染环境、土壤、水源，成为永久的疫源地。

此病主要经消化道感染，另外还能经呼吸道、皮肤、伤口及吸血昆虫感染。

3. 症状　潜伏期为1～5天。

最急性型病例发病急剧，无典型症状而突然死亡，全身肌肉震颤，步态蹒跚，可视黏膜发绀，呼吸困难，大声鸣叫而死亡，

濒死期天然孔出血、血凝不全，病程数分钟至数小时。

急性发病的症状是体温急剧升高到 41～42℃，心跳每分钟 100 次以上，反刍停止，食欲废绝，伴发瘤胃膨胀，泌乳停止。病初兴奋不安，惊恐鸣叫，横冲直撞，后期精神沉郁，呼吸困难，步态不稳，可视黏膜发绀，并有针尖到米粒大小的出血点。有的病牛先便秘后腹泻，便中带血。病程 1～2 天，濒死期全身战栗，呈痉挛样，体温下降，呼吸极度困难。孕牛流产，颈、胸部水肿。

亚急性发病的症状同急性型相似，但病程较长，约 2～5 天，病情较缓和。在体表各部，如喉头、颈部、胸前、腹下、肩胛、乳房等皮肤以及直肠、口腔黏膜等形成炭疽痈，病初硬固，有热痛，后热痛消失，发生坏死，有时可形成溃疡，出血。

4. 诊断 最急性和急性病例，临床上无特殊症状，不易确诊，必须结合流行病学分析和血液细菌学检查。可疑炭疽病的病例严禁剖检，采样要严格，可取耳静脉血；局部有水肿的病例，可抽取水肿液，检查后要彻底消毒。

用上述病料抹片，瑞氏或姬姆萨染色后镜检，如发现典型的具有荚膜的炭疽杆菌即可确诊为炭疽病。

沉淀试验，又称阿斯柯里氏反应。操作方法：将待检的组织数克用 6～8 倍的生理盐水稀释，煮沸 15～20 分钟，用滤纸过滤，取其清亮液少许缓缓倒于特制的沉淀血清上，使成两层，如在两层之间形成乳白色云雾状环带即为阳性，可诊断为炭疽病。

诊断本病时，还要注意与牛巴氏杆菌病及气肿疽等区别。

5. 治疗

(1) *血清疗法* 抗炭疽血清是治疗炭疽病的特效药品，静脉注射，每次 100～300 毫升；或静脉与皮下注射相结合。重病牛可在第二天再注射 1 次，病初使用可获得良好效果。

(2) *药物疗法* 常用药物有磺胺类、青霉素、土霉素、链霉

素等，与高免血清同时并用，效果更好。

处方一：青霉素250万单位、链霉素3～4克，每天肌肉注射2次，直至痊愈。

处方二：土霉素2～3克，以1 000ml生理盐水稀释，静脉注射，每日一次，直至痊愈。

处方三：静脉注射10%磺胺噻唑钠150～200毫升或按每千克体重0.2克内服磺胺二甲基嘧啶。

颈、胸、外阴部水肿时，可在肿胀部周围分点注射抗炭疽血清或抗生素。

6. 防制

（1）发生炭疽病时的处理

①发生炭疽病时应立即上报有关部门，封锁发病场所，并对全群牛只逐头测温。凡体温升高、食欲废绝、泌乳量下降的牛，必须隔离饲养。与病牛同舍饲养或有所接触的牛，应先注射抗炭疽病血清，8～12天之后再注射2号炭疽芽孢苗。

②牛棚、运动场、食槽及一切用具，可用含熟石灰水的5%氢氧化钠液消毒。

③严禁剖检尸体。病死牛及其排泄物、被污染的褥草及残存饲料等，应集中焚烧或深埋，深埋时不浅于2米，尸体底部与表面应撒上厚层生石灰。

④严禁非工作人员出入封锁区，工作人员必须配穿手套、胶靴和工作服，用后严格消毒，外露部分有伤的人员不得接触病牛及其污染物。

⑤当最后1头病牛痊愈或死亡后14天，再无新的病例出现，方可解除封锁。

（2）未发病牛场　每年定期预防注射一次，一般在春或秋季进行。可用的疫苗有以下几种。

①炭疽2号芽孢菌。牛场内所有的乳牛全部注射。每头牛皮下注射1毫升。注射后14天产生免疫力，免疫期为1年。

②无毒炭疽芽孢苗。1岁以上的乳牛，皮下注射1毫升；1岁以下的牛，皮下注射0.5毫升，注射疫苗前应对牛只作临诊检查，凡瘦弱、体温高的牛只、年龄不足一月的犊牛、产前2月内的母牛均不应注射疫苗。

7. 公共卫生 炭疽病可以传染给人，引起皮肤炭疽痈、肺炭疽、肠炭疽。从事饲养、兽医、屠宰、毛皮加工工作的人员应做好卫生防护工作。严禁食用病死牛肉。

（五）牛巴氏杆菌病

牛巴氏杆菌病是一种急性、热性、全身性传染病。其特征是发病突然、肺炎、急性胃肠炎和内脏的广泛性出血。本病又叫牛出血性败血症。

1. 病原 本病的病原体是巴氏杆菌。巴氏杆菌为球状小杆菌，独立或偶尔成对存在，在人工培养基上呈多形性。革兰氏染色阴性，呈两极着色性。不形成芽孢，无鞭毛，不运动。在急性败血症的病例中，细菌有荚膜，可产生内、外毒素。溶血性巴氏杆菌细胞壁来源的内毒素可协助致活补体和凝血过程。

巴氏杆菌的抵抗力不强，60℃条件下经1分钟即死亡。在干燥、直射阳光下迅速死亡。1%石炭酸、1%漂白粉、5%石灰乳的杀菌效果良好。

2. 流行病学 多杀性巴氏杆菌为牛（成牛和犊牛）的上呼吸道的正常常在菌，牛扁桃体带菌率为45%，一般不呈现致病作用。溶血性巴氏杆菌不常从正常牛上呼吸道分离出来，有时以非致病性的血清Ⅱ型存在于上呼吸道。多杀性巴氏杆菌和非致病性的溶血性巴氏杆菌血清Ⅱ型在应激因素（如牛舍通风不良、运输、拥挤等）导致呼吸道防御机能受损、机体抵抗力下降时，巴氏杆菌有机会在下呼吸道大量繁殖或由血清Ⅱ型转变为具有较强毒力的血清型。多杀性巴氏杆菌常可与昏睡嗜血杆菌、支原体和呼吸道病毒混合感染，而溶血性巴氏杆菌通常是原发病原菌，如

因饲料品质低劣、营养成分不足、矿物质缺乏、牛舍拥挤、卫生条件差、气候突变、闷热、寒冷、阴雨潮湿，以及机体受寒感冒等引起牛的抵抗力下降时，此病菌会乘机侵入体内，发生内源性传染。一旦发病，病牛会不断排出强毒细菌，感染健康牛，造成1个牛场、1个地区流行。

病牛排泄物、分泌物中有大量病菌。当健康牛采食被污染的饲料、饮水时，经消化道感染。或当健康牛吸入带细菌的空气、飞沫，经呼吸道传播。也可经损伤的皮肤和黏膜传染。

3. 症状 本病潜伏期为2～5天。临床上分败血型、水肿型和肺炎型。

（1）败血型 发病急，病程短。病初体温升高到40℃以上，反刍停止，食欲废绝，泌乳停止，呼吸，心跳加快，肌肉震颤，结膜潮红，鼻镜干燥，有浆液性或黏液性鼻液，其间混有血液；下痢，粪中带有黏液或血液，恶臭，从拉稀开始，体温随之下降，多于病后12～24小时死亡。

（2）水肿型 病牛颈部、胸前及咽喉水肿，水肿部的皮肤硬，有疼感，压后指印不退。水肿也可在肛门、会阴和四肢皮下发生。由于咽部、舌部肿胀严重，致使吞咽和呼吸困难，黏膜发绀，舌吐出齿外，口流白沫，烦躁不安，多因窒息而死亡，病期约12～36小时。

（3）肺炎型 主要呈现纤维素性胸膜肺炎症状。病牛呼吸困难，有痛苦干咳。从鼻孔中流出泡沫样带血的分泌物，后呈脓性，可视黏膜发绀，胸部叩诊有实音区，听诊有啰音、胸膜摩擦音，病初便秘，后期腹泻，粪中有血，恶臭。溶血性巴氏杆菌引起的肺前腹侧实变比多杀性巴氏杆菌感染多见，病程3～7天。

水肿型和肺炎型都是在败血型基础上发展起来的，本病的病死率在80%以上，痊愈牛可获得坚强免疫力。

4. 诊断 诊断时应具体分析各牛场的情况，例如有无引进外地牛、以前有无巴氏杆菌病例、饲养管理状况如何等，结合发

病季节、临床症状及剖检变化，综合分析。巴氏杆菌引起的肺炎在肺前腹侧区域常能听到表明实变的支气管啰音，背侧支区域正常。有条件的牛场可作细菌学检查。此外，还要注意与炭疽、气肿疽及牛肺疫等病相区别。

炭疽的肿胀可发生全身各处，濒死时天然孔出血，血液呈暗紫色，血凝不良，尸僵不全，血液抹片可见炭疽杆菌；气肿疽的肿胀主要见于肌肉丰厚的部位，触诊柔软，有明显的捻发音；恶性水肿单发生在外伤或分娩之后，肿胀触之柔软，具捻发音；牛肺疫病程长，经过较久，肺呈明显的大理石样变化，但缺乏全身性败血症变化，病原为牛胸膜肺炎支原体。

5. 治疗 将患巴氏杆菌病的牛应立即隔离治疗，全场用5%漂白粉或10%石灰水消毒。对健康牛仔细观察、测温，凡体温升高的牛，应尽早治疗。治疗方法有以下几种。

(1) 抗血清疗法 发病早期可使用免疫血清，每头牛静脉或皮下注射100~200毫升。重病牛，可连用2~3次。

(2) 抗生素疗法 一次静脉注射10%磺胺噻唑钠100~150毫升，每天2次，连用3~5天，与免疫血清同时应用，效果更佳。此外，青霉素、链霉素、氨苄青霉素、头孢噻唑、恩诺杀星、红霉素、林可霉素、壮观霉素等都对本病有很好的治疗作用。

6. 预防

(1) 加强饲养管理，合理搭配饲料。牛舍要通风干燥，冬天应做好防寒保温工作，勤换褥草，以增强牛的体质，提高抗病力，减少应激因素。

(2) 定期全场消毒，搞好环境卫生。

(六) 牛放线菌病

牛放线菌病是牛的一种非接触性、增生性传染病。其特征是乳牛的面部、颈部、舌及下颌部的组织增生，形成特殊的肉芽肿——放线菌肿，常伴发骨质变化，呈骨质疏松性炎症、坏死化

脓。各年龄段的牛都可发病，犊牛以面部多发，成年牛多发生在下颌部。

1. 病原 牛放线菌病的病原体有牛放线菌和林氏放线菌两种。牛放线菌是一种不运动、不形成芽孢的杆菌，有长成菌丝的倾向，在病理组织中呈肉眼可见的灰黄色小颗粒。小颗粒由分支菌丝构成，从中央向外周排列并呈放射状，颗粒致密，有的钙化。革兰氏染色，菌体呈紫色，辐射状物呈红色。

本菌对干燥抵抗力极强，太阳光直射也不能将其杀死。60℃条件下经 10 分钟，0.1%升汞经 5 分钟即可杀死此菌。

2. 流行病学 放线菌存在于污染的土壤、饲料和饮水中，正常情况下，放线菌还寄生于牛的上呼吸道与消化道黏膜上，在齿垢与牙床的分解物质中也可找到。在皮肤或黏膜受损伤时，便可自行发生，低湿地放牧时也时常发生本病。

本病呈散发式流行，牛的年龄与发病无明显关系，各种年龄的牛都可发病，以青年牛发病较多。

3. 症状 成年牛患此病多在下颌部（左右两侧多见）。病情发展较慢，一般经 6～18 个月形成肉芽肿，病初有痛感，晚期痛感消失。肿胀部界限明显，坚硬如石，牛头部变形，张嘴困难，食欲降低，继而废绝，流涎。口腔检查时，可视黏膜肿胀、潮红、溃烂。当增大的肿块皮肤破溃时，可露出鲜红色的增生肉芽，上附脓液。

舌部受侵害时，组织增生变硬，活动不便，被称为“木舌病”。病牛流涎，咀嚼、吞咽、呼吸均困难。

乳房受侵害时，呈弥漫性增生肿大，或呈局限性硬结，泌乳量下降，乳汁变性，内混有脓汁。

犊牛和 12 月龄以内育成牛发病时，放线菌肿多出现在面部，全身反应轻微，不影响食欲，以后肿胀物顶部破溃，流出黄白色似乳酪样的脓汁，伤口不易愈合；经治疗，也可自行吸收。

4. 诊断 本病的症状特异，病变特殊，诊断比较容易。如

肿胀部表皮破溃，取少量脓汁，用水稀释后置于玻璃表面，观察是否有硫磺样颗粒，如有，将颗粒放在玻片上，加 10% 氢氧化钠 1 滴，作用 10 ~ 15 分钟，以另一玻璃片用力搓压，压破摊平后镜检，如见到有辐射状菌丝的颗粒性聚积物即可确诊为牛放线菌病。

5. 治疗

(1) 药物治疗　青霉素对放线菌病有很好的疗效，链霉素对林氏放线菌作用较好，在病原未定以前可并用青链霉素，用 10% 碘酊涂抹患部。

处方一：在肿胀部周围分点注射青霉素 100 万 ~ 200 万单位，链霉素 200 万单位，每天 1 次，连续 3 ~ 5 次。

处方二：链霉素与碘化钾同时应用，对于软组织放线菌肿和本舌病及早期发现的肿胀效果显著。成乳牛灌服碘化钾 10 ~ 12 克，每天 1 ~ 2 次；链霉素分点注射。

也可以用中药治疗，取白砒、明雄、朱砂、苦矾各等份，和少许白面制成小丸（白砒丸），放于病灶内（1 ~ 3 丸），肿块则自行脱落。

(2) 手术摘除　用 1% 普鲁卡因 20 ~ 30 毫升做局部麻醉，切开皮肤，将放线菌肿块全部切除，并用尖刀将颌骨孔洞周围坏死组织刮掉，再用 5% 碘酊纱布填塞，2 天换 1 次药。也可用烧烙法。

手术同时根据患牛的全身状况，可补液强心，使用抗生素等。

6. 预防　病畜应单独饲喂，脓汁及其他物应集中消毒处理。发病率高的牛场，应将饲草、谷糠等经粉碎、蒸煮、浸泡或碱化调制后再饲喂；饲养管理应遵守兽医卫生制度，防止皮肤、黏膜损伤。

(七) 牛沙门氏杆菌病

牛沙门氏杆菌病是由沙门氏菌属细菌引起的疾病的总称。

犊牛沙门氏杆菌病又称犊牛副伤寒，常呈亚急性或慢性经过，其特征是腹泻，并伴有肺炎和关节炎，也可使怀孕母牛发生流产。

病菌污染食物，可引起人的食物中毒，表现腹痛、呕吐、恶心、头痛、全身无力、发热、下痢。

1. 病原 牛沙门氏杆菌病的病原体主要是鼠伤寒沙门氏杆菌和都柏林沙门氏杆菌，二者对犊牛的致病作用及症状表现无明显区别。本菌对干燥、腐败、日光等具有一定的抵抗力，在外界条件下可以生存数周，60℃条件下经1小时、70℃条件下经20分钟、75℃5分钟可被杀死。

0.1%升汞、3%石炭酸和3%来苏儿等消毒药物，对此菌都有杀灭作用。

2. 流行病学 犊牛副伤寒，常发生于出生后10～40天的犊牛，若牛群有带菌母牛，犊牛可在出生后48小时发病。成年牛感染多无明显临床症状。

沙门氏杆菌为牛肠道内的寄生菌。当母牛在分娩或患子宫炎、乳腺炎、酮血病及产后瘫痪时，机体内抵抗力降低，病菌活化而发生内源性传染。

病牛和带菌牛为传染源，通过粪便、尿、乳汁及流产的胎儿、胎衣和羊水将病菌排出，污染水源和饲料，经消化道感染健康牛。老鼠也能传播本病。

犊牛副伤寒的流行，不仅决定于病原菌的致病力，而且还与以下因素有关。

(1) 日粮中缺乏蛋白质、矿物质、维生素，孕牛体质衰弱。

(2) 初乳不足，品质差，犊牛运动不足，圈舍阴暗潮湿，气候骤变等。

这些因素都能削弱消化机能，降低犊牛的抵抗力，喂奶用具、运动场、厩舍消毒不严，导致本病的发生与传播。所以，本病呈地方性流行。

3. 症状

急性败血型：病牛精神沉郁，食欲废绝，体温升高到40～41℃。稽留热，脓性鼻漏，腹部紧缩（腹疼）。四肢缩于腹下，不愿行走。腹泻，稀粪便内带有黏液、血液及脱落的黏膜，有腥臭味，当伴有肺炎时，病牛呼吸增数，气喘，咳嗽，肺部听诊啰音，常于4～8天死亡。不死者转为慢性，病程较长者腹水明显。

慢性病例：体温时高时低，食欲时有时无，间隙性腹泻。关节肿大，以后肢跗关节为多。病程较长，病畜明显消瘦。

成牛的病症主要呈急性出血性肠炎，肠黏膜潮红、出血、脱落，有局限性坏死区，肠系膜淋巴结呈不同程度出血水肿；犊牛急性病例在心壁、腹膜、四胃、小肠、膀胱黏膜有小出血点，脾及肠系膜淋巴结肿胀、出血，肺部有炎症反应。病程较长的病例肝脏色泽变淡，肝、脾、肾有时有坏死灶，关节受损时，关节腔内有胶样液体。

4. 诊断 根据流行特点、临床症状与剖检的变化，可以初步确诊。如要进一步确诊，还要进行细菌学检查，取脾脏、肠系膜淋巴结和肠内容物做沙门氏杆菌的分离鉴定。

5. 治疗 病牛应隔离治疗，场地应严格消毒，可疑牛只要仔细观察。治疗原则是消除病原菌，防止机体中毒，保护肝脏的正常功能，同时要加强护理。

（1）药物治疗 常用药物有呋喃唑酮、氯霉素、新霉素、磺胺类等。内服氯霉素（每千克体重0.02克），第一次喂量应加倍，每天4次。内服呋喃唑酮（每千克体重0.01克）每天2次，连用5天。内服磺胺嘧啶或磺胺甲基异噁唑（每千克体重0.02～0.04克），每天2次。成牛应肌肉注射抗生素类。

（2）辅助治疗 补充能量、水分、电解质，纠正酸中毒。5%糖盐水500毫升、25%葡萄糖液250毫升、5%碳酸氢钠150毫升，一次静注，每天2次。

（3）保护性治疗 口服高岭土以保护肠道黏膜，补充维生素

A、B族数周，以提高抵抗力。

(4) 发生肺炎时，将"914" 0.65～0.75克溶于500毫升糖盐水中，1次静脉注射，隔4～7天可再注射1次，注射时应缓慢。

(5) 伴发关节炎的病牛，可用酒精鱼石脂绷带包扎患病关节。后期关节囊积液严重时可用无菌法抽出关节液，并注入1%奴佛卡因（加青霉素40万～60万单位）15～30毫升，再打绷带。

6. 预防

(1) 加强犊牛的饲养，喂乳要定温、定时、定量、定饲养员，不喂变质乳，做好防寒保暖工作。

(2) 坚持消毒制度，以消除病原体。喂乳的用具、牛舍、地面、运动场定期用2%氢氧化钠液消毒。

(3) 发病牛场应及时隔离病牛，牛槽、圈舍、用具都应仔细消毒，粪便要堆积发酵，病死牛应焚烧或深埋。

（八）犊牛大肠杆菌病

犊牛大肠杆菌病又称犊牛白痢，是犊牛的一种急性传染病，发病较急，常以急性败血症或毒血症的形式表现。特征是急剧腹泻和虚脱。

1. 病原 本病的病原体是致病性大肠杆菌。大肠杆菌是短粗的小杆菌，能运动，不产生芽孢，有鞭毛，革兰氏染色阴性。

本菌对外界不利因素的抵抗力差，50℃加热30分钟、60℃加热15分钟即可死亡，一般消毒药均易将其杀死。

病原菌能产生内毒素和肠毒素。内毒素耐高温，加热至100℃经30分钟才被破坏。肠毒素有两种，一种不耐热，在60℃条件下经10分钟即被破坏，有抗原性；另一种耐热，在60℃以上条件下，经较长时间才被破坏，无抗原性。

2. 流行病学 大肠杆菌的致病作用，不仅决定于病菌本身

的数量和毒力，同时还决定于犊牛机体的抵抗力、环境状况、饲料营养成分是否齐全等。凡降低犊牛抵抗力的各种因素都可诱发本病或加重病情。

自然感染，多由病菌污染的饲料及用具，经消化道感染，也可由脐带感染或经子宫发生内源性感染。

此病主要发生于生后1～3日龄的犊牛，10日龄以内的犊牛都可发病，冬春季节发病最多，呈地方性流行。

3. 症状 本病的潜伏期很短，为数小时。根据症状和病理变化可分为3型。

(1) 败血型 主要发生于生后3天内的犊牛。大肠杆菌从消化道侵入血液，引起败血症。病程短，发病急。病犊精神沉郁，卧地不起，眼窝下陷，耳鼻、四肢俱凉，体温升高到41～41.5℃，呼吸微弱，心跳增数。有腹泻症状的犊牛，其粪呈淡黄色、水样、有气泡、腥臭味，病程发展快，多于1天内死亡。

(2) 肠型 多见于出生3天以后的犊牛，体温升高到40℃，食欲废绝，下痢，粪便初如粥样，黄色，后呈水样，灰白色，内含有未消化的凝乳块、凝血、气泡，具酸败味。病末期肛门失禁，粪便污染后躯，喜躺卧。病程长的可引起肺炎，耐过犊牛发育缓慢。

(3) 肠毒血型 较少见，常突然死亡，病程较长者，可见典型的中毒性神经症状，先不安、兴奋，后沉郁、昏迷，以至于死亡，死前多有腹泻症状，这是特异血清型的致病大肠杆菌产生的肠毒素引起，没有菌血症过程。

剖检时，败血症与肠毒血症死亡的犊牛常无明显的病理变化。腹泻病犊的真胃有大量凝乳块，黏膜充血、水肿，肠内容物常混有血液和气泡，恶臭，肠黏膜充血、皱褶基部出血，部分黏膜脱落，肠系膜淋巴结肿大，肝、肾苍白，有时有出血。

4. 诊断 应根据临床症状、流行病学、发病日龄、饲养状况、饲养场的疫病流行情况及剖检变化进行综合分析。

常发病的牛场，必要时可作细菌学检查，进行细菌的分离、分类、药敏试验。

本病与犊牛下痢、犊牛副伤寒等病有相似之处，应注意鉴别(见表7-1)。

表7-1　犊牛大肠杆菌病、犊牛下痢及犊牛副伤寒临床鉴别表

病名		犊牛大肠杆菌病	犊牛副伤寒	犊牛下痢
流行与临床症状	病原	大肠杆菌	沙门氏杆菌	饲养管理不良
	季节	秋冬	秋冬	长年
	年龄	出生后1~10日	出生后10~40日	不限定
	发病	流行	散发或流行	散发
	体温	升高至40℃以上,后期下降	升高至40℃以上,稽留热	正常或升高
	精神	高度沉郁、虚脱	沉郁	正常或沉郁
	食欲	废绝	减退或废绝	正常或时好时坏
	粪便	稀水、淡黄色,柠檬色、有气泡、腥臭	稀便,混有脓性血液,假膜、恶臭	淡绿色、黑褐色
	肺炎	无	有	无
	关节炎	无	有	无
	病程	急短、1~2天死亡	亚急性或慢性	多于2~3天痊愈
主要剖检变化	肝脏、肾脏灰白色坏死结节	无	有	无
	脾脏肿大	无	有	无
	关节炎	无	有	无
	肺炎	无	有	无

5.治疗　治疗犊牛白痢的原则是：补充体液，消炎解毒，防止败血症。因本病发展很快，病程短，常因虚脱中毒死亡。因此，治疗要早，及时补充等渗液和电解质，常用的有5%葡萄糖生理盐水、0.9%的复方氯化钠溶液。药液应加温，使之与体温保持一致，其用量为1 000~1 500毫升。可根据全身状况，适当多补充一些，并配合强心药。若再加入5%碳酸氢钠80~100毫升，效果更好。

氯霉素、庆大霉素、新霉素、呋喃唑酮、喹喏酮类药物如环

丙沙星、恩诺沙星等对大肠杆菌病均有很好的疗效。对病情缓解、已有食欲、拉稀便的牛，可配合下列药物调节肠胃的机能：乳酸2克、鱼石脂20克，加水90毫升配成鱼石脂乳酸液，取5毫升混入一杯脱脂乳灌服，每天2~3次。

6. 预防

（1）加强孕牛的饲养管理，给予孕牛足够的维生素和蛋白质及优质干草，保持足够的运动量，以增强胎儿的抵抗力。牛舍应保持干燥、清洁，产房要做好消毒，母牛分娩前后应保持乳房清洁。

为防止母牛酮血病的发生，精料中可加2%（按精料量计）碳酸氢钠或硅酸钠。

产前10天应肌肉注射维生素 $D_3$10 000单位，每天1次。产前应加喂红糖200~300克/天，连服数天。

（2）加强对新生犊牛的护理。接产时，母牛的外阴部、接产用具等均用1%新洁尔灭液清洗消毒，助产人员的手臂须用0.1%新洁尔灭清洗消毒。脐带的断口应距犊牛腹部5厘米，断端用10%碘酊浸泡1分钟。

犊牛床要用2%火碱冲刷，褥草要勤换。为使犊牛尽早获得母源抗体，产后2小时内必须喂食初乳，第1次喂量可稍多些。

在常发病牛场，出生犊牛在吃初乳前，应皮下注射母血20~30毫升，或口服金霉素粉0.5克，每天2次，连服3天。

（3）搞好饮乳卫生、防止病原菌扩散。犊牛舍应清洁、干燥、通风良好。牛床、牛栏、运动场，应定期用2%火碱水冲刷。食槽、乳桶、乳嘴都要清洗、消毒。褥草应勤换，冬天应做好防寒保温工作。粪便、褥草应集中处理，死牛应焚烧或深埋。

严重污染的犊牛舍应更换，旧牛舍暂停使用，并做好定期的消毒工作。

（4）在流行地区或牛场可采用氢氯化铝苗进行防疫。

（九）牛流行热

牛流行热是由弹状病毒属的流行热病毒引起的急性热性传染病，主要症状是高热、流泪，有泡沫样流涎，鼻漏，呼吸紧迫，后躯活动不灵活。本病多为良性经过，经 2～3 日即恢复正常，故又称"三日热"或暂时热，但若大群发病，产奶会大量减少，而且部分病牛会因瘫痪而淘汰，造成牛场一定程度的损失。

1. 病原 流行热病毒呈子弹状或锥形，核酸结构为核糖核酸，对氯仿、乙醚敏感，反复冻融对该病毒无明显影响，病毒滴度不下降，该病毒耐碱不耐酸，pH7.4、pH8.0 作用 3 小时仍具活力，pH3 时完全失活。发病时病毒存在于病牛血液中。

2. 流行病学 本病的发生具有明显的季节性，主要流行于多雨、潮湿、蚊蝇较多的季节。病毒能在蚊子体内繁殖，自然条件下，吸血昆虫能传播该病。

3. 症状 本病潜伏期3～7日。

发病前可见寒战，轻度运动失调，不易被发现，之后突然高热（40℃以上），维持 2～3 日。病牛精神沉郁，鼻镜干燥，肌肉震颤，结膜潮红，部分牛流泪，口腔内流出多量带泡沫的唾液，呈线状下垂，食欲减少或废绝，反刍停止，粪少而干，表面包有黏液甚至血液，瘤胃及肠蠕动减弱，奶产量急降甚至停乳，体温降至正常后，奶产量逐渐恢复。病牛在全身症状出现一天后，流出黏液浆液性鼻液，呼吸快而浅表，可达 80 次/分，张口呼吸，头颈伸直，以腹式呼吸为主，有些牛剧烈咳嗽，肺部听诊，病初肺泡音粗厉，1 天后出现干、湿啰音，严重时有肺气肿发生。四肢在病初跛行，左右交替出现，不愿走路，行走时步态不稳，后躯摇晃，部分牛卧地不起，腰椎部分感觉较差，有时消失。孕牛部分流产、早产。

4. 防治 目前尚无特效药物。防治原则是消灭蚊蝇，做好护理，对症治疗，防止继发症的发生。

处方一：5%葡萄糖盐水1 500毫升，0.5%醋酸氢化可的松50毫升，10%维生素C 40毫升，庆大霉素注射液80万单位，一次静脉注射，连用3天，适应于轻症病例，孕牛慎用，心脏机能弱的病例可加注5%氯化钙1 000毫升，重症病例肌肉注射卡那霉素500万单位，每日2次。

处方二：肺气肿，呼吸困难的病例，静注95%酒精250毫升，25%葡萄糖500毫升，5%氯化钙1 000毫升，20%苯甲酸钠咖啡因注射液1 000毫升，肺水肿病例可静注20%甘露醇或25%山梨醇500～1 000毫升。

（十）冬季痢疾

1. 病因 冬季痢疾的病因目前还不太清楚，有学者认为与空肠胎儿弯杆菌有关，大多数学者认为冠状病毒是冬季痢疾的病因。病牛通常1周左右自行恢复，但急性暴发和由此造成产奶量下降及病愈后产奶量不能完全恢复，有时还可引起出现出血性腹泻的头胎小母牛死亡，给牛场造成很大的经济损失。

2. 症状 本病潜伏期3天。

发病迅速，急性暴发，粪便呈半流体，暗棕色，似豌豆汤状，恶臭，带气泡，头胎小母牛常发生出血性小肠炎，粪便中带有血块，有的还表现里急后重，并伴发贫血。病中都有轻度脱水，病初肢体末梢发凉，发热一般出现在临床症状出现后的24～48小时，体温一般为39.4～40.5℃范围内。

3. 诊断 要做好冬痢的诊断，必须做好冬痢与饲料性腹泻、球虫病、病毒性腹泻及沙门氏菌病的鉴别诊断。通过排除其他相似病症来诊断该病，在以后的研究中明确病原后，可建立相应的血清学检测方法。饲料性腹泻很少引起发热，且一般存在饲料改变的过程；球虫病可引起小母牛和头胎牛的腹泻、痢疾、血便和先急后重，但很少感染经产奶牛，通过粪便涂片和漂浮检查可检出球虫；一般情况下病毒性腹泻患牛有白细胞

减少症和高热，病程更长，通过病毒分离和双份血清检测可加以区别；最容易与冬季痢疾混淆的是由E、B、C型沙门氏菌引起的沙门氏菌病，沙门氏菌病多呈散发，这些沙门氏菌也能引起腹泻、发热（常发生在腹泻之前），许多病牛粪中带血（鲜血），血象检查有时发现中性粒细胞减少且出现核左移，但不总是这样，排除沙门氏菌病的惟一方法是采集几种急性病例的粪便进行细菌培养。

4. 治疗 治疗方法采用支持疗法配合口服收敛剂。通常使用的收敛剂为活性炭、含5%酸硫铜的明胶。对脱水患牛依程度轻重采用口服或静脉补给电解质和水分，高产奶牛有时需静注钙制剂，以防治继发性低钙血症。

（十一）牛传染性胸膜肺炎

牛传染性胸膜肺炎又称牛肺疫，是由丝状支原体所致的牛的一种特殊传染性肺炎，病程常为亚急性或慢性，特征是肺小叶间淋巴管浆液性炎症，小叶间组织浆液性纤维素性浸润，肺实质纤维蛋白性坏死性炎症，继以患病肺部的贫血性坏死，常伴有浆液性纤维素性胸膜炎。

1. 病原 丝状霉形体属支原体属，没有细胞壁，只有三层细胞膜，形态多变，以类球菌形为主，还有短杆形、丝状分支、链球形、球形等，革兰氏阳性，对外界环境因素抵抗力不强，干燥和高温可迅速将其杀死，冻干保存，毒力可保持数年，对化学消毒药抵抗力不强。传染源主要是有临床症状的病牛，慢性及带菌牛也可发挥传染源的作用，而且因不易被发现而更加危险。病牛康复后15个月至2~3年仍具有传染性。病原常存在于呼吸道分泌物、飞沫中，尿及乳汁和羊水也存在病原体。自然感染的主要途径是呼吸道，牛的易感性不受年龄、性别、季节影响，但较差的饲养管理、运输和畜舍的拥挤可以诱发本病。本病的病死率约30%~50%。

2. 症状　本病的潜伏期平均为2～4周，短则3天，长则4个月，病程较长，发展徐缓，间或也有发展迅速者。急性病例症状明显、典型而具有特征性，即体温升高到40～42℃，呈稽留热，干咳，呼吸加快而有呻吟声，鼻孔扩张，前肢外展，呈腹式呼吸，显示呼吸极度困难。胸部叩诊压诊敏感，痛性咳嗽，咳声弱而无力，低沉而潮湿，有时流出浆液性或脓性鼻液，可视黏膜发绀。呼吸困难加重后，叩诊胸部，在肩胛骨后有浊音或实音区，听诊患部肺区湿性啰音，有胸膜炎发生时可听到摩擦音。急性病例病程一般在症状明显后经过5～8天，半数取死亡转归，有些病牛全身状况改善痊愈，有些患畜则转为慢性。整个急性病程约为15～60天。

慢性病例，多数由急性转来，也有慢性经过者，除体况消瘦外无明显症状，偶尔干性短咳，特别是清晨冷空气或饮冷水刺激或运动时更明显。胸部叩诊可能有实音区。消化机能紊乱，食欲反复无常。慢性病例常取两种转归，一种是经良好护理及妥善治疗后，逐渐恢复，可成为带菌者，一种是在病变区域广泛时，遇到不良因素而急性发作死亡。

典型病例的病理变化是大理石样肺和浆液性纤维素性胸膜肺炎，有些病例胸腔及心包积有淡黄色透明液体，还可见腹膜炎、浆液性纤维素性关节炎等。

3. 诊断　依据流行病学、临诊症状和病理变化各方面综合判断。本病常呈地区性散发和慢性经过，在无本病发生地区则多呈急性经过，要进一步确诊，应赖于实验室诊断。如细菌培养，凝集试验和补体结合试验等。

要做好本病的诊断，还应该做好与下列疾病的鉴别诊断。

牛巴氏杆菌病胸型，表现呼吸困难，有急性纤维素性胸膜炎症状，但病程迅速，常有痛性干性咳嗽，喉颈部炎性水肿，肺炎病变部分色彩比较一致，经过细菌学检查，证实巴氏杆菌病。

结核病，病程长，体温正常或有弛张热，肺部有结核病灶，细菌学检查可检出结核菌，病牛结核菌素变态反应阳性。

其他如化脓棒状杆菌肺炎，肺霉菌病、肺丝皮病及严重创伤性心包炎引起的肺脓肿、肺炎，可通过剖检和病原检查得以鉴别。

4. 防制 有些广谱抗生素对支原体类病原体具有抗菌作用，可以选用治疗。

处方：土霉素 5～10 毫克/千克体重，制成 10% 溶液，肌注，每日 2 次，连用 7 天。

本病应以防为主，实行自繁自养，不从疫区输入牛只，对必须引入的牛只须进行检疫，做补体结合试验两次，均为阴性者接种疫苗四周后才可起运，到达目的地后应隔离 3 个月，确认无病方可混群，原牛群也应事先接种菌苗。

（十二）李氏杆菌病

李氏杆菌病是一种散发性传染病，病牛主要表现脑膜炎、败血症、妊畜流产，有的还可出现单核细胞增多。

1. 病原 本病的病原体是单核细胞增生性李氏杆菌，革兰氏阳性，小杆菌，无荚膜，无芽孢，有周毛，能运动，涂片中单个或两个杆菌呈“V”型排列，在培养中能产生过氧化氢酸酶，耐碱不耐酸，pH5.0 以下缺乏耐受性，pH9.6 仍能生长，该菌耐热，65℃40 分钟才失活。一般消毒液都易使之失活。本菌广泛存在于土壤、植物、人、牛及其他动物的粪便中，属兼性细胞内寄生菌，患病牛粪尿、乳汁、精液以及眼、鼻、生殖道的分泌物都存在病原菌，自然感染途径有消化道、呼吸道、眼结膜及损伤的皮肤。较差的饲养管理和天气骤变均可诱发本病。

2. 症状 潜伏期2～3周，有的只有几天，有的可长达两个月。病初体温升高约 1～2℃，不久降为正常，原发性败血症主要见于犊牛，表现为精神沉郁、呆立，低头垂耳、轻热、流涎、

鼻漏、流泪、不随群、不听驱使、咀嚼吞咽迟缓，有时在一侧颊部积聚多量没有嚼碎的草料。脑膜炎见于大点的牛，主要表现为头颈一侧性麻痹，头弯向健康一侧，并沿该方向作转圈运动，不易人为强使改变，遇到障碍物，以头抵靠不动，同侧耳及眼睑下垂，眼半闭，唇弛缓，流涎，吞咽困难。妊娠母牛常发生流产。

3. 诊断 厌食（吞咽障碍引起）、抑郁和高热是单核细胞增生性李氏杆菌病引起牛脑膜炎和颅神经损伤出现的一般症状，全血细胞计数时白细胞和单核细胞轻度增多提示该病，但不能确诊。脑脊髓穿刺液对本病有重要的辅助诊断价值，其中有较多的单核细胞和较高水平的蛋白质。

本病需要与许多病鉴别诊断，例如狂犬病（无脑干病症状存在，脑脊髓穿刺液正常）、脑灰质软化和铅中毒（两病引起双侧大脑皮质性神经反应，如双侧皮质性失明等）、血栓栓塞性脑膜炎和昏睡嗜血杆菌引起的单纯性脑膜炎（栓塞部位不同，除典型的大脑症状和抑郁外还出现不同的颅神经损伤症状，脑脊髓穿刺液有助于鉴别诊断）。

4. 治疗 该病早期治疗效果较好，青霉素对该病有较好的治疗效果，要用较大剂量，才能取得较满意的疗效，一般剂量为每千克体重 4.4 万单位，每日 2 次，连用 7 天，以后剂量减半连用 7 天。盐酸土霉素每千克体重 20 毫克，每日 2 次，静脉注射或皮下注射也能取得较满意的疗效，连用 7 天，以后减半再连用 7 天。

由于吞咽障碍或流涎，会使水和电解质得不到补充或损失过多，在治疗时必须加以改善，对不能饮水但不流涎的病牛可以胃管投入水和电解质，改善瘤胃环境，对流涎的病牛，不但要补充水和电解质，还要补充流失的缓冲物，每日投喂 120 ~ 480 克碳酸氢钠，以防代谢性酸中毒，因为严重代谢性酸中毒导致的沉郁和虚弱可以加重病情或降低治疗效果。

人对李氏杆菌也易感，可引起脑膜炎，李氏杆菌病牛乳中可含菌，巴氏消毒法也不能完全杀死该菌，因此病牛乳应销毁。

（十三）病毒性腹泻

牛病毒性腹泻，也称黏膜病，大多数是隐性感染或轻度不易觉察的感染，只有少数（约 5% ~ 25%）呈急性，以发热、厌食、鼻漏、咳嗽、腹泻、消瘦、白细胞减少，消化道黏膜发炎、糜烂及淋巴组织显著损害为特征。

1. 病原 牛病毒性腹泻病毒属黄病毒科瘟疫病毒属，有囊膜，对胰酶、乙醚、氯仿等敏感，对低 pH（pH < 3.0）敏感，对热不稳定，56℃很快失活，大多数毒株对低温稳定。

患牛或带毒牛的分泌物及排出物如鼻漏、泪水、乳汁、尿、粪便及精液等均含有病毒，经呼吸道、消化道感染易感牛只。

2. 症状 本病潜伏期7 ~ 14天。

急性病例突然发病，体温升高至 40 ~ 42℃，仅持续 2 ~ 3 天，有的还表现第二次体温升高（双相高热），随体温升高，白细胞减少，持续 1 ~ 6 天，继而又有白细胞微量增多。病牛厌食，鼻漏，流涎，呼气恶臭，通常在口内黏膜损坏之后便发生严重腹泻，初始是水泻，后带有黏液和血，有些病例常有蹄叶炎及趾间皮肤糜烂坏死，导致跛行。

慢性病牛很少有明显的发热症状，但体变化温可能高于正常的波动，最引人注意的症状是鼻镜上的糜烂，眼有浆液分泌物，齿龈炎，蹄叶炎，趾间皮肤糜烂坏死。慢性病例一般无腹泻。

急性感染会引起感染牛 7 ~ 14 天或直至康复期间出现严重的免疫抑制，期间对继发感染非常敏感，在有有害菌（如巴氏杆菌、昏睡嗜血杆菌、霉形体等）存在时很易引起继发病症（如肺炎）。

母牛在妊娠期间感染本病时，病毒又通过胎盘侵害胎儿引起

流产或导致犊牛先天性缺陷，最常见的缺陷是小脑发育不全（即妊娠100～200天之间被传染），患犊只呈现轻度共济失调或完全失去协调和站立的能力。

主要的病理变化是消化道所有上皮细胞及皮肤的某些部分产生病理损害，30%～50%的病牛口腔黏膜（齿龈、上腭、舌面两侧及颊部黏膜）糜烂，80%有临诊症状的患牛鼻镜及鼻孔有糜烂和浅表溃疡，重症病例咽部喉头黏膜有溃疡及弥散性坏死，特征性损害是食道黏膜有大小不等直线排列的糜烂斑，瘤胃、皱胃及肠道均有不同程度的水肿、出血、溃疡和坏死性炎症，流产胎儿也有消化道损害。

3. 诊断 在本病严重暴发流行时，可根据其发病史、症状及病理变化进行初步诊断，不过出现临床症状和病变的病牛不足50%，大多数牛只呈现亚临床感染或轻微感染，诊断具有一定困难，最终的确诊均须依赖病毒的分离鉴定和血清学检查。

4. 治疗 腹泻病毒感染引起的轻微临床发病不需要特殊治疗，但应供给新鲜的饲料和饮水，并避免外界应激、运输或免疫接种等。出现临床特异症状如黏膜糜烂、腹泻的病牛，可对症治疗，即补充水分及电解质，保护胃肠黏膜，应用抗生素进行预防，减少条件性细菌继发感染的可能性。

5. 预防

（1）鉴定并淘汰持续性感染的牛，因为持续性感染的牛不容易被发现，但一直带毒，并通过分泌物向体外持续排毒。

（2）避免购入未检疫牛只，有效地降低引入该病毒的危险。

（3）用灭活苗进行充分免疫，初始免疫至少需要2次，间隔30天，以确保产生足够的免疫力。

（十四）焦虫病

1. 病原 牛的焦虫病又称血孢子虫病，病原体是多种无色素血孢子虫（至少有6种），通常寄生于红细胞内。该病属传播

病，不同于传染病，不能接触传染。吸血昆虫（蜱）是该病的传播媒介。由于蜱的种类和分布具地区性，蜱的活动也具有季节性，因此该病的发生具有地域性和季节性。

2. 症状 潜伏期8～15天。

病牛表现发热、贫血、血红蛋白尿、黄疸、虚弱、厌食、精神沉郁、胃肠停滞、心动过速，呼吸困难，体表淋巴结肿大，这是焦虫病的常见症状，只是不同的焦虫病表现程度不同，另外各类焦虫病也有不同的症状，如巴贝斯焦虫感染时出现的角弓反张、癫痫、兴奋、沉郁、昏迷等神经症状，神经症状与感染的红细胞嗜好在大脑的毛细血管中聚集有关。

3. 诊断 根据流行的季节性、临床症状、病理变化（贫血、黄疸、尸僵、血凝不良等），即可做出初步判断，要确诊必须进行病原学检查。

4. 防治 治疗的效果越早越好，同时要改善饲养，加强护理，除了针对病原体的药物外，还应给以对症或辅助治疗，如注射强心剂，葡萄糖等。

处方一：三氮咪（贝尼尔、血虫净）4～7毫克/千克体重，以生理盐水溶解配成5%～7%溶液，深部肌肉注射，对多种焦虫有效。

处方二：黄色素（锥黄素）注射液3～4mg/千克体重，配生理盐水静注，对巴贝斯焦虫和双芽焦虫效果很好。

本病预防的关键在于灭蜱，保持厩舍及附近清洁。

四、常见的内科病

（一）前胃弛缓

前胃弛缓是指前胃兴奋性降低和收缩力减弱的机能障碍性疾病，其特征是食欲降低，瘤胃收缩乏力和收缩次数异常。是乳牛

的常发病。

1. 病因 根据发病原因，可将此病分为原发性前胃弛缓和继发性前胃弛缓两种。原发性前胃弛缓的原因常见于以下方面。

（1）饲料发酵、腐烂，品质低劣、单纯，长期饲喂适口性较差的饲料，如稻草、麦秸等。

（2）饲料配合不平衡，日粮中的精料、糟粕类（如酒糟、豆腐渣、糖糟）含量过多。

（3）饲养方法及饲料突然变更。

（4）天气寒冷，牛的饲养密度大，运动不足，缺乏日照，使全身张力降低。

继发性前胃弛缓常是其他疾病在临床上呈现消化不良的一种征候，在乳牛中更为常见。发病牛多为妊娠、产后、高产的牛。牛患生产瘫痪、酮血病、骨软病、维生素 A 缺乏症、创伤性网胃炎、心包炎、乳房炎、产后败血症、牛流行热、口蹄疫、牛巴氏杆菌病、副结核病、结核病、布鲁氏杆菌病等，都表现有前胃弛缓症状。

2. 症状 病牛精神沉郁，目光无神；步态缓慢，食欲改变，轻者食欲降低，或吃青贮料和干草而不吃精料，或吃精料而不吃草，但采食量均减少，重者食欲废绝，呆立于槽前，体温正常（38～39℃），脉率 80～88 次/分。全身变化不大。

触诊瘤胃时质度正常。听诊，瘤胃蠕动音异常，表明瘤胃有收缩，但收缩力减弱，收缩强度变弱，有的收缩次数和强度都减少，前者瘤胃蠕动频繁但蠕动波小；后者瘤胃的蠕动次数和蠕动波同时减少，较长时间才能听到 1 次微弱的蠕动音。

病牛反刍次数减少，每个食团的咀嚼次数不定，有时为 20～30次，有时高达70～80次，嗳气频繁。病初，粪尿无明显变化，随后粪便坚硬，黑色，被有黏液，量减少，以后继发胃肠炎，由便秘转入腹泻，粪恶臭，瘤胃触诊松软，瘤胃弛缓时间较

长者，常呈现间歇性臌气，口腔潮红，唾液黏稠，气味难闻。泌乳量明显下降。

3. 诊断 根据病牛的临床症状即食欲异常，瘤胃蠕动减弱，体温、脉率正常，即可确诊。

乳牛患病时都有前胃弛缓病征表现，故应详细调查，综合分析。从饲养管理中调查了解病因。从发病的条件、病程的长短，了解个体的特点，看饲料有无突然变更，是否偏饲等，牛是否妊娠、分娩，产奶量如何，有无前胃弛缓病史，机体是否健康，有无其他器官疾病，日粮是否平衡，维生素、矿物质是否缺乏，干草是如何加工调制的，是否合理，有无清除金属异物的设施等。通过以上各方面的仔细调查，正确寻找病因，即可准确诊断。

现场诊断可抽取瘤胃内容物进行检查。用一胃导管抽取胃内容物，以试纸法测定其 pH 值，患前胃弛缓的牛，其 pH 值一般低于 6.5。

4. 治疗 治疗原则：消除病因，恢复、加强瘤胃功能，调整瘤胃 pH，制止异常发酵和腐败过程，防止机体中毒，保护肠道功能。

为加强瘤胃的收缩，可 1 次静脉注射 10%氯化钠 500 毫升、10%安钠咖 20 毫升；对于分娩前后的牛和高产牛，可 1 次静脉注射 5%葡萄糖生理盐水 500 毫升、25%葡萄糖 500 毫升、20%葡萄糖酸钙（或 3%氯化钙）500 毫升。兴奋瘤胃还可口服酒石酸锑钾或注射拟胆碱药物。

为改变瘤胃内环境，调整瘤胃 pH，可内服人工盐 300 克、碳酸氢钠 80 克。停喂精料，给以优质干草。

为防止酸中毒，可静脉注射 5%葡萄糖生理盐水 1 000 毫升，25%葡萄糖 500 毫升，5%碳酸氢钠 500 毫升。

为防止异常发酵可口服鱼石脂；便秘时可口服硫酸钠，胃肠炎时，可口服磺胺类及黄连素等，配合收敛药如活性炭、鞣酸蛋

白等。此外还可投喂健胃药，如龙胆粉、干姜各120克、番木鳖粉16克，混合分8份服用，每日2次。

5. 预防

（1）坚持合理的饲养管理制度，班次和饲料变更应逐渐进行。按不同生理阶段供应日粮，严禁为追求高产而片面增加精料。要保证供给充足的青干草，以及维生素、矿物质饲料。

（2）为防止创伤性疾病的发生，牛场内应做好饲草的加工调制工作，及时清除饲料中尖锐的异物。

（3）加强饲料的保管工作，防止变质、霉烂。每头牛每天应有1~1.5小时的驱赶运动，以增进机体的抵抗力。

（4）对临产牛、分娩后的牛、高产牛应仔细观察，以利于及时发现病情，及时治疗。有的牛场用葡萄糖和钙制剂作定期静脉注射，对于增进牛的食欲，防止前胃弛缓的发生都收到较好的效果。

（二）瘤胃臌胀

瘤胃臌胀，是由于瘤胃内容物异常发酵，或过量采食易于发酵的饲料和食物，在瘤胃微生物的参与下过度发酵，产生大量气体，致使瘤胃体积急剧增大，胃壁发生急性扩张，并呈现反刍和嗳气障碍的一种疾病。本病的特征是腹围增大，左侧肷窝过度臌起。根据发病原因，可分为原发性瘤胃臌胀和继发性瘤胃臌胀；根据臌胀的性质，又可分为泡沫性瘤胃臌胀和非泡沫性瘤胃臌胀两种。

1. 病因 原发性瘤胃臌胀主要采食大量易发酵的饲料，在瘤胃内形成大量气体，瘤胃中气体生成与嗳出之间失去平衡，在一定时间内导致瘤胃内气体积聚过多。原因主要有以下方面。

（1）饲喂大量多汁、幼嫩的青草和豆科植物如苜蓿，以及易发酵的白薯、白薯秧、甜菜等。

（2）饲喂大量含蛋白质高而又未经正确调制的饲料，如大

豆、豆饼等。

(3) 饲喂发霉、变质或经雨淋、潮湿的饲料，食入大量的豆腐渣、糖糟、青贮饲料，食入有毒植物。

当牛患前胃弛缓、食道梗塞、食道麻痹、创伤性网胃炎、瓣胃阻塞、迷走神经性消化不良，生产瘫痪、酮血病、乳牛流行热的麻痹型及其食道与贲门部形成增生物等病时，都会继发瘤胃臌胀。

2. 症状

(1) 急性瘤胃臌胀时，牛表现不安，回顾腹部，后肢踢腹，步态缓慢，食欲废绝，结膜发绀，充血，眼球突出，腹围增大，左肷窝部胀满隆起，有时高于髋关节。

病初期，体温、脉率多数正常，仅少数病例体温稍有升高达39.5℃，呼吸急促，脉率增数。后期呼吸困难，呼吸次数增多，严重时张口呼吸，舌伸出，呻吟。

触诊瘤胃，腹壁紧张，按压有弹性，叩诊呈“嘭嘭”声，似打鼓。听诊瘤胃，收缩乏力，无明显蠕动波，蠕动频繁，呈现金属声、哗音、捻发音等，后蠕动消失。病初排出少量粪便，后肠蠕动消失，排粪停止。

(2) 慢性瘤胃臌胀，臌胀时发时消，食欲时有时无。臌胀时，食欲消失。臌胀消除，食欲恢复。患牛逐渐瘦，有时便秘和腹泻反复出现。

3. 诊断 原发性瘤胃臌胀，可根据典型的临床症状予以确诊。慢性或继发性瘤胃臌胀，则应根据病牛的其他症状综合分析。应特别注意区别本病与创伤性网胃炎、酮血病、缺钙等引起的臌胀。

临床上可用胃管区别诊断单纯性与泡沫性臌胀，如为单纯性臌胀，插入胃管后，气体可由胃管逸出，臌胀减轻；如为泡沫性臌胀，气体很难逸出，只有抽出含泡沫的液体，症状才会消除。

4. 治疗 治疗原则为消除病因及原发病，排气减压，制止

发酵，恢复瘤胃的正常生理功能，保护心脏，防止毒物吸收，引起中毒。

（1）抑制瘤胃内容物异常发酵，内服止酵药，如将鱼石脂20～30克、1%克迈林20～30毫升混合内服。

（2）促进气体排出，防止瘤胃过度臌胀而导致瘤胃破裂或窒息。可使用套管针穿刺瘤胃放气，但要做好穿刺部位的消毒工作，而且一次放气不可过多，过快，放完气后，由套管针注入止酵药，如75%酒精10毫升和青霉素80万单位（以生理盐水稀释10毫升）。对泡沫性臌胀，可用表面活性药物，如茴香油40～50毫升或松节油20～30毫升或蓖麻油、液体石蜡油各500毫升，1次灌服，或将兽用有机硅消泡剂（二甲基硅油干乳剂）10～20克，稀释内服，使瘤胃里以泡沫形式淤积的气体迅速汇合，促其排出。

（3）为防止毒物吸收，可口服吸附剂吸附毒物，一般内服氧化镁50～100克或药用炭100克。

（4）促进瘤胃内容物排出　可用盐类或油类等缓泻剂，如硫酸钠400～500g，蓖麻油800～1 000ml。病情严重时应增强心脏机能，改善血液循环。

（5）促进嗳气，恢复瘤胃功能，其方法是向舌根部涂布食盐、黄酱，促使呕吐或嗳气。静脉注射10%氯化钠液500毫升，10%安钠咖20毫升可促进瘤胃蠕动。

（6）对妊娠后期、分娩后或高产的病牛，可1次静脉注射10%葡萄糖酸钙500毫升。

5. 预防

（1）做好饲料保管和加工调制工作，加强饲料管理。幼嫩牧草等易发酵的饲料应拌以干草饲喂，青贮、块根及糟粕类饲料应放于棚内，不可经雨淋。严禁饲喂霉烂腐败的饲料。大豆、豆饼类饲料，应当用开水浸泡后再饲喂。要清除饲料中的金属异物，防止被牛食入，发生创伤性网胃炎而继发前胃臌胀。

(2) 日粮要平衡，供给充足的矿物质、维生素饲料，其中应特别重视钙磷的喂量和比例，以促进机体抵抗力的增强。

(三) 瘤胃积食

瘤胃积食，是由于牛采食大量难消化、易吸水臌胀的饲料所致。瘤胃内充满过量且较干涸的食物，引起胃壁扩张，致使瘤胃运动及消化机能紊乱。此病的特征是瘤胃扩张，质度坚实。瘤胃积食可根据临床症状和病因分为两种类型，一种是过食大量难消化的粗纤维性饲料引起的，以瘤胃内容物积滞，容积增大，胃壁受压及运动神经麻痹为特征；另一种是过食大量豆谷类精饲料所致的，以中枢神经兴奋性增高、视觉紊乱、脱水和酸中毒为特征。

1. 病因

(1) 片面追求产乳量，饲喂精料及糟粕类饲料过多，粗饲料过少。

(2) 突然变更饲料，特别是将品质低劣、适口性较差的饲料换成品质好、适口性好的饲料时，牛过度贪食而发病。

(3) 饲料保管不严，被牛偷吃过多的豆饼和精料。

(4) 过肥牛、妊娠后期或高产牛，因全身张力降低，瘤胃机能减弱而发病。

(5) 继发于前胃弛缓、瓣胃阻塞、创伤性网胃腹膜炎等。

2. 症状 病牛无食欲，反刍停止，上槽时步行缓慢，鼻镜干燥，精神不安，弓腰，后肢频频移动，时见后肢踢其腹部，空嚼磨牙，呻吟。病初排粪次数增加，粪呈灰白色，恶臭，质度软，似为稠粥样，内含未消化的粒料。如粪排入水中，多浮于水面，似油状。严重者粪中常有血液和黏液，产乳量显著下降。

结膜充血、发绀，腹围增大，触诊时，瘤胃充盈，质度坚实或呈面团状。左肷部隆起。听诊时，瘤胃蠕动音微弱，初频繁，后停止。叩诊呈浊音。直肠检查，可见瘤胃体积增大，移位于骨

盆腔入口处。

体温正常，也有升高者（39.5℃）。瘤胃积食严重时，呼吸急促，脉率加快。

治疗延误或病程较长时，瘤胃上部含有少量气体，即所谓“气帽”生成。病牛全身中毒加剧，站立不稳，步态蹒跚，肌肉震颤，眼窝下陷，心律不齐，心音微弱，全身衰竭，卧地不起。过食豆谷所引起的瘤胃积食常呈急性，约 12 小时出现症状，48～72小时症状明显。初期，食欲、反刍减少或废绝，反刍物和粪便中均可发现谷物颗粒，有时可发生瘤胃臌胀和腹泻，继而出现视觉障碍，暗目直行、转圈或嗜眠，卧地不起，出现严重脱水和酸中毒，亦有并发蹄叶炎者，血液浓缩、尿量减少，瘤胃内容物 pH 和血液碱贮下降。

3. 诊断 从临床症状的典型变化，结合发病调查可以确诊。询问病史时，应注意患牛发病前有无异常表现，有无过度饲喂精料，是否偷吃了精料等。有些牛也有由于前胃弛缓、机能失调而反复发生瘤胃积食的现象，故应多方分析。

预后：轻型病例 1～2 天康复，一般病程大约为 7～10 天，若并发前胃弛缓，多呈慢性经过，谷物性积食的预后视瘤胃扩张和中毒程度而定，过食易发酵和易臌胀的饲料和病程过长时危险性增高，预后不良。

4. 治疗 治疗原则：促进瘤胃排空，增强瘤胃收缩力，阻止胃内异常发酵及毒素吸收，以防引起酸中毒和脱水。

处方一：10%氯化钠液 500 毫升、10%安钠咖 20 毫升，混合后 1 次静脉注射。将硫酸镁 500 克或液体石蜡 1 000 毫升、鱼石脂 30 毫升混合，1 次灌服。

处方二：硫酸镁 1 000 克、碳酸氢钠粉 80 克，加水混合 1 次灌服。

如机体脱水、中毒时，可 1 次静脉注射糖盐水 1 500 毫升、25%葡萄糖液 500 毫升、5%碳酸氢钠液 500 毫升、10%安钠咖

20毫升。

5. 预防

（1）严格执行饲养管理制度，精料、糟粕类饲料的喂量要根据牛的不同生理状况、生产机能而定，不可偏喂多添，也不可随意增量。

（2）做好饲料保管工作，加固牛栏，以防止牛越栏偷吃过多的精料。

（3）患畜前胃弛缓症状消除、痊愈后，喂料应逐渐增多，多喂一些干草，以避免积食复发。

（四）创伤性网胃炎

创伤性网胃炎，是指尖锐异物随食物进入瘤胃，继而刺伤网胃壁所引起的网胃机能障碍和器质性变化的疾病。常伴有腹膜炎。本病的特征是突然不食，疼痛，或瘤胃臌胀反复出现。

1. 病因 饲料加工粗糙，饲草中混有金属异物如铁丝、铁钉、注射器针头、缝针等，又加之牛采食快，咀嚼不细，异物随饲草被牛吞食，并滞留于网胃内。矿物质、维生素饲料不足或缺乏时，牛舔啃墙壁、粪堆等也可吞进异物。

妊娠后期，胎儿增大，分娩时母牛努责，以及牛突然滑倒或发情时相互爬跨、追逐，都可使腹压增大，成为本病的诱因。

2. 症状 滞留网胃异物的多少、尖锐程度、刺伤组织的方位和角度及深浅等都与病牛的症状相关。

单纯性网胃炎：异物小，异物与胃壁的角度较小，只刺伤网胃壁黏膜，未伤及其他组织，全身反应不大。体温正常（38～39.2℃），个别牛病初体温稍有升高（39.5～40℃），心跳80～90次/分。异物常被固定，包埋，暂时不能伤及其他组织和器官。

异物与胃壁的角度较大刺伤网胃胃壁，患牛精神沉郁，头颈微伸，拱背站立，腹部卷缩呈固定姿势，采食、咀嚼、吞咽运作

迟缓，或在中途骤然停止，反刍与逆呕无力。体温有时升高。

异物垂直刺伤胃壁并导致胃壁穿孔，常伴有腹膜炎、膈破裂、膈疝。患畜表现突然食欲废绝，精神痛苦不安，反刍停止，乳产量突然下降，严重者无奶。被毛无光，粗刚逆立，肘头外展，肌肉震颤，患牛敏感，呼吸呈现屏气现象，作浅表呼吸。病初瘤胃蠕动微弱，后停止。粪干而少，呈褐色，上附有黏液和血液，排便时，拱腰举尾，不敢努责，后排粪停止。体温升高1～2℃，1～3天体温又降至正常。若日后异物重新转移，导致新的创伤，体温重新升高，全身反应明显。

病程较长的患牛，前胃弛缓反复发生，食欲时好时坏，或吃草不吃料，或吃料不吃草。瘤胃蠕动音微弱，次数减少，反刍减少，亦有臌胀反复出现者，臌胀时食欲废绝，臌胀消失后，食欲又恢复。机体消瘦，乳产量持续下降。伴发腹膜炎的病例因腹膜炎的类型不同，还会出现不同的症状，严重者腹部叩诊和触珍异常疼痛，常因败血症和毒血症而死亡。

3. 诊断　诊断应结合临床症状、疼痛试验、X光等综合分析。

疼痛试验有：

（1）下坡试验　病牛不愿下坡，下坡谨慎，有疼痛表现。

（2）*疼痛试验*　用手捏紧鬐甲部皮肤向上提，人为引起反射性疼痛，常能听到病牛发生特殊的呻吟，同时脊背变僵硬。

X射线透视：检查有无金属异物、异物的多少、位置、形状、刺伤组织的方位和深浅等。

日产奶量在20千克以上的牛食欲降低或废绝，产奶量降低，或临产前突然食欲下降或废绝，分娩后不食，行动谨慎，体温、心跳正常，主要表现前胃弛缓和瘤胃臌胀，使用糖钙疗法（25%葡萄糖、20%葡萄糖酸钙各500毫升）治疗2～3天后，全身症状和食欲仍无好转，提示创伤性网胃炎。

4. 治疗　治疗方法有两种，一是保守疗法，二是手术疗法。

在保守疗法中，一种是让牛前躯升高 20cm，配合普鲁卡因、青霉素（300 万单位）、链霉素（5 克）肌注治疗，以减轻网胃压力，促使异物退出胃壁，消除炎症，在发病早期治愈率较高。另一种是经牛口向网胃投入一种特制磁铁，吸取金属异物，配合抗生素治疗，治愈率可达 50%。手术方法是切开瘤胃或网胃，取出异物，以达到彻底治愈的目的。并发心包炎的病牛目前尚无特效疗法。

5. 预防

（1）在饲料、饲草的加工调制工作中，使用电磁筛、电磁叉，去除饲料中金属异物。

（2）日粮供应要平衡，矿物质、维生素要充足，以防止牛异食。

（3）饲养员不能随意携带金属物品进入牛棚，养成不把铁丝、铁钉放置于饲料附近和不乱抛金属物品的习惯。

（五）酮血病

酮血病是血液中含有较高的酮体，如乙酰乙酸、β-羟丁酸、丙酮等，由此而导致乳牛全身功能失调的一种代谢疾病。此病的特征是消化机能紊乱，乳产量下降，间有神经症状。

以高产牛、产后一个月的牛、泌乳高峰期的牛、饲养良好的牛多发本病。饲养较差而产乳量较高的奶牛也可以发生本病，此为消耗性酮血病。

1. 病因

（1）饲养管理失调，日粮配合不平衡，精料比例过高。例如为了提高产奶量，过度加喂高蛋白质和脂肪的饲料，而碳水化合物饲料供应不足，导致机体动员肝糖元，随后动员体脂肪和蛋白质而产生大量酮体，引发酸性营养性酮血病。

（2）饲料品质低劣，饲料单纯，或缺乏粗饲料，致使母牛得不到必需的营养糖分，不能维持泌乳需要。或母牛过度肥胖，分

娩后，饲喂蛋白质与碳水化合物含量很低的日粮，或其他疾病导致饲料摄入减少，致使机体大量动员体脂肪和蛋白质。引发消耗性酮血病。

(3) 过量饲喂青贮，因青贮饲料中含丁酸较多，丁酸可使瘤胃微生物异常活动，产生短链脂肪酸，扰乱瘤胃代谢，影响维生素 B_{12}合成，导致肝脏利用丙酸等的能力下降，引发酮血病。

(4) 内分泌系统机能失调，肾上腺皮质激素分泌降低。

继发性酮血病，常见于子宫炎、乳房炎、生产瘫痪、创伤性网胃炎、真胃变位、前胃弛缓、饲料中毒等。

2. 症状 根据血中酮体的含量和有无临床症状表现，将本病分为临床型酮血病和亚临床型酮血病两种。

(1) 临床型酮血病 患牛每100毫升尿中的酮体浓度超过20毫克或每100毫升血中酮体浓度超过20毫克，同时伴有低血糖（每100毫升乳静脉血糖浓度低于50毫克）。依其症状不同，酮血病又可分为消化型、神经型。

消化型酮血病：精神沉郁、反应迟钝，食欲降低或废绝，喜喝污水、粪水，异嗜脏物或泥土，可视黏膜黄染。反刍口数不变，但咀嚼次数增多或减少，瘤胃弛缓，蠕动微弱，收缩次数减少。粪稍干，量少。有的牛伴有瘤胃臌胀。体温正常或下降(37.5℃)，心跳次数可超过100次/分。心音模糊，第一、二心音不清，脉细而弱。重症患畜，全身出汗，似水洒。尿量少，易形成泡沫，色黄并具有刺鼻的酮酸味（烂苹果味），产乳量突然骤减，轻症牛产乳量呈持续下降，乳具酮酸味。

神经型酮血病：神经症状突然发作，不愿上槽或上槽后不认槽位，于舍内无目的走动，或目光怒视，横冲直撞，站立不安，全身紧张，颈部肌肉强直，兴奋狂暴。有的牛在运动场内乱跑，阻挡不住，饲养员称之为“疯牛”，不久即转为抑制状态。有的牛呈沉郁症状，不愿走动，呆立于槽前，低头耷耳，目光无神，

似如睡态，对外界反应迟钝。

（2）亚临床型酮血病　是指仅发现血液、尿、乳中酮体含量增高，但没超过临界值，无其他临床症状，间或有产奶量下降和体重减轻的现象，但多不引起注意。

3. 诊断　根据牛的临床症状、饲养管理情况、日粮配合、产奶量及产奶和怀孕阶段进行综合分析，即可确诊。实验室血酮、尿酮测定有助于确诊。对葡萄糖等特异治疗的反应也可以佐证本病的诊断。

4. 治疗

（1）改变不良饲料状况，日粮中增加多汁、块根等能量饲料及优质干草。

（2）药物治疗的原则是补糖补钙，解毒保肝，健胃强心，阻止酮体的生成和吸收。

①补充糖、提高血糖浓度，可静脉注射葡萄糖，收效快，疗效高。日粮加甜菜10～15千克，或加砂糖300克代替，或饲喂丙酸钠或甘油，每日两次，每次500克，两天后每次250克。或饲喂乳酸盐（钙或钠盐），每日360克，首次加倍，共7天，乳酸胺每日200克，共15天，以乳酸胺应用最广，效果最好。

过肥的牛，肝脂沉积严重，需要连续注射低浓度（3%～5%）葡萄糖溶液并纠正有关的血钙过低。

②为提高碱贮，防止酸中毒，可内服碳酸氢钠40～50克，连用7～10天。

③肾上腺糖皮质激素（如可的松1.5克），或促肾上腺皮质激素200～600单位，肌肉注射，每天1次，连注3～5天，在酮血症治疗中，效果是确定的，但有一定的泌乳抑制。

④为加强前胃机能，促进食欲，可用人工盐250～300克，加水灌服，或肌肉注射维生素$B_1$0.1克。对过饲青贮饲料引起的反应，应补充B_{12}1毫克，连用15天。

（3）治疗处方

①5%碳酸氢钠500毫升、40%葡萄糖液500毫升，5%葡萄糖1 000毫升，1次静脉注射，同时灌服甘油500毫升，2天，再降为250ml，2天。

②5%葡萄糖生理盐水500毫升、40%葡萄糖液500毫升、10%葡萄糖及3%氯化钙混合液500毫升、5%碳酸氢钠液500毫升，1次静脉注射，丙二酸250毫升，伴水灌服，每日2次。

③醋酸可的松1.5克，肌肉注射。或促肾上腺皮质激素200~600单位，肌肉注射，每周2次。

④0.01%维生素B_{12}注射液20毫升，5%葡萄糖1 000毫升，静脉注射。

⑤当归、川芎、砂仁、赤芍、熟地、神曲、麦芽、益母草、乳香各60克，磨碎，用开水冲后灌服，每天或隔天1次，连服3~5次。

5. 预防

(1) 坚持合理的饲养制度，随时调整日粮组成，平衡营养。干奶期要控制精料的喂量，以防止母牛过肥；高产牛日粮中精粗比例最大限度不能超过60:40。

(2) 建立酮体监测制度，及时发现隐性酮血病患牛。凡检出可疑或阳性者，一律尽早补糖、补钙，防止病情加重。

产后6周发生酮血病的奶牛占产犊牛的15%以上或泌乳后期的奶牛酮血病发生率超过5%即认为是群发的酮血病。群体发病的基本原因还不清楚，但与肝脂沉积密切相关。肥胖病和降低采食的疾病都是潜在的诱因。

（六）真胃变位

1. 病因 过食高蛋白质的精料造成慢性瘤胃酸中毒、真胃溃疡，子宫炎或乳房炎引起的毒血症，生产瘫痪，酮血病等引起真胃弛缓，导致真胃内容物异常发酵，进而真胃扩张充气，因受压而游走。真胃左右变位均可发生，以左侧变位多见，即真胃游走到瘤胃左方，再移到瘤胃的左上方，卡在瘤胃与左侧腹壁之间。真胃也可因机械原因而发生变位。如妊娠期间，子宫体积增大，瘤胃抬高，真胃向腹腔前左侧推移，胎儿娩出后，瘤胃突然下沉，有可能将游走的真胃挤到瘤胃左侧。真胃变位时，真胃及其他各胃都伴有不同程度的轻度旋转，也影响食道沟的正常机能活动及食道沟的食物通过，同时真胃压迫瘤胃，致瘤胃体积缩小，但不发生供血障碍，只发生消化和运动扰乱，导致营养不足。变位也不会造成真胃的完全阻塞，但长时间会积气，臌胀，助长皱胃向腹腔上方移走。

2. 症状及诊断　病牛精神轻度沉郁，食欲减少，仅吃粗料，粪少，呈黑糊状，有时腹泻与便秘交替发生。病程长时，粪表面附有黏液，常有隐血，右侧肋部明显下陷，左侧腹部第 11 肋弓后方膨大。瘤胃蠕动减弱、波短，左腹肋部下方可听到真胃蠕动音，叩诊时可听到“钢管音”，在该区域作穿刺时可抽取到棕色带酸臭的液体，pH1～4，无纤毛虫。

3. 治疗　治疗原则是消气，恢复真胃的正常位置和胃肠功能。药物治疗通常包括口服轻泻剂，促反刍剂，抗酸药或拟胆碱药，以促进胃肠蠕动，加速胃肠道排空，防止异常发酵。真胃复位有非手术法与手术法。

非手术法：也称滚转疗法，即病牛停食一天，左侧横卧，将前、后肢分别捆好，用一长木（较牛体长）穿过被捆的前、后肢中央，将牛扶成仰卧状，然后将长木与牛一起向左 45 度，再向右 45 度，来回摇晃数次，每次回到正中位置（背部着地）时静止 2～5 分钟，最后将牛停于左侧横卧，使瘤胃与腹壁紧贴，然后让牛马上站起。经过滚转法治疗后，应让病牛尽可能多地采食干草以填充瘤胃，防止真胃变位复发，同时还要促进胃肠的蠕动。

手术法：站立保定，左侧肷部靠前腹壁剪毛消毒，腰旁神经及局部浸润麻醉，垂直切开腹壁，触摸真胃，穿刺放气，在

胃大弯处，用四股粗而长的缝线缝两针（不穿透真胃黏膜层）分别从瘤胃下方通过，在右侧事先剪毛消毒的腹壁皮肤出针，术者用手将真胃缓缓送回右侧，同时助手在右侧体外将两根线端逐渐收紧打结。缝合左侧腹壁。术后10天将右侧皮肤外的缝线剪断、消毒、抽出。术后配合抗生素、缓泻、健胃等全身治疗。

（七）亚临床型瘤胃酸中毒

亚临床型瘤胃酸中毒较瘤胃积食引起的酸中毒更为常见。

1. 病因和症状 该病的发生与现代的饲养方式有关。饲喂易发酵的精料或高酸性的饲料；过快的饲料更换，如由含纤维素的颗粒状精料转换为玉米或小麦粉。饲料更换过快，或混合不匀，会出现一定程度的暂时性瘤胃酸中毒。瘤胃中酸性物质（乳酸及其他挥发性脂肪酸）增加，pH下降，除牛链球菌以外的微生物受到抑制，瘤胃活动停滞，酸性物质再度增加，导致瘤胃内渗透压升高，从机体吸收大量水分，引起机体脱水。酸性物质损伤瘤胃黏膜，但不像瘤胃积食引起的瘤胃黏膜损伤广泛，不过局部损伤的瘤胃黏膜也可成为继发性病原菌入侵的门户，病原菌沿门脉循环上行，可引起肝脓肿，此外，奶牛群常伴有真胃疾病，消化不良和蹄叶炎高发。

2. 诊断 真胃疾病、消化不良、蹄叶炎高发的牛群，提示检查瘤胃内容物的pH及微生物区系，若$pH<6.0$，除牛链球菌外的其他微生物减少即可确诊。亚临床型瘤胃酸中毒的发生虽然没有急性酸中毒剧烈，常被忽视，但发生面积较大，继发病症会造成很大的损失。

3. 防治 防治必须从管理入手，应常对饲料中的成分进行分析，及时调整日粮，饲料更换不宜过快，搅拌要均匀，饲喂时先粗料后精料，对已经出现酸中毒的奶牛，可给予天然的或添加缓冲剂成分的日粮。

（八）佝偻病

1. 病因 孕牛，尤其是妊娠后期，或哺乳母牛的饲料中缺乏钙、磷等矿物质和维生素 D；犊牛过早断奶，饲料中又缺乏矿物质、维生 D 原；犊牛运动和日光照不足；慢性胃肠炎等引起消化不良，影响矿物质和维生素的吸收，都能引起犊牛佝偻病。

2. 症状与诊断 呈慢性过程，初期犊牛表现精神差，不活泼，被毛粗乱，消化不良，偶有肠臌气和腹泻，随着病程的延长，出现异食，喜食砖块、泥土等，不愿站立，强迫起立时，常有呻吟，四肢发抖，有时呈交叉站立。心跳和呼吸加快。管骨和扁平骨变形，关节肿胀，肋骨与肋软骨接连处增厚，呈串珠状。严重时卧地不起，极度衰竭，呈昏迷状，如得不到及时治疗，常呈恶病质而死亡，根据临床症状和饲养管理现状即可诊断。

3. 治疗

①维生素 A、D 注射液（每毫升含维生素 A 50 000 单位，维生素 D 5 000 单位）10 毫升，肌肉或皮下注射，隔日 1 次。

②维生素 $D_2$5 万～10 万单位，伴水灌服，每日 1 次，或肌肉注射 200 万～400 万单位，隔日 1 次，3～5 次为一疗程。

③胶性钙注射液 10～20 毫升，皮下或肌肉注射，每日或隔日一次，3～5 次为一疗程，必要时可连续用 2～3 个疗程。

④鱼肝油 10～100 毫升，每日 2 次口服。

在药物治疗的同时，应及时调整饲料结构，添加适量的骨粉或钙剂，如磷酸二氢钙、乳酸钙，炒黄的鸡蛋壳粉、石粉等，每日按饲料量的 3%，分 3 次混在饲料中饲喂。

（九）骨软病

1. 病因 骨软病是由于饲料、饮水中磷含量不足，导致钙磷比例失衡所引起的成年牛软骨内骨化完成后发生的一种骨营养不良。奶牛饲料中钙磷比例应为 1.5～2∶1，如果超过 4∶1 则易

发生骨软病。骨软病常见于天气严重干旱，导致植物高度磷缺乏，或高产乳牛饲料中骨粉及富含磷的饲料补充不足。

2. 症状与诊断 骨软病首先引起的是消化紊乱，并呈明显的异嗜癖，病牛喜啃食砖头，污秽的垫草等，有时可因异食引起食道阻塞、创伤性网胃炎、铅中毒等。异嗜后出现跛行，运步不灵便，常不愿站立，强行赶起时腿颤抖、拱背，伸展后肢，表现肢僵直，走路时后躯摇摆，支柱的骨骼都伴有严重脱钙。脊柱、肋弓、四肢关节疼痛，外形异常，尾椎骨排列移位，变形，重症者尾椎骨变软，椎体萎缩，最后几个椎体消失，肋骨与肋软骨接合部肿胀，病后期常继发贫血、瘤胃臌气、积食、胃肠炎、骨折、腐蹄、关节捩伤及出现褥疮等。

根据日粮组成中的矿物质含量及日粮的配合方法，饲料来源及地区自然条件，病牛年龄、妊娠和泌乳情况，发病季节，临诊特性及治疗效果即可做出诊断。

3. 治疗 在病初，即呈现异嗜癖时，给饲料中添加骨粉，可以不药而愈，每日 250 克，5 ~ 7 天为一疗程，对跛行病例要坚持喂 2 ~ 3 周，重症病例，除补充骨粉外，应配合无机磷酸盐治疗，例如 20%磷酸二氢钠 300 ~ 500 毫升或 3%次磷酸钙 1 000 毫升，静注每日 1 次，连用 5 天；20%磷酸二氢钙 300 ~ 500 毫升，静注，每日 1 次，连用 5 次；复方甘油磷酸钠 20 ~ 30 毫升，肌注，每日 1 次，连用 7 天。

（十）维生素 A 缺乏症

1. 病因 维生素 A 在植物中主要以维生素 A 原（胡萝卜素）的形式存在，各种青绿饲料包括发酵的青绿饲料在内，特别是青干草、胡萝卜、南瓜、黄玉米等都有丰富的维生素 A 原，但棉籽、亚麻籽、萝卜、干豆、干谷、马铃薯、甜菜根几乎不含维生素 A 原。因大量维生素 A 原都是在肠上皮中转化为维生素 A 的，维生素 A 又主要在肝脏中贮存，因此慢性肠道疾病和肝

脏疾病时也易继发维生素 A 缺乏症。

2. 症状 维生素 A 缺乏可导致牛上皮细胞的老化、变性、萎缩，特别是既有分泌功能又有覆盖功能的上皮组织。在维生素 A 缺乏时由于分泌细胞在基础上皮细胞上的分裂能力和发生能力出现衰竭，逐渐被层叠的角化上皮细胞所代替，成为非分泌性的上皮组织。在公牛，精小管生殖上皮变性，精子活动降低，睾丸发育迟缓，在母牛，胎盘变性，导致流产、死产、新生幼犊衰弱及胎盘滞留。犊牛角膜增厚及呈云雾状，造成“干眼病”，视网膜上皮变性可致犊牛失明。

维生素 A 缺乏还可呈现中枢神经损害，例如颅内压升高，导致视乳头水肿，共济失调和晕厥等特征性神经症状，病的后期还可能由于面神经麻痹和视神经萎缩，引起典型的日盲现象。

维生素 A 缺乏时，夜盲症是一种突出的病症，尤其是犊牛，在其他症状还不甚明显时，就可出现在早晨或傍晚或月夜光线朦胧时，行动迟缓，盲目前进，碰到障碍物。维生素 A 缺乏能影响骨骼的生成。

3. 诊断 根据饲养史和临床症状可做出初步诊断，确诊时须测定血浆中维生素 A 含量，犊牛血浆中维生素 A 以 25～80 微克%为适中，低于 20 微克%，即可认为发生了维生素 A 缺乏症，低于 10 微克%，则引起临诊表现。也可进一步做眼黏膜涂片，检查角化上皮细胞的数量，健康犊牛，在一个视野中仅见到 3 个角化上皮细胞，而发现 11 个以上时即可确诊。

4. 防治 牛每天需要维生素 A 最低量为每千克体重 30 单位，胡萝卜素为 75 单位，欲使肝脏有所贮存，食入量须增加一倍，乳牛在妊娠和泌乳阶段，剂量再增加 50%。在临床治疗时，剂量则比正常需要量增加 10～20 倍，通常用量为每千克体重 440 单位，但不能过高，因为过高剂量的维生素 A 能干扰维生素 D 在骨骼发生中的作用。治疗时不用口服法而用注射法，而且要用一种醇式维生素 A，不用脂式维生素 A，醇式维生素 A 有利于

吸收，而且能通过胎盘屏障。

（十一）大叶性肺炎

大叶性肺炎是整个肺叶发生的急性炎症过程，该病的肺及胸腔渗出物为纤维蛋白性物质，故也称纤维蛋白性肺炎，或格鲁布性肺炎，临床特征为高热稽留，铁锈色鼻液，肺部的广泛浊音区和病理的定型经过。

1. 病因

(1) 传染性原因　巴氏杆菌，链球菌，葡萄球菌以及肺炎链球菌在本病的发生上有着很重要的意义，本病也继发于出血性败血症，流行热，传染性胸膜肺炎等疾病。

(2) 非传染性原因　大叶性肺炎有时是一种变态反应性疾病，呈过敏性炎症，这些炎症在预先致敏的机体中或致敏的肺组织内发生。

诱发本病的因素很多，如受寒、过劳、吸入刺激性气体、外伤、环境污秽、气候恶劣等，这些因素会造成机体的抵抗力减弱，为本病的发生创造了条件。

2. 症状　本病的炎症过程一般经过炎性充血渗出、肝变和溶解三个时期。相对三个时期，病畜会出现不同的症状。初期，食欲减少或废绝，精神沉郁，站立不稳，肌肉震颤，肘部外展，后体温突然升高达 39～41℃，呈稽留热型，持续 6～9 天，这段时期，病牛呼吸频数，气喘，可视黏膜发绀，间歇性痛性咳嗽，从鼻腔流出脓性鼻液，至肺部肝变初期，鼻液呈铁锈色，同时有痛性粗厉咳嗽，呼吸促迫。叩诊充血和渗出期呈过满音，甚至鼓音，肝变期则呈浊音，溶解期又重新转回鼓音或过满音，这时体温急速降至常温或经 2～5 天逐渐降至常温。听诊：病初肺泡呼吸音粗厉，继而减弱，出现捻发音、湿啰音，肝变期病灶处肺泡呼吸音显著减弱，甚至完全消失，可听到支气管音及干啰音，溶解期又听到水泡音或捻发音，以后逐渐恢复正常。病初，心音亢

进，第二心音加强，脉搏快而弱，尿量增多，肝变期尿量减少。

3. 诊断 根据临床症状并结合血、尿检查即可确诊。血液变化为白细胞总数增加，中性粒细胞比例增高，核左移，出现蛋白尿、血尿和肾上皮颗粒圆柱。

4. 治疗 治疗原则是加强护理，增强抵抗力，消炎、止咳、制止渗出，促进渗出物的吸收与排除，防止并发症的发生。

处方一：青霉素320万单位，链霉素4克，肌肉注射，每日2次，连用7天。

处方二：合并有大肠杆菌感染时，在处方一基础上加肌注氯霉素，按每千克体重10毫克，每日2次，合并巴氏杆菌感染时，在处方一基础上加肌注新霉素，每千克体重5~10毫克，每日2次。以上两种继发病或在没有确定感染病原前也可应用2.5%恩诺杀星，按每10千克体重1毫升，肌注，每日2次，连用5天。

处方三：心力衰弱时，在处方一基础上静注10%氯化钙150毫升，10%葡萄糖1 000毫升。

处方四：并发脓毒血症时，可用增效磺胺嘧啶钠注射液，按每千克重20~25毫克，10%葡萄糖500毫升，一次静注，连用3天。

五、常见产科病

（一）子宫内翻及脱出

子宫内翻指子宫角前端翻入子宫或阴道内，子宫脱出指子宫角、子宫体、阴道、子宫颈全部翻出于阴门外，两者是同一病理过程，只是程度不同。子宫内翻及脱出，属乳牛多发病，以年老与经产牛为多。常发生在分娩后数小时内，分娩12小时以后极为少见。

1. 病因

（1）乳牛年老体弱，全身松弛，张力降低；胎儿过大，胎水过多，双胎等引起子宫过度扩张，阵缩微弱，产生努责时可致子宫脱出。

（2）饲料单纯，品质较差，运动不足，造成孕牛体质弱，全身张力下降。

（3）产道干燥、受损伤及难产，子宫紧裹胎儿，强行拉出胎儿后，子宫内压突然降低，而腹压相对增高，子宫常随即翻出阴门之外。

2. 症状　子宫角内翻程度较轻，牛常不表现临床症状，在子宫复旧过程中可自行复原。如子宫角通过子宫颈进入阴道，患牛常表现不安，经常努责，尾根举起，食欲及反刍减少，徒手检查阴道时会触摸到柔软圆形瘤状物，直肠检查，可摸到肿大的子宫角呈套叠状，子宫阔韧带紧张。子宫脱出时可见到从阴门脱出长椭圆形的袋状物，往往下垂到跗关节上方，其末端有时分 2 支，有大小 2 个凹陷，脱出的子宫表面有鲜红色乃至紫红色的散在的母体胎盘，时间较久，脱出的子宫易发生瘀血和血肿，黏膜受损伤和感染时，可继发大出血和败血症。

3. 诊断　从病发时间和临床症状，即可确诊。

4. 治疗　子宫脱出必须施行整复手术，将脱出的子宫送入腹腔，使子宫复位。

（1）整复前的准备工作

人员准备：术者 1 人，助手 3～4 人。

药品准备：备好来苏儿、5%碘酊、2%奴佛卡因、明矾、高锰酸钾、磺胺粉、抗生素等。

器械准备：备好脸盆、毛巾、为托起子宫用的瓷盘、缝针、缝线、注射器与针头等。

（2）整复步骤

①麻醉：为防止和减弱病畜努责，注射 2%奴佛卡因 10～15 毫升，作尾椎封闭。

②冲洗子宫：用1%来苏儿清洗患畜后躯，用温的0.1%高锰酸钾溶液彻底冲洗子宫黏膜。胎衣未脱落者，应先剥离胎衣。为了促使子宫黏膜收缩，再用2%～3%明矾水溶液冲洗。

③复位：用消毒瓷盘将子宫托起，与阴门同高，不可过高或过低。术者将子宫由子宫角顶端开始慢慢向盆腔内推送。推送前应仔细检查脱出的子宫有无损伤、穿孔或出血。损伤不严重时，可涂5%碘酊；损伤程度较大、出血严重或子宫穿孔时，应先缝合。术者应用拳头或手掌部推送子宫，决不可用手指推送。

将子宫送回腹腔后，为使子宫壁平整，术者应将手尽量伸到子宫内，以掌部轻轻按压子宫壁或轻轻晃动子宫。

为防止子宫感染，可用土霉素2克或金霉素1克，溶于250毫升蒸馏水中，灌入子宫。也可给子宫灌入3 000～5 000毫升刺激性较小的消毒液，利用液体的重力使子宫复位。为防止患牛努责或卧地后腹压增大，将复位的子宫再度脱出，可缝合阴门，常采用结节缝合法，缝合3～5针（上部密缝，下部可稀），以不妨碍排尿为原则。对治疗后的患畜应随时观察，如无异常，可于3～4天后拆除缝线。同时配合全身治疗，防止全身感染。

子宫内翻，早期发现并加以整复，预后良好，子宫脱出常会因并发子宫内膜炎而影响受孕能力。子宫脱出时间较久，无法送回或损伤及坏死严重，整复后有可能引起全身感染的牛可施行子宫切除术，同时要强心补液，消炎止痛，防止全身感染，提高抵抗力。

5. 预防

（1）加强饲养管理，保证矿物质及维生素的供应。妊娠牛每天应有1～1.5小时的运动，以增强身体张力。

（2）做好助产工作。产道干燥时，应灌入滑润剂。牵引胎儿时不应用力过猛，拉出胎儿时速度不宜过快。

（3）产畜分娩及分娩后，应单圈饲养，有专人看护，以便及时发现病情，尽早处理。

（二）生产瘫痪

生产瘫痪又叫乳热症，是乳牛生产前后的急性低血钙症，属严重的代谢疾病，为乳牛常发病。本病的特征是知觉减退或消失，四肢麻痹，瘫痪卧地。

本病主要发生在营养良好的高产奶牛，且多出现在产奶较高的胎次时，头胎牛未见发生，2～4 胎发病少，5 胎以上的发病率增高；年产量在 6 000 千克以下者发病少，6 000 千克以上者发病多；分娩 3 天内的母牛发病多，其中以产后 24 小时内发病最多，3 天以后发病者少，偶见于产后 3～6 个月发生的所谓非生产性瘫痪。

1. 病因 引起生产瘫痪的直接原因是分娩前后血钙浓度剧烈降低，促成血钙降低的因素有以下几种。

（1）大量钙质进入初乳。产后第一天泌乳牛失钙 19 克、磷 17 克，造成血钙的急剧下降，引起低血钙（4.7～5.9 毫克%）、低血磷（0.21～16 毫克%）。

（2）饲料中磷、钙缺乏或比例失调。

（3）维生素 D 不足或缺乏。

（4）机体动用骨钙的能力降低。在妊娠后期由于胎儿发育的消耗和骨骼吸收钙的能力减弱，骨骼中贮存的钙量减少，不能满足机体的应急需求，干奶末期甲状腺机能减退，甲状旁腺激素分泌减少，动用骨钙的能力降低，特别是妊娠末期摄入高钙和高蛋白质的母牛，这种现象尤其显著。

（5）分娩过程中，大脑皮质过度兴奋，其后即转为抑制，又因分娩后腹内压突然下降，腹腔器官被动充血，以及血液大量进入乳房引起脑贫血，致使脑皮质抑制程度加深，从而影响甲状旁腺，使其激素分泌机能减退，以致不能保持体内钙平稳。

（6）分娩后，肠胃功能减弱，吸收钙磷能力减弱。

2. 症状

典型症状：病畜病情发展快，从发病到出现典型症状不超过12小时，病初精神沉郁，轻度不安，鼻镜干燥，食欲降低或废绝，反刍减少，瘤胃蠕动音微弱，粪干而少。体温正常或降低（37.5℃），心跳正常，步态不稳，站立时两后肢频频交替，后躯摇摆，肌肉震颤。有的牛当人接近时，表现张口吐舌。有些牛则表现暂时的不安，如惊慌、哞叫、目光凝视等兴奋症状。

1～2小时后病畜即表现出典型的瘫痪症状。患牛初瘫痪时，呈现短暂的兴奋不安，卧地后试图站立，站立后四肢无力，左右摇晃，后摔倒不起，也有两前肢腕关节以下直立，后肢无力，呈犬坐势，当几次挣扎不能站立后，患畜便安然静卧。随病程的延长，病牛的知觉与意识逐渐消失，眼睑反射减弱，眼闭合，似睡样，皮肤、耳、蹄末梢温度下降，发凉，针刺反射微弱，跗关节以下知觉减退与消失明显。身体侧卧，四肢屈于躯干侧，颈部弯曲，头置胸前（见图7－1A），将其头拉直，松手后头又复回原状。球关节弯曲。体温下降至36℃，甚至35℃，呼吸缓慢而深。心跳细弱，次数增加，每分钟达90次以上。少数病例流涎，呈泡沫状。有的因咽喉麻痹，可见发生瘤胃臌胀。

病畜死亡前处于昏迷状态，死亡时毫无动静，少数在死亡前痉挛挣扎。

轻型（非典型）瘫痪：一般发生在产前或分娩后较久，病牛精神极度沉郁但不昏睡，食欲废绝，各种反应减弱但不消失，病牛有时还能勉强起立，但站立不稳，且行动困难，瘫卧在地，特征是头颈姿势不自然，由头部至鬐甲呈S状弯曲（见图7－1B），体温一般正常或不低于37℃。

3. 诊断

（1）依据发病牛的胎次，分娩前后的时间，病牛的体温、心跳变化，卧地姿势，知觉减退、运动障碍等，极易确诊。

（2）鉴别诊断

与产后截瘫区别：产后截瘫的特征是卧地后两后肢呈“蛙

图 7－1　奶牛生产瘫痪

A. 奶牛生产瘫痪的典型卧姿　B. 牛轻型生产瘫痪时，头颈部的 S 状弯曲

势"，分娩后体温、呼吸、脉搏、食欲、反刍、痛感反射等全身情况均无明显异常，补糖补钙均无效。

与瘤胃酸中毒的区别：瘤胃酸中毒有脱水、腹泻、休克、躺卧视觉障碍等症状，糖钙治疗无效，病程短，死亡快。

与热射病的区别：热射病全身脱水，体温过高（42℃以上），且多发生于炎热夏季。

4. 治疗　病牛病程进展快，如不能早发现早治疗，50%～60%的病畜在 12～48 小时内死亡，个别牛在产后 6～8 小时内死亡。治疗原则是补充钙质和糖，减少乳房血流量。

（1）补糖补钙　可 1 次静脉注射 20%～25%葡萄糖酸钙（内含 4%硼酸）和 25%～40%葡萄糖各 500 毫升，6～12 小时牛可苏醒站起，如无反应，可重复注射，同时静脉注射 15%硫酸镁溶液 100～150 毫升和 15%磷酸钠溶液 200 毫升，但补钙不能超过 3 次，而且滴注速度要慢。

（2）减少乳房血流量　采用乳房送风，即向乳房内打气的方法。其目的是使乳房臌胀、内压增高，减少乳房内血流量。一般在送风后 10 分钟，牛鼻镜开始湿润，约半小时，病牛即可睁眼，清醒，头部姿势恢复，反射及感觉逐渐恢复，体表温度回升。打气的数量，以乳房皮肤紧张，各乳区界线明显，即各乳区"鼓"起为标准。

作乳房送风治疗时，应特别注意送风器乳头及送入空气的消毒除菌除尘；插入送风器及送风时应注意动作轻缓，避免损伤乳房，打足气后应用宽纱布将乳头轻轻扎住，经过 1 小时后除去，不能用细绳结扎乳头。

因瘫痪牛有咽喉麻痹现象，所以在病的早期，不宜灌药，以免造成吸入性肺炎。

5. 预防

（1）加强干奶牛的管理，限制精料喂量，增加干草饲喂量，以防止牛体过肥。产前两周应投喂低钙高磷饲料，钙磷比为 1.5∶1至 1∶1，每日每头牛的钙摄入量控制在 50 克以下，在分娩后立即将钙摄入量提高到 125 克以上，即在产前两周应增加谷物精料，减少豆科精料及豆科干草喂量。有经验证明产前每天摄入钙在 50～120 克时发病率升高，每天钙摄入量高于 120 克的更高的水平时，发病率下降。

（2）分娩前 6～10 天，可肌肉注射维生素 $D_3$1 万单位，每天 1 次，以降低发病率。

（3）促进消化功能，避免便秘、腹泻等扰乱消化的疾病发生。

（4）分娩后应喂给温热的麸皮盐水，产后 3 天之内不得将初乳挤净，仅挤出 1/4～1/2 即可。

（三）胎衣不下

胎衣不下又叫胎衣停滞，是指母牛产出胎犊后，胎衣不能在正常时间内脱落排出而滞留于子宫内。

据调查统计，乳牛产后 1～12 小时内胎衣脱落者占 95%以上，同时，胎衣脱落时间超过 12 小时，存在于子宫内的胎衣自溶，遇到微生物还会腐败，尤其是夏季，滞留物会刺激子宫内膜发炎。故乳牛产后 12 小时内未排出胎衣，就可认为是胎衣不下。

此病多发生于第 6 胎以上、年产奶量为 7 000 千克以上的

牛，夏季比冬春季发病率高。

1. 病因 胎衣不下主要与产后子宫收缩无力、怀孕期间胎盘发生炎症及牛的胎盘构造有关。

(1) 引起产后子宫收缩无力的原因。

①日粮中缺乏矿物质、维生素或饲料单纯、品质差；牛体过肥、消瘦、运动不足，全身张力降低等导致子宫弛缓；

②双胎，胎儿过大，胎水过多，使子宫过度扩张，继发产后阵缩无力；

③早产、流产时，胎盘上皮尚未老化变性，雌激素分泌不足，血浆孕酮含量高，子宫收缩无力；

④难产或子宫捻转时子宫肌疲劳，收缩无力；

⑤产后不哺乳犊牛。犊牛吮乳能制激催产素的分泌，增强子宫收缩，促使胎衣排出。

(2) 妊娠期间，子宫受感染（如李氏杆菌、沙门氏菌、胎儿弧菌、布氏杆菌、霉菌、弓形虫感染等），发生子宫内膜炎、胎盘炎等，引起母子胎盘的粘连。

2. 症状 根据胎衣在子宫内滞留的多少，将胎衣不下分为全部胎衣不下和部分胎衣不下。

(1) 全部胎衣不下　指整个胎衣滞留于子宫内。多因子宫随垂于腹腔或胎儿脐带断端过短所致。外观仅见少量胎膜悬垂于阴门外，或看不见胎衣。一般患牛无任何表现，有些头胎母牛有不安、举尾、弓腰和轻微努责症状。

滞留于子宫内的胎衣，只有在检查胎衣，或经 1～2 天后，由阴道内排出腐败的、呈污红色、熟肉样的胎衣块和恶臭液体时才被发现。这时由于腐败分解产物的刺激和被吸收，病牛会发生子宫内膜炎，表现出全身症状，如体温升高，拱背努责，精神不振，食欲与反刍稍减，胃肠机能扰乱。

(2) 部分胎衣不下　指大部分胎衣排出或垂附于阴门外，只有少部分与子宫粘连。垂附于阴门外的胎衣，初为粉红色，后由于受外界的污染，上粘有粪末、草屑、泥土等。夏季易发生腐败，色呈熟肉样，有腐臭味。阴道内排出褐色、稀薄、腐臭的分泌物。

通常，胎衣滞留时间不长，对乳牛全身影响不大，食欲、精神、体温都正常。仅有少数病牛，或胎衣滞留时间较长时，由于胎衣腐败、恶露潴留、细菌滋生，毒素被吸收，病牛表现体温升高，精神沉郁、食欲下降或废绝。

3. 诊断 根据临床症状（胎衣不下），予以确诊。个别牛有吃胎衣的现象，也有胎衣脱落不全者，在乳牛生产后要注意观察并尽早做阴道检查，以免贻误治疗时机。

4. 治疗 治疗原则是增加子宫的收缩力，促使子母胎盘分离，预防胎衣腐败和子宫感染。

（1）药物治疗

①促进子宫收缩：一次肌肉注射垂体后叶素100单位，或麦角新碱20毫克，2小时后重复用药。促进子宫收缩的药物使用必须早，产后8~12小时效果最好，超过24~48小时，必须在补注类雌激素（已烯雌酚10~30毫克）后半小时至1小时使用效果较好。灌服无病牛的羊水3 000毫升，或静注10%氯化钠300毫升，也可促进子宫收缩。

②预防胎衣腐败及子宫感染：将土霉素2克或金霉素1克，溶于250毫升蒸馏水中，1次灌入子宫，或将土霉素等干撒于子宫角，隔天1次，经2~3次，胎衣会自行分离脱落，效果良好。药液也可一直灌用至子宫阴道分泌物清亮为止。如果子宫颈口已缩小，可先注射已烯雌酚10~30毫克，隔日1次，以开放宫颈口，增强子宫血液循环，提高子宫抵抗力。

③促进胎儿与母体胎盘分离：给子宫1次性灌入10%灭菌高渗盐水1 000毫升，其作用是促使胎盘绒毛膜脱水收缩，从子宫阜中脱落，高渗盐水还具有刺激子宫收缩的作用。

④中药治疗：用酒（市售白酒或75%酒精）将车前子

(250～330克）拌湿，搅均后用火烤黄，放凉碾成粉面，加水灌服。

应用中药补气养血，增加子宫活力：党参60克、黄芪45克、当归90克、川芎25克、桃仁30克、红花25克、炮姜20克、甘草15克，黄酒150克作引。体温高者加黄芩、连翘、二花，腹胀者加莱菔子，混合粉碎，开水冲浇，连渣服用。

（2）手术治疗　即胎衣剥离，目前治疗胎衣不下多采用胎衣剥离并布散抗生素的方法。施行剥离手术的原则是胎衣易剥离的牛，则坚持剥离，否则，不可强行剥离，以免损伤母体子叶，引起感染。剥离后可隔天布散金霉素或土霉素。同时配合中药治疗效果更好：黄芪30克，党参30克，生蒲黄30克、五灵脂30克、当归60克、川芎30克、益母草30克，腹痛、瘀血者加醋香附25克、泽兰叶15克、生牛夕30克，混合粉碎，开水冲服。

5. 预防

（1）为促进机体健康，增强全身张力，应适当增加并保证孕牛的运动时间；孕牛日粮中应含有足够的矿物质和维生素，特别是钙和维生素A、D，尤其是胎衣不下发生率占分娩奶牛的10%以上，更应从饲养管理的角度解决问题。

（2）加强防疫与消毒，助产时应严格消毒，防止产道损伤和污染。凡由布氏杆菌等所引起流产的母畜，应与健康牛群隔离，胎衣应集中处理。对流产和胎衣不下高发的牛场，应从疾病的角度考虑和解决问题，必要时进行细菌学检查。

（3）老年牛和高产牛临产前和分娩后，应补糖补钙（20%葡萄糖酸钙、25%葡萄糖各500毫升），产后立即肌注垂体后叶素100单位或分娩后让母畜舔干仔牛身上的羊水。在胎衣不下多发的牛场，牛产后及时饮用温热益母水。

（4）产后应喂给温热麸皮食盐水15～25千克，产后30分钟再挤乳，对促使胎衣脱落有益。

（四）流产

流产是由于胎儿或母体的生理过程发生紊乱，或它们之间的正常关系受到破坏，终使妊娠中止，导致母体排出胎儿的过程。流产可发生在妊娠的各个阶段，以妊娠早期较为多见。流产所造成损失是严重的，不仅使胎儿夭折或发育受到影响，而且还会危害母畜的健康，并引起生殖器官疾病而导致不育。

1. 病因　流产的原因很多，概括起来有3类，即普通流产、传染性流产和寄生虫性流产，每类流产又可分为自发性流产和症状性流产。自发性流产是胎儿与胎盘发生反常或直接受到影响而发生的流产，症状性流产即流产是孕牛患某些疾病的症状或饲养管理不当的表现。

（1）普通流产　普通流产的原因很多，也很复杂。

自发性流产：亲本染色体异常引起胎儿死亡或畸形；胎膜及胎盘发生异常，如胎膜及胎盘无绒毛或绒毛发育不全，子宫的部分黏膜发炎变性，阻碍了绒毛与黏膜的联系，使胎儿与母体间的物质交换受到限制，胎儿不能发育；卵子或精子的缺陷导致胎胚发育停滞。

症状性流产：母牛的普通疾病及生殖激素分泌反常，饲养管理不当，如子宫内膜炎、阴道脱出、阴道炎、孕酮与雌激素分泌紊乱、孕酮分泌不足、瘤胃臌气、瘤胃弛缓及真胃阻塞、贫血、草料严重不足、维生素缺乏、矿物质不足、饲料品质不良（霜冻、冰水、霉变、有毒饲料）、饲喂方法不当、机械损伤（碰伤、踢伤、抵伤、跌倒）等。

（2）传染性流产　一些传染病所引起的流产。

自发性流产：直接危害胎盘及胎儿的病原体有布氏杆菌、沙门氏杆菌、支原体、衣原体、胎儿弧菌、病毒性腹泻病毒、结核杆菌等。这些病原引起的疾病均可导致自发性流产。

症状性流产：引起症状性流产的传染病有传染性鼻气管炎、

钩端螺旋体病、李氏杆菌病等，虽然这些病的病原不直接危害胎盘及胎儿，但可以引起母牛的全身性变化而导致胎儿死亡，发生流产。

（3）寄生虫性流产

自发性流产：生殖道黏膜、胎盘及胎儿直接受到寄生虫的侵害，如毛滴虫病、弓形虫病等。

症状性流产：如牛焦虫病、环形泰勒虫病、边虫病、血吸虫病等，这些寄生虫可引进母牛严重贫血，全身健康受损，胎儿死亡。

2. 症状与诊断 由于流产在妊娠过程中发生的时间、原因及母牛反应不同，流产的病理过程及所引发的胎儿变化和母牛的临床症状也不同。

（1）隐性流产（即胚胎被吸收） 隐性流产发生在妊娠初期，囊胚附植前后。胚胎死亡后组织液化，被母体吸收或在母牛发情时排出，母牛不表现任何症状。

（2）排出不足月的活胎儿，也称早产 这类流产的预兆及过程与分娩相似，只是不像分娩那样明显，乳房没有渐进性胀大，而是在产前2～3天突然肿胀，阴唇稍有肿胀，阴门有清亮黏液排出。助产方式也同分娩，对胎儿应精心护理，注意保暖。

（3）排出死亡但未经变化的胎儿，也称小产 是流产中最常见的一种。妊娠早期，胎儿及胎膜很小，排出时不易发现，妊娠前半期的流产，事前常无预兆，妊娠末期流产的预兆与早产相同，只是在胎儿排出前做直肠检查时发现胎儿已无心跳和胎动，妊娠脉搏变弱。

（4）延期流产（死胎停滞） 胎儿死亡后，如果阵缩微弱，子宫颈管不开或开放不全，死胎长期滞留于子宫内会发生一系列变化，如干尸化或浸溶。胎儿干尸化和浸溶的区别在于黄体萎缩与否，子宫颈管是否开放、开放的程度及有无微生物的侵入。妊

娠中断后，黄体不萎缩，子宫颈不开放，子宫没有微生物侵入，胎儿组织水分和胎水被吸收，胎儿形成棕黑色干尸样，即胎儿干尸化。只要胎儿顺利排出，预后良好。妊娠中断后，黄体萎缩，子宫颈开放，微生物入侵子宫，胎儿软组织发生气肿和分解液化，即胎儿浸溶。发生胎儿浸溶时，伴发子宫炎、子宫内膜炎，有可能进一步发展为败血症和腹膜炎及脓毒血症，不但预后不良，而且危及母牛的生命。

流产发生时，如果胎儿小，子宫没有细菌等病原体感染，母体全身及生殖器官变化不大，预后良好。

3. 治疗 首先应该综合分析流产的类型，确认妊娠是否能继续维持及发生流产后母畜的体况，在此基础上确定治疗原则。

（1）先兆流产 子宫颈口紧闭，子宫颈塞没有溶解，胎儿依然存活，治疗原则是保胎，肌注孕酮 50～100 毫升，每日一次，连用 4 天，同时给以镇静剂，如溴剂、氯丙嗪等。

（2）先兆流产的继续发展 子宫颈塞溶解，子宫颈口开放，阴道分泌物增多，胎囊已进入阴道或已破，流产在所难免，应采取措施开放子宫颈，刺激子宫收缩，尽快排出胎儿，必要时向子宫内放置抗生素。

（3）延期流产 无论是胎儿干尸化还是胎儿浸溶都应该尽快地排出胎儿，清理子宫，宫内放置抗生素，有全身反应的牛只应进行全身治疗，以消炎解毒。

4. 预防 如果牛场有流产发生，特别是经常性成批发生，应认真观察胎膜、胎儿及母牛的变化，必要时送实验室检查，做出确切诊断，对母畜及所有成年牛进行详尽的调查分析，采取有效措施，防止再次发生。

（五）乳房炎

1. 病因

（1）病原微生物感染 细菌感染是引起乳房炎的主要原因。

引起乳房炎的病原微生物有无乳链球菌、乳房炎链球菌、停乳链球菌、葡萄球菌、化脓性棒状杆菌、肠道菌属、枯草杆菌、甲链球菌、四链球菌、绿脓杆菌、变形杆菌、结核杆菌、布氏杆菌、支原体、巴氏杆菌、产气菌属、霉菌、病毒等等。病原微生物的感染有两种途径，一种是血源性的，指细菌经血液转移而引起，如患结核病、布氏杆菌病、流行热、胎衣不下、子宫内膜炎、创伤性心包炎时，乳房炎为这些病的继发性症状；另一种是外源性的，因乳房或乳头有外伤，乳牛场内环境卫生差，挤奶用具消毒不严，洗乳房的水不清洁，病原由外界进入伤口及乳头上行感染而引起。

(2) 理化原因　机械挤乳的牛场，乳房炎发病率较高。其原因有：

①机械抽力过大，引起乳头裂伤、出血；

②电压不稳，抽力忽大忽小；

③频率不定，有时过快或过慢；

④空挤时间过长或经常性空挤；

⑤乳杯大小不合适，内壁弹性低，机器配套不全等；

⑥机器用完未及时清刷，或刷洗不彻底，细菌孳生。

手工挤乳时，没有严格的按操作规程挤奶，如挤奶员的手法不对，或将乳头拉得过长，或过度压迫乳头管等可引起乳头黏膜的损伤导致乳房炎。

另外，突然更换挤奶员、改变挤奶方式日粮配合平衡或干乳方法不正确都可诱发乳房炎。

2. 症状　乳房炎根据乳汁的变化和有无临床症状分为隐性乳房炎和临床型乳房炎。

(1) 隐性乳房炎　病原体侵入乳房，未引起临床症状，肉眼观察乳房、乳汁无异常，但乳汁在生化及细菌学上已发生变化。

(2) 临床型乳房炎　肉眼可见乳房、乳汁均已发生异常。根据其变化与全身反应程度不同，可分为以下几种。

①轻症：乳汁稀薄，呈灰白色，最初几把乳常有絮状物。乳房肿胀，疼痛不明显，产乳量变化不大。食欲、体温正常。停乳时，可见乳汁呈黄白色、黏稠状。

②重症：患区乳房肿胀、发红、发热、质硬、疼痛明显，乳汁呈淡黄色，产乳量下降，仅为正常的1/2～1/3，有的仅有几把乳。体温升高，食欲废绝，乳上淋巴结肿大（如核桃大），健康乳区的产奶量也显著下降。

③恶性：发病急，患区无乳，患区和整个乳房肿胀，坚硬如石，皮肤发紫，龟裂，疼痛极明显。泌乳停止，患区仅能挤出1～2把黄水或血水。病畜不愿行走，食欲废绝，体温高达41.5℃以上，呈稽留热型，持续数日不退。心跳增数（100～150次/分），病初期粪干，后呈黑绿色粪汤。消瘦明显。

3. 诊断 隐性乳房炎只有在实验室检测时才可被发现，临床型乳房炎可根据乳房的变化及乳汁的颜色、性质及全身反应确诊。

4. 治疗 治疗原则是消灭病原微生物，控制炎症的发展，改善牛的全身状况，防止败血症发生。发病率较高的牛场需查明病原体种类，应用针对性强的药物和方法，效果更好。

（1）局部治疗

①患区外敷：可选用的药物有10%酒精鱼石脂、10%鱼石脂软膏、安得列斯糊剂，将药物涂布患区。

②抗生素治疗：在查明病原体时应用敏感药物，在未查明病原体时可用青霉素80万单位、链霉素50万～100万单位、蒸馏水50～100毫升混合均匀，1次经乳头注入乳池内，每天2次，或用2.5%恩诺杀星10毫升注入乳池，1日2次，连用5天。

③乳房基部封闭：在乳房基底部与腹壁之间，分3～4点，进针8～10厘米，注射0.25%～0.5%奴佛卡因（内加青霉素80万单位）100～250毫升。

（2）全身治疗

①青霉素200万～250万单位，1次肌肉注射，每天2次。或按每10千克体重1毫升注射2.5%恩诺杀星，每日2次，连用5天。

②根据病情，可静脉注射葡萄糖、碳酸氢钠、安钠咖，以解毒强心。

(3) 中药治疗

①局部热敷：当归、蒲公英、紫花地丁、连翘、大黄、鱼腥草、荆芥、川芎、薄荷、大盐、红花、苍术、通草、木通、甘草、穿山甲、大茴香，各50克，加水适量，加醋1 000毫升，煎汤至800毫升。1剂煎6次，每次温敷30～40分钟。

②内服药物：金银花80克、蒲公英90克、连翘60克、紫花地丁80克、陈皮40克、青皮40克、生甘草30克，加白酒适量，水煎去渣，取汁内服，每天1剂。重病牛每天服2剂。

5. 预防

(1) 严格执行挤奶消毒措施，以防止病原体感染

①挤奶前用50～56℃的净水清洗乳房及乳头，或用1∶4 000漂白粉液、0.1%新洁尔灭液，0.1%高锰酸钾液清洗乳房。

②挤奶后用3%次氯酸钠液或0.3%洗必泰液或70%酒精浸泡乳头。

③挤奶机在每次挤完奶后应彻底清洗消毒。

④患牛的奶应集中处理，不可乱倒。

⑤挤乳的顺序是先挤健康牛，再挤病牛。

(2) 严格执行挤奶操作规程

①手工挤奶应采取拳握式，乳头过短的牛可用滑下法。挤乳时用力均匀，应按慢—快—慢的原则。

②机器挤乳时，应在洗好乳房后及时装上乳杯，挤净乳后应及时正确取下乳杯，以防空挤。

(3) 加强对干乳期乳房炎的防治　干奶期乳房炎的防治是控制奶牛乳房炎的卓有成效的措施，既可治疗上一个泌乳期中的隐

性乳房炎，又能降低下个泌乳期乳房炎的发病率。

①停奶时，应向乳头内注射青霉素，每个乳区用 20 万 ~ 40 万单位。或用苄星青霉素 100 万单位、链霉素 100 万单位、注射用水 6 毫升，硬脂酸铝 3 克，灭菌花生油 20 毫升，做成油乳剂，供 4 个乳区使用。

②育成牛群中如有偷吸乳头恶癖的牛，应从牛群中挑出，淘汰或给它带上笼头。

（六）子宫内膜炎

根据黏膜炎症的性质不同，将子宫内膜炎分为卡他性、脓性、卡他性脓性和坏死性子宫内膜炎。根据病程的长短，可分为急性和慢性子宫内膜炎。慢性由急性转化而来，慢性炎症有时以急性发作。子宫内膜炎常因炎症的扩散引起子宫肌炎和子宫浆膜炎及盆腔炎等。

1. 病因

（1）助产不当，难产，产道及子宫内膜受损伤；产后子宫弛缓、流产、胎衣不下，恶露蓄积；子宫脱出，子宫内膜损伤或被污染；消毒不彻底，阴道和子宫颈炎症等处理不当，治疗不及时而使子宫受细菌感染，引起内膜炎。

（2）配种时不严格执行操作规程，如输精器、牛外阴部、人的手臂消毒不严；输精时器械损伤子宫内膜；输精次数频繁等。

（3）继发性感染，如布氏杆菌病、结核病及其他侵害生殖道的传染病和寄生虫病等已引起子宫内膜慢性炎症，分娩之后由于机体抵抗力降低及子宫损伤，病情加剧而转为急性炎症。

（4）患其他全身性疾病时，病原体内源性地转移引起子宫内膜炎。

2. 症状

（1）卡他性脓性子宫内膜炎　患牛全身反应不明显。阴道分泌物随病程而异，初呈灰褐色，后变为灰白色，由黏液变为脓

液，量由少变多，腐臭；牛卧地后，常见从阴道内流出，或于坐骨结节黏附、结痂。有的患牛有拱背、举尾、努责、尿频等症状。

阴道检查时可见：阴道黏膜、子宫颈黏膜充血、潮红，子宫颈口开张约 1～2 指。阴道有时可见分泌物排出。直肠检查，子宫壁增厚，比正常产后同期大，子宫收缩反应减弱。

(2) 坏死性子宫内膜炎　子宫内膜由于细菌毒素和腐败物的刺激而发生坏死，全身症状加剧，患牛精神沉郁，体温升高，食欲、反刍、泌乳停止。阴唇发绀，阴道黏膜干燥，从阴道内排出褐色或灰褐色、含坏死组织块的分泌物，恶臭，直肠检查时可见子宫壁和子宫角增厚，手压有疼痛反应。

(3) 慢性卡他性子宫内膜炎　患牛的性周期、发情表现及排卵均正常，但屡配不孕，或配种受孕后流产。阴道内集有少量的混浊黏液，或于发情时从子宫内流出混有脓丝的黏液，子宫角增粗，子宫壁肥厚、收缩反应微弱。

(4) 慢性卡他性脓性子宫内膜炎或脓性子宫内膜炎　子宫壁肥厚不均，性周期不规律，阴道分泌物稀薄，发情时增多，呈脓性。子宫角粗大、肥厚、坚硬，收缩反应微弱。卵巢上有持久黄体。

3. 诊断　可根据分娩情况，病史及临床症状、阴道分泌物阴道和直肠检查情况予以确诊。

4. 治疗　应用抗菌药物消除炎症，防止感染扩散，消除子宫腔内的渗出物，促进子宫收缩。

(1) 子宫内注入法

①将土霉素粉 2 克，或金霉素粉 1 克，或青霉素 100 万单位，溶于蒸馏水 250～300 毫升，1 次注入子宫，或采用干撒抗生素法隔日 1 次，直至分泌物清亮为止。

②对病程较长、分泌物呈脓性的牛，可用以下药物：

卢格氏液（复方碘溶液）：碘 25 克、碘化钾 50 克，加蒸馏

水 40～50 毫升溶解，再用蒸馏水稀释至 500 毫升，配成 5%的碘溶液。取 5%碘溶液 20 毫升，加蒸馏水 500～600 毫升，1 次注入子宫内。

鱼石脂溶液：取纯鱼石脂 80～100 克，溶于蒸馏水 1 000 毫升中，配成 8%～10%的溶液。每次注入子宫内 100 毫升，隔天 1 次，一般用 1～3 次。

冲洗子宫往往会引起牛食欲降低，不得已而用之，应该尽量采用干撒布药，将抗菌药直接放入子宫即可。

（2）其他疗法

①肌肉注射己烯雌酚，一次 15～25 毫克，隔日一次，与子宫内布撒土霉素相结合，效果更好。

②子宫按摩法。将手伸入直肠，隔肠按摩子宫，每天 1 次，每次 10～15 分钟，有利于子宫收缩。

③全身治疗。根据全身状况，可补糖、补盐、补碱、强心，并使用抗生素和磺胺类药物。

5. 预防

（1）助产时，牛的阴门及其周围、人的手臂及助产器械等应严格消毒，操作要仔细，动作要轻柔，尽量避免损伤产道。

（2）配种时，人工输精器械和牛的生殖道口都应严格消毒，操作要谨慎，严禁损伤子宫内膜。

（3）合理配合饲料，特别应注意矿物质、维生素饲料的供应，以减少难产及胎衣不下、子宫脱出等产后疾病的发生。

（4）乳牛的全身疾病，如产后瘫痪、酮血症、乳房炎等，都可能引起子宫内膜炎的发生，故应及时治疗乳牛的原发病。

（5）对流产病畜应及时隔离观察，并作细菌学检查，以确定病性，及时采取措施，防止疾病的流行。

（七）脐炎

脐炎是新生犊牛脐血管及其周围组织的炎症，为犊牛常发

病。

正常情况下，犊牛脐带残段在产后7～14天干燥、坏死、脱落，脐孔由结缔组织形成瘢痕和上皮而封闭。

1. 病因

（1）牛的脐血管与脐孔周围组织联系不紧，当脐带断后，残段血管极易回缩而被羊膜包住，脐带断端在未干燥脱落以前又是细菌侵入的门户和繁殖的良好环境。接产时，脐带不消毒或消毒不严，或犊牛互相吸吮，尿液浸渍，脐带都会感染细菌而发炎。

（2）饲养管理不当，外界环境不良，如运动场潮湿、泥泞，褥草没有及时更换，卫生条件较差等，致使脐带受感染。

2. 症状 根据炎症的性质及侵害部位，脐炎可分为脐血管炎和坏疽性脐炎。

（1）*脐血管炎* 初期常不被注意，仅见犊牛消化不良，下痢，随病程的延长，病犊弓腰，不愿行走。脐带与脐孔周围组织充血肿胀，触诊质地坚硬，热，患犊有疼痛反应。脐带断端湿润，用手指挤压可挤出污秽浓汁，具有臭味。隔脐孔处皮肤捻动触摸时，可触到小指粗的硬固索状物，病畜犊表现疼痛。

（2）*坏疽性脐炎* 又名脐带坏疽，脐带残段湿润、肿胀、呈污红色、带有恶臭味，炎症可波及周围组织，引起蜂窝组织炎、脓肿。有时化脓菌及其毒素还沿血管侵入肝、肺、肾等内脏器官，引发败血症、脓毒败血症，病畜表现全身症状，如精神沉郁，食欲减退，体温升高，呼吸脉搏加快。

3. 治疗 治疗原则是消除炎症，防止炎症的蔓延和机体中毒。

（1）*局部治疗* 病初期，可用1%～2%高锰酸钾清洗脐部，并用10%碘酊涂擦。患部可用60万～80万单位青霉素，分点注射。脐孔处形成瘘孔或坏疽时应用外科手术清除坏死组织，并涂以碘仿醚（碘仿1份，乙醚10份），也可用硝酸银、硫酸铜、高锰酸钾粉腐蚀。如腹部有脓肿，可切开，排除脓汁，再用3%过

氧化氢冲洗，内撒布碘仿磺胺粉。

（2）全身治疗　为防止感染扩散，可肌注抗生素，一般常用青霉素60万～80万单位，1次肌肉注射，每天2次，连用3～5天。

如有消化不良症状，可内服磺胺嘧啶、苏打粉各6克，酵母片或健胃片5～10片，每天2次，连服3日。

4. 预防

（1）做好脐带的处理和严格消毒工作。剪脐带时应在离犊牛腹部约5厘米处剪断，再用10%碘酊将断端浸泡1分钟。

（2）保持良好的卫生环境，牛舍、运动场等应定期消毒、通风换气，保持干燥清洁，褥草应及时更换。

六、常见的外科病

（一）蹄病

1. 蹄变形　蹄变形是指蹄的形状发生改变。由于变形发生后蹄所呈现的形状不同，临床上可分为长蹄、宽蹄、翻卷蹄。

（1）病因

①日粮中钙磷供应不足，比例不当，磷钙代谢不平衡，都可能引起蹄变形。

②蹄变形病与乳牛的产奶量有一定关系，一般单产高的牛，发病率较高。

③蹄变形病与公牛的遗传性有关。

（2）症状

①长蹄：也称延蹄，指蹄的两侧支超过了正常蹄支的长度，蹄角质向前过度伸延，外观呈长形。

②宽蹄：蹄的两侧支长度和宽度都超过了正常蹄支，外观大而宽，故又称为“大脚板”。此类蹄角质部较薄，蹄踵部较低，

在站立和运步时，蹄的前缘负重不实，向上稍翻，恢复不易。

③翻卷蹄：蹄的内侧支或外侧支蹄底翻卷。从正面看，翻卷蹄支变得窄小，呈翻卷状，蹄尖部细长而向上翻卷；从蹄底面看，外侧缘过度磨损，蹄背部翻卷已变为蹄底，靠蹄叉部角质增厚，磨损不正，蹄底负重不均，往往见后肢跗关节以下向外侧倾斜。呈“X”状。严重者，两后肢向后方伸延，病牛弓背、运步困难，呈托拽式，称之为“翻蹄亮掌，拉拉胯”。

（3）诊断　根据临床表现，即蹄的变形，即可确诊。

（4）治疗　药物治疗使变形蹄恢复正常没有效果。

临床上常采用修蹄疗法。根据蹄变形的程度和呈现的形状，采用相应办法给予修整。

（5）预防　加强饲养管理，充分重视蛋白质、矿物质的供应。根据乳牛的泌乳状况，应合理配合日粮，特别是高产乳牛，应根据全身状况，随时调整和补充。一旦蹄形开始变化，及时注射维生素 D_3，同时日粮中补加钙粉等，以阻止其恶化。钙磷比例一般以 1.4：1 可获得钙磷代谢的正平衡。

一般头胎的母牛过度产奶（超过 6 000 千克以上），发病较多，故不宜偏食偏喂，单纯追求高产。如奶牛因高产而出现弓背、拉胯等现象，并且是初发病牛，应提前停乳，以促使机体恢复。

2. 加强管理，定期修蹄

（1）为防止蹄被粪、尿、污水等浸渍，应定期刷拭牛蹄，并保持牛蹄干净（冬天干刷，夏天湿刷），运动场要及时清扫，保持干燥。

（2）每年应对全群牛普查蹄形，建立定期修蹄制度。凡变形蹄，应一律修整，每年 1～2 次。为防止牛蹄感染，修蹄不宜在雨季进行。

（3）加强牛的选育工作，如牛蹄变形与公牛有关者，可考虑不再用该公牛精液配种。

(二) 腐蹄病

乳牛腐蹄病，是指蹄的真皮和角质层组织发生化脓性病理过程的一种疾病。其特征是真皮坏死与化脓，角质溶解，病牛疼痛，跛行。

腐蹄，一般都伴有蹄变形，可认为蹄变形是腐蹄的基础。由于蹄支变形，负重不均，磨损不匀，加上细菌的感染，发生腐蹄病。腐蹄病严重时，会蔓延到球关节、冠关节而引起关节肿胀增生。

1. 病因

(1) 据北京农业大学、北京市东郊农场研究，认为北京市各牛场发生的四肢病，为一种磷钙代谢紊乱引起的代谢病。日粮中钙磷供应不足，钙磷比例不当（1.25～1.35:1），维生素 D 缺乏可能是造成腐蹄病发生的主要原因之一。

(2) 管理不当，运动场泥泞潮湿，硬质杂物较多，运动场不平整，牛舍卫生较差，潮湿，牛蹄长期受粪尿浸渍，修蹄不定期。

(3) 坏死杆菌、化脓性棒状杆菌、金黄色葡萄球菌、大肠杆菌感染，牛皮螨等造成皮肤损伤并受细菌感染。

(4) 遗传因素。

(5) 其他原发病如指（趾）间皮炎，疣状皮炎、黏膜病等病的继发或诱发。

2. 症状 腐蹄病依其发生的过程和部位分为蹄趾间腐烂和腐蹄。

(1) 蹄趾间腐烂 蹄趾间腐烂为乳牛蹄趾间表皮或真皮的化脓性或增生性炎症。

蹄部检查：蹄趾皮肤增温、充血、肿胀、糜烂。有的蹄趾间腐肉增生，呈暗红色，突于蹄趾间沟内，质度坚硬，极易出血，蹄冠部肿胀，呈红色。

病牛跛行，以蹄尖着地。站立时，患肢负重不实，有的以患部频频打地或蹭腹。犊牛、育成牛和成乳牛都有发生，以成牛多见。

（2）腐蹄　腐蹄为乳牛蹄部的真皮、角质部腐败性化脓，可发生在两蹄支中的一侧或两侧。四蹄皆可发病，以后蹄多见。成乳牛发病最多。全年皆有发病，以七、八、九3个月发病最多。

病牛站立时，患蹄球关节以下屈曲，频频换蹄、打地或蹭腹。前肢患病时，患肢向前伸出。

蹄部检查：趾间感染的皮肤发生坏死、脱落，蹄变形，蹄底磨灭不正，角质部呈黑色。如外部角质尚未变化，修蹄后见有污灰色或污黑色腐臭脓汁流出。也有的患牛由于角质溶解，蹄真皮过度增生，肉芽组织突出于蹄底之外，大小由黄豆大到蚕豆大，呈暗褐色。也有坏死蔓延至蹄壳、蹄底的角质层，以至蹄壳干裂或脱落。

炎症蔓延到蹄冠、球关节时，关节肿胀，皮肤增厚，失去弹性，疼痛明显，步行呈“三脚跳”。化脓后，关节处破溃，流出乳酪样脓汁，若继发败血症，病牛全身症状加剧，精神沉郁，体温升高，食欲、反刍减退或废绝，产乳量下降，常卧地不起，消瘦。

3. 诊断　根据临床症状及蹄部检查，即可确诊。

4. 治疗

（1）去除诱因　如整理牛运动场及牛舍、纠正物质代谢障碍等。

（2）局部处理

①蹄趾间腐烂。以10%硫酸铜溶液，或1%来苏儿水洗净患蹄，涂以10%碘酊，用松馏油涂布（鱼石脂也可）于蹄趾间患部，装蹄绷带，如蹄趾间有增生物，可用外科法除去，或以硫酸铜粉、高锰酸钾粉撒于增生物上，装蹄绷带，隔2～3日换药1次，常于2～3次治疗后痊愈。也可用烧烙法将增生肉芽去除，然后装蹄绷带。

②腐蹄。先将患蹄修理平整，找出角质部腐烂的黑斑，用小尖刀由腐烂的角质部向内深挖，直到挖出黑色腐臭脓汁流出，合理扩创，洗净污物和腐烂组织，用过氧乙酸清创，擦干，然后涂10%碘酊，填入松馏油棉球，或放入高锰酸钾粉、硫酸铜粉，最后装蹄绷带。

如伴有冠关节炎、球关节炎，局部可用10%酒精鱼石脂绷带包裹，全身可用抗生素、磺胺类等药物，如青霉素320万单位，肌肉注射，每天2次，连续7天；10%磺胺嘧啶钠150～200毫升，静脉注射，每天1次，连续7天；静脉注射5%葡萄糖1 000毫升，5%碳酸氢钠500毫升，盐酸金霉素6克。

5. 预防

（1）坚持定期修蹄，保持牛蹄干净；及时清扫牛舍、运动场。

（2）加强对牛蹄的监测，以及时治疗蹄病，防止病情恶化。

（3）日粮要平衡，钙磷的喂量要充足，比例要适当。

（三）脓肿

任何器官或组织内，由于局部的化脓性炎症，而使脓汁贮留于新形成的腔洞内称为脓肿。

1. 病因

（1）外伤性的　组织挫伤后瘀血，形成血肿，血肿被细菌感染；静脉注射高浓度的药物或刺激性药物（如氯化钙）时渗漏于皮下；局部消毒不严、注射针头未经消毒，细菌随针头进入组织；难产时助产手术失误，操作粗鲁，引起产道损伤和感染；牛误食尖锐异物（如铁丝、铁钉等），异物进入并滞留网胃，继而创伤网胃，导致穿孔，引起心包、肝、脾、肺化脓；误投药物入肺，引起肺的化脓性坏疽。

（2）血源性的　即病菌由血液或淋巴液侵入，或由原发病灶转移而使其他组织器官受感染而引发脓肿。如牛患布氏杆菌病、

犊牛副伤寒时常伴发化脓性关节炎和化脓性肺炎。

引起乳牛组织化脓的细菌有葡萄球菌、链球菌、大肠杆菌及牛的化脓性棒状杆菌等。

2. 症状 根据脓肿发生的部位、大小以及其对全身的影响不同，临床上分为浅在性脓肿和深部脓肿。

（1）浅在性脓肿 脓肿常发生于皮下组织内，呈局限性，外观极易看清。病的初期，急性炎症明显，局部增温、肿胀、疼痛，脓肿边缘清楚，质地坚实；以后脓肿中央逐渐软化，出现波动，皮肤变薄，被毛脱落，最后破溃，流出浓稠的似乳酪样的脓汁。一般乳牛全身性变化不明显，食欲、体温正常。

（2）深部脓肿 因有组织覆盖，所以外观不易发现脓肿，其中最为常见的是乳牛内脏的化脓，如肝脓肿、脾脓肿、肺脓肿与坏疽、乳房脓肿、心包化脓等等。一般情况下，仅发病早期有体温轻度升高（40℃左右）不退、食欲减低、产乳量下降等症状，并出现相应器官受损的症状，有时会出现胸、腹膜炎，血液检查时，白细胞总数升高核左移。

3. 诊断 内脏器官的脓肿若是局限性的，全身反应较轻，故难以确诊。如病情较重，可根据原发病史，临床症状，实验室血液检查，治疗效果等综合分析。

浅在性的脓肿根据病因和临床症状即可确诊，但浅在性的脓肿、血肿和淋巴外渗，其外观都有肿胀，故在临床上应加以鉴别(见表 7－2)。

表 7－2 脓肿、血肿、淋巴外渗的区别

疾病种类	浅在性脓肿	血 肿	淋巴外渗
病因	①外伤后细菌感染 ②血源性细菌转移	外力作用	常无原因，但多因外力引起
发生部位	颈、臀、腹部、乳房	胸前、腹部、乳房	腹部、乳房
肿胀	速度较慢	迅速增大	缓慢、逐渐增大
局部温度	增温	增温	无温

（续）

疾病种类		浅在性脓肿	血　肿	淋巴外渗
病状	疼痛	明显	有疼痛	无疼痛
	波动	初硬，后较有波动	波动明显、具有弹性	明显波动，皮肤不紧张
	界限	初不明，后界限清楚	较小时呈局限性，大时呈弥漫性	界限明显
自溃		能自溃	不能	不能
穿刺		流出脓，呈乳酪样	流出血液，暗红色	流出橙黄色、稍透明液体
治疗		切开排脓	缓进吸收，形成脓肿后，按脓肿处理	①注入95%酒精或酒精福尔马林（95%酒精100毫升，福尔马林1毫升，碘酒数滴） ②较大者切开，用上述药物冲洗

4. 治疗

（1）浅表性脓肿。

①未形成脓肿时，即在急性炎症期，可局部温敷，涂布10%碘酊或10%鱼石脂软膏，促进消散。

②已形成脓肿时，即脓肿已成熟，可用5%～10%碘酊局部消毒，用外科刀或剪刀在肿胀最突出部（波动最明显处）将脓肿切开，排出脓汁。切口的大小，以能将脓汁顺利排出排完为宜。待脓汁排出后，可用0.1%高锰酸钾或3%双氧水冲洗脓腔，冲净后用灭菌布搌干，于腔内撒布磺胺粉或碘仿磺胺粉。根据具体情况可每天或隔天处理1次。

切开脓肿时应注意两点：一是不能等脓肿自溃后再切开，否则易造成组织化脓性溶解，引起脓汁的扩散，影响创口愈合；二是在脓肿尚未成熟时也不可切开，因为化脓过程尚未停止，脓汁尚未充分形成，切后不能将脓汁完全排出，反而会加剧局部炎症。

（2）深部脓肿一般都要采用保守全身方法，治疗原则是抗菌消炎，强心解毒，治疗原发病，限制炎症扩散。

5. 预防

(1) 加强牛的管理工作，以防止或减少牛体遭受外伤。运动场应平整、无异物，要定期给牛修角，不强赶牛，防止牛只拥挤与摔倒。

(2) 及时清除饲料中的各种尖锐金属异物，减少创伤性网胃炎及心包、肺、脾、肝化脓。

(3) 日粮要平衡，防止因精料比例过高而引起瘤胃中毒、继发肝脓肿。

(四) 蹄叶炎

蹄叶炎或真皮小叶炎，是指蹄真皮的无菌性炎症，是牛的一种未能得以充分诊断的疾病，四肢均有不同程度发生，但某些牛仅表现前肢跛行。跛行，蹄过长，出现蹄轮及蹄底出血均为本病症状。

1. 病因 奶牛蹄叶炎常见的原因是过食高能饲料。如为促进犊牛和青年牛的生长，大量饲喂易发酵饲料，为追求高产奶量，产奶牛食用过剩的混合料。高能饲料发酵到一定程度便引起亚临床酸中毒，瘤胃炎，乳酸、内毒素及其他血管活性物质通过瘤胃吸收而引起体蹄叶炎。初产母牛急性蹄叶炎的发病率高于成母牛，因为初胎母牛第一次采食高能产奶日粮，在接触由于脓毒性乳房炎，脓毒性子宫炎及肺炎感染所产生的内毒素或其他介质时更易发生，有些单纯的内毒素偶尔也可引起牛的蹄叶炎，另外热力、机械力也可以造成蹄叶炎。

2. 症状 牛患急性蹄叶炎时，两前肢或四肢跛行明显，病牛精神沉郁，食欲减少，不愿站立和运动，站立时因避免患蹄负重，常前肢向前伸出，以踵部负重，后肢前伸踏于腹下，也以踵部负重。强迫运动时，病牛患蹄落地轻缓，步态僵硬，触诊病蹄可感增温，特别是靠近蹄冠处，叩诊或压诊时，两趾（指）异常敏感。

慢性蹄叶炎，病牛除因长时间躺卧，体重逐渐下降，发生褥疮外，还常出现蹄形改变，在蹄壁上可以看到不规则蹄轮，蹄前壁轮距较近，蹄踵轮距较稀疏，慢性蹄叶炎的最终结果可形成芜蹄，蹄匣本身变得狭长，蹄踵壁几乎垂直，蹄尖壁近乎水平。

3. 诊断 急性蹄叶炎根据饲养史、饲料类型、蹄部升温、典型跛形及患蹄对触诊压诊的敏感性反应，即可确诊，慢性蹄叶炎的诊断可根据典型的姿势、步态，有多肢慢性或间歇性跛行病史，产奶量下降，消瘦躺卧时间不长，蹄支度长，蹄角度变小，蹄轮明显，同急性蹄叶炎一样可患蹄对触诊压诊表现敏感性反应。除急性蹄叶炎外亚临床蹄叶炎也应该引起重视，因为亚临床型蹄叶炎虽然不明显跛行但牛步态缓慢，拖地而行，繁殖率下降，产奶量达不到指标，同时也是白线分离蹄底脓肿蹄裂、蹄壁过度生长等疾病的病因。

4. 治疗 急性蹄叶炎可用镇痛及抗炎药物治疗，如阿司匹林（成牛 15～30 克，每日 2 次口服），氟胺烟酸葡胺（成牛 0.55～1.10 毫克/千克体重，每日 2 次）。在软地面上运动或用冷水浸蹄也有帮助。除了治疗蹄叶炎外，还应及时调整日粮，治疗相关的疾病，如子宫炎、乳房炎、肺炎等，以减少内毒素或其他介质的产生。应该指出的是痊愈后在遇到疾病、怀孕后期或产犊后再次给予高能日粮时，蹄叶炎还可复发。慢性蹄叶炎也可选择性使用镇痛剂，同时应经常修蹄，使蹄保持正常角度。

七、常见不孕症

（一）卵巢静止

卵巢静止是卵巢机能受到扰乱后处于静止状态。表现在母牛不发情，直肠检查，虽然卵巢大小、质地正常，表面光滑，却无

卵泡发育，也无黄体存在。或有残留陈旧黄体痕迹，大小如蚕豆，较软，有些卵巢质地较硬，略小，相隔 7～10 天，甚至 1 个发情周期再作直肠检查，卵巢仍无变化。子宫收缩乏力，体积缩小，外部表现和持久黄体的母牛极为相似，有些患牛消瘦，被毛粗糙无光。

防治：卵巢静止的防治原则是恢复卵巢功能。

(1) *按摩* 隔天按摩卵巢、子宫颈、子宫体 1 次，每次 10 分钟，4～5 次 1 个疗程，结合注射己烯雌酚 20 毫克。

(2) *药物治疗*

①肌注促卵泡素 100～200 单位，出现发情和发育卵泡时，再肌注促黄体素 100～200 单位。以上两种药物都用 5～10 毫升生理盐水溶解后使用。

②肌注孕马血清 1 000～2 000 单位，隔天 1 次，2 次为 1 疗程。

③隔天注射己烯雌酚 10～20 毫克，3 次为 1 个疗程，隔 7 天不发情再进行 1 个疗程。当出现第一次发情时，卵巢上一般没有卵泡发育，不应配种，第一次自然发情时，应适时配种。

④用黄体酮连续肌注 3 天，每次 20 毫克，再注射促性腺激素，可使母牛出现发情。

⑤肌肉注射促黄体释放激素类似物（LRH～A_3）400～600 单位，隔天 1 次，连续 2～3 次。

（二）持久黄体

发情周期黄体或妊娠黄体超过正常时间（20～30 天）不消退，称为持久黄体或黄体滞留。前者为发情周期持久黄体，后者为妊娠持久黄体，两者与妊娠黄体在组织结构和对机体的生理作用方面没有区别，都能分泌孕酮，抑制卵泡发育，使母牛发情周期停止循环，引起不育。

1. 病因 饲养管理失调，饲料营养不平衡，缺乏矿物质和

维生素，缺少运动和光照；高产奶牛摄取的营养和消耗不平衡；气候寒冷且饲料不足；子宫疾病（如子宫炎、子宫积水、子宫积脓、死胎，部分胎衣滞留等）都会使黄体不能及时吸收，妊娠黄体滞留，造成子宫收缩乏力和恶露滞留，进一步促进子宫复旧不全和子宫内膜炎的发生。

2. 症状 发情周期停止循环，母牛不发情，营养状况、毛色、泌乳等都无明显异常。直肠检查：一侧（有时为两侧）卵巢增大，表面有突出的黄体，有大有小，质地较硬，间隔5~7天再次检查时，在同一卵巢的同一部位会触到同样的黄体，同侧或对侧卵巢上存在1个或数个绿豆或豌豆大小的卵泡，均处于静止或萎缩状态，两次直肠检查无变化，子宫多数位于骨盆腔和腹腔交界处，基本没有变化，有时子宫松软下垂，稍粗大，触诊无收缩反应。

3. 诊断 根据临床症状和直肠检查即可确诊，但要做好鉴别诊断，持久黄体与妊娠黄体的区别：妊娠黄体较饱满，质地较软，有些妊娠黄体似成熟卵泡。而持久黄体不饱满，质硬，经过2~3个星期再做直肠检查，黄体无变化。妊娠时子宫是渐进性的变化，而持久黄体的子宫无变化。

4. 防治 持久黄体的医治应首先从改善饲料、管理及利用方面着手。目前前列腺素$F_{2\alpha}$及其类似物是有效的黄体溶解剂。

前列腺素（$PGF_{2\alpha}$）4毫克，肌肉注射，或加入10毫升灭菌注射用水后注入持久黄体侧子宫角，效果显著。用药后一周内可出现发情，配种并能受孕，用后超过一周发情的母牛，受胎率很低。个别母牛虽在用药后不出现发情表现，但经直肠检查，可发现有发育卵泡，按摩时有黏液流出，呈暗发情，如果配种也可能受胎。

氯前列烯醇，一次肌注0.24~0.48毫克，隔7~10天做直肠检查，如无效果可再注射一次。此外，以下药物也可以用于医治持久黄体，如：

（1）促卵泡激素（FSH）100～200单位，溶于5～10毫升生理盐水中肌注，经7～10天直肠检查，如黄体仍不消失，可再进行1次，待黄体消失后，可注射小剂量人绒毛膜促性腺激素（hCG），促使卵泡成熟和排卵。

（2）注射促黄体释放激素类似物（LRH～A_3）400单位，隔日再肌注1次，隔10天做直肠检查，如仍有持久黄体可再进行1个疗程。

（3）皮下或肌注1 000～2 000单位孕马血清，作用同FSH。

（4）黄体酮和雌激素配合应用，注射黄体酮3次，1天1次，每次100毫克，第2及第3次注射时，同时注射已烯雌酚10～20毫克或促卵泡素100单位。

（三）卵泡萎缩及交替发育

卵泡萎缩及交替发育都是卵泡不能正常发育、成熟到排卵的卵巢机能不全。

1. 病因 本病主要是受气候与温度的影响，长期处于寒冷地区，饲料单纯，营养成分不足导致本病发生；运动不够也能引起本病。

2. 症状及诊断

卵泡萎缩：在发情开始时，卵泡的大小及外表发情表现与正常发情一样，但卵泡发育缓慢，中途停止发育，保持原状3～5天，以后逐渐缩小，波动及紧张性也逐渐减弱，外部发情症状逐渐消失，发生萎缩的卵泡可能是1个或2个以上，也可发生在一侧或两侧。因为没有排卵，卵巢上也没有黄体形成。

卵泡交替发育：一侧卵巢原来正在发育的卵泡停止发育并开始逐渐萎缩，而在对侧或同侧卵巢上又有数目不等的卵泡出现并发育，但发育不到成熟又开始萎缩，此起彼落，交替不已。其最后结果是其中1个卵泡发育成熟并排卵，暂无新的卵泡发育。卵泡交替发育的外在发情表现随卵泡发育的变化而有时旺盛，有时

微弱，呈连续或持续发情，发情期拖延 2～5 天，有时长达 9 天，但一旦排卵，1～2 天之内即停止发情。

卵泡萎缩和交替发育需经多次直肠检查，并结合外部发情表现才能确诊。

3. 治疗

(1) 促卵泡素（FSH） 肌肉注射 100～200 单位，每天或隔天 1 次，具有促进卵泡发育、成熟、排卵作用。绒毛膜促性腺激素（hCG）对卵巢上已有的卵泡具有促进成熟、排卵并生成黄体的作用，与促卵泡素结合使用效果更佳，肌注 5 000 单位，静脉只需 3 500 单位。

(2) 孕马血清 肌注 1 000～2 000 单位，作用同 FSH。

(3) 加强饲养管理

(四) 卵巢萎缩

卵巢萎缩是卵巢体积缩小，机能减退，有时发生在一侧卵巢，也有同时发生在两侧卵巢，表现为发情周期停止，呈长期不发情。卵巢萎缩大都发生于体质衰弱（如发生的全身性疾病、长期饲养管理不当）、老年、高产奶牛，奶牛黄体囊肿、卵泡囊肿或持久黄体的压迫，也会使卵巢萎缩，奶牛患卵巢炎同样也会造成卵巢萎缩。

1. 症状 临床表现发情周期紊乱，极少出现发情和性欲，即使发情，表现也不明显，卵泡发育不成熟、不排卵，即使排卵，卵细胞也无受精能力，直肠检查，卵巢缩小，仅似大豆及豌豆大小，卵巢上无黄体和卵泡，质地坚硬，子宫缩小、弛缓、收缩微弱。间隔一周，经几次检查，卵巢与子宫仍无变化。

2. 治疗 治病原则是年老体衰者淘汰，有全身疾病的及时治疗原发病，加强饲养管理，增加蛋白质、维生素和矿物质饲料的供给，保证足够的运动，同时配合以不同药物治疗。

(1) 促性腺释放激素类似物（$LRH \sim A_3$）1 000 单位，肌

注，隔天1次，连用3天，接着肌注三合激素4毫升。

（2）人绒毛膜促性腺激素（hCG）10 000～20 000单位，肌注，隔天再注射1次。

（3）孕马血清1 000～2 000单位，肌注。

（五）排卵延迟

1. 病因 排卵迟主要原因是垂体分泌促黄体素不够，激素的作用不平衡，其次是气温过低或突变，饲养管理不当。

2. 症状 卵泡发育和外表发情表现与正常发情一样，但成熟卵泡久不排卵，发情的时间可延长3～5天或更长。排卵延迟时的卵泡比一般正常排卵的卵泡大，所以直肠触摸与卵巢囊肿的最初阶段极为相似。

3. 治疗 排卵延迟的治疗原则是改进饲养管理条件，配合药物治疗，所用药物有：

（1）促黄体素 肌注100～200单位，在发现发情症状时，肌注黄体酮50～100毫克。对于因排卵延迟而屡配不孕的牛，在发情早期可应用雌激素，晚期可注射黄体酮。

（2）促性腺释放激素类似物 肌注400单位，于发情中期应用。

（六）卵巢囊肿

卵巢囊肿分为卵泡囊肿和黄体囊肿两种。

1. 卵泡囊肿 卵泡囊肿是由于未排卵的卵泡上皮变性，卵泡壁结缔组织增生，卵细胞死亡，卵泡液不被吸收或增多而形成。卵泡囊肿占卵巢囊肿70%以上，一般多发于第四至六胎产奶高峰期。其特征是无规律频繁发情或持续发情，甚至出现慕雄狂。慕雄狂是卵泡囊肿的一种症状，其特征是持续而强烈的发情行为，但不是只有卵泡囊肿才引起的，也不是卵泡囊肿都具有慕雄狂的症状。卵泡囊肿有时是两侧卵巢上卵泡交替发生，当一侧

卵泡挤破或促排后，过几天另一侧卵巢上卵泡又开始发生囊肿。

（1）病因　卵泡囊肿主要原因是垂体前叶所分泌的促卵泡素过多，或促黄体素生成不足，使排卵机制和黄体的正常发育受到了扰乱，卵泡过度增大，不能正常排卵，卵泡上皮变性形成囊肿。从饲养管理上分析，奶牛日粮中的精料比例过高，缺少维生素A；运动和光照少，诱发舍饲高产奶牛在泌乳盛期发生卵泡囊肿；不正确地使用激素制剂（如饲料中过度添加或注射过多雌激素），胎衣不下、子宫内膜炎及其他卵巢疾病等引起卵巢炎，使排卵受到扰乱，也可伴发卵泡囊肿，有时可能与遗传基因有关。

（2）症状　患牛发情表现反常，发情周期缩短，发情期延长，性欲旺盛，特别是慕雄狂的母牛，经常追逐或爬跨其他牛只，由于过度消耗体力，体质瘦削，毛质粗硬，泌乳量逐渐下降，食欲逐渐减少。由于骨骼脱钙和坐骨韧带松弛，尾根两侧处凹陷明显，臀部肌肉塌陷。阴唇肿胀，阴门中排出数量不等的黏液。直肠检查：卵巢上有1个或数个大而波动的卵泡，直径可达2～3厘米，大的如鸽蛋，泡壁略厚，连续多次检查可发现囊肿交替发生和萎缩，但不排卵，子宫角松软，收缩性差。长期得不到治疗的卵泡囊肿病牛可能并发子宫积水和子宫内膜炎。

（3）治疗　卵泡囊肿的患牛，提倡早发现早治疗，发病6个月之内的患牛治愈率为90%，1年以上的治愈率低于80%，继发子宫积水等的患牛治疗效果更差。一侧多个囊肿，一般都能治愈。在治疗的同时应改善饲养管理条件，否则治愈后易复发。治疗药物如下。

①促黄体素200单位，肌注。用后观察1周，如效果不明显，可再用1次。

②促性腺释放激素0.5～1毫克，肌注。治疗后，产生效果的母牛大多数在13～23天内发情，基本上起到调整母牛发情周期的效果。

③绒毛膜促性腺激素，静脉注射 10 000 单位或肌肉注射 20 000单位。

对出现慕雄狂的患牛可以隔日注射黄体酮 100 毫克，2 ~ 3 次，症状即可消失；在使用以上激素效果不显著时可肌注 10 ~ 20 毫克地塞米松效果较好。

2. 黄体囊肿 黄体囊肿是未排卵的卵泡壁上皮黄体化，或者是正常排卵后，由于某些原因，黄体化不足，在黄体内形成空腔，腔内聚积液体。前者称黄体化囊肿，后者称囊肿黄体，囊肿黄体与卵泡囊肿和黄体化囊肿在外形上有显著不同，它有一部分黄体组织突出于卵巢表面，囊肿黄体不一定是病理状态。黄体囊肿在卵巢囊肿中约占 25%左右。

（1）症状 黄体囊肿的临床症状是不发情。直肠检查可以发现卵巢体积增大，多为 1 个囊肿，大小与卵泡囊肿差不多，但壁较厚而软，不紧张。黄体囊肿母牛血浆孕酮浓度比一般母牛正常发情后黄体高峰期的孕酮浓度还要高，促黄体素浓度也比正常牛的高。

（2）治疗 同持久黄体。

八、几种常用治疗牛病的方法

（一）子宫冲洗法

1. 适应症 子宫冲洗法适用于慢性子宫内膜炎、子宫蓄脓、子宫积水等病。

2. 术前准备

（1）器械与药品 吊桶、脸盆、导管；高锰酸钾、来苏儿、金霉素或土霉素、蒸馏水及温开水、生理盐水、5%盐水。

（2）人员 术者 1 人，助手 1 ~ 2 人。

3. 手术步骤

（1）用温开水配制0.1%高锰酸钾溶液或5%灭菌盐水盛于吊桶内，置于牛体后躯高于牛体处。

（2）消毒术者手臂、母牛会阴部，术者将手伸入阴道，并将与吊桶相连的导管经子宫颈口插入子宫，打开吊桶开关，药水经导管流入子宫；当药液进入子宫200~300毫升时关闭开关，将与吊桶相接的导管断开；术者将导管上下、左右活动，把子宫内容物导出；将子宫中的药液全部导出之后，再将导管与吊桶接通，打开开关，使药液再流入子宫，然后再按上法导出。如此反复几次，直到滤出清亮消毒液为止。最后再灌注抗生素。

4. 注意事项

（1）手臂、导管及牛的会阴部要严格消毒。

（2）每次注进子宫的药液，一定要全部导出。

根据临床观察，采用子宫冲洗法，虽能将子宫中的恶露冲出，但因受机械刺激而可能引起子宫内膜发炎，有时导管能将黏膜吸出并引起出血。如果消毒不严，反而会增加子宫感染机会，特别是在胎衣剥离后，若用大量液体冲洗子宫，乳牛往往会出现弓腰、举尾、体温升高、食欲废绝、产乳量下降等症状。因此，一般不宜采用冲洗法。

（二）胎衣剥离术

1. 术前准备

（1）器械与药品　脸盆、注射器、尾绳；来苏儿、高锰酸钾、10%磺胺软膏、土霉素或金霉素粉；2%普鲁卡因及蒸馏水。

（2）人员　术者1人，助手1~2人。

2. 保定　站立保定，在牛床上即可。

3. 手术步骤

（1）术者应剪去并磨光指甲，用1%来苏儿水洗净手臂，再用酒精棉擦干，涂以10%磺胺软膏。

（2）助手用温热的1%来苏儿液洗净母畜后躯，洗去沾在胎

衣上的粪末，将生殖道周围擦干，将牛尾系于牛体一侧。

（3）术者站于母畜臀部左侧，左手握住露于阴门外的胎衣，稍稍拉紧（如无外露的胎衣，则将右手伸入阴道，轻轻将胎衣向外牵引，或边剥离边拉），右手沿胎衣伸入子宫，顺着外露胎衣触摸尚未脱离胎衣的胎盘，用拇指或食指沿母子胎盘联系之边缘，向内分离，即可将胎儿胎盘从母体胎盘中分离出来。剥离应从子宫体开始，按顺序向子宫角逐个子叶剥离，严禁用手抓住母子胎盘向下揪。边分离胎盘，左手边向外牵拉胎衣，剥离至子宫角时，右手可将胎衣轻轻向外拉动，子宫角可随胎衣的拉动而被提起内翻，以便于操作。

（4）胎衣被全部剥离后，直接向子宫内放入金霉素 1 克（或土霉素 2 克），以后连续放药两次。

4. 注意事项

（1）为便于剥离，对不安宁或努责强烈的牛，术前可用 2% 普鲁卡因 4 毫升作尾椎麻醉。

（2）为减少手臂对子宫、产道的刺激和污染机会，术者手臂和母牛阴门必须严格消毒，术者的手臂应该涂擦润滑剂，且不应频繁从产道内抽出。

（3）如母子胎盘粘连过紧，不能完整剥落时，不可强行剥离，应放入抗生素，以免损伤母体子叶，引发感染。

（4）剥离要尽可能完整，不可将胎衣残片留于子宫内，剥脱后应检查胎衣的完整性，如有残留时，应继续剥出。

（三）修蹄疗法

1. 适应性　适应各种变形蹄，如长蹄、宽蹄、翻卷蹄、蹄角质腐烂（腐蹄）、蹄趾间腐烂的修整和治疗。

2. 术前准备

（1）器械　蹄刀、锉、锯、锤及绳等。

（2）药品　消毒棉、硫酸铜、来苏儿、10% 碘酊、松馏油、

高锰酸钾粉及绷带等。

(3) 人员 术者1人，助手1~2人。

3. 保定 四柱栏内站立保定。

4. 修蹄方法 将牛蹄吊起，术者站立于所修蹄的外侧，根据不同蹄形及病情，分别进行修整。

(1) 长蹄 用蹄刀或截断刀，将蹄支过长部分修去，并用修蹄刀将蹄底面修理平整，再用锉将其边缘锉平整，使成圆形。

(2) 宽蹄 将蹄刀或截断刀放于蹄背侧，用木锤打击刀背，将过宽的角质部截除，再将蹄底面修理平整，锉光边缘。

(3) 翻卷蹄 将翻卷侧蹄底内侧缘增厚部分除去，用锯除去过长的角质部，最后锉光边缘。

(4) 腐蹄、蹄趾间腐烂 首先根据其蹄形变化，将蹄底修平整后，再分别用药物进行处理。

5. 注意事项

(1) 修蹄时间可在土地反墒之后、雨季到来之前。因过早修整，气温低，蹄角质坚硬，修整困难。过晚，天气热，雨水多，修后难以护理，易感染。

(2) 无论修整何种变形蹄，都应根据各个蹄形的具体情况决定去除角质的数量，不可过多地修去角质，否则会损伤真皮层，引起出血、感染。为能使蹄在负重时两蹄支分开，底面负重均匀，蹄支支撑平衡，蹄趾间又不易滞留污物、粪草，应将两蹄支内侧边缘多修去一些，以使蹄印呈“凹”型。

(3) 对翻卷蹄应分次修整，一次性修整完成，往往会因过度修去角质而损伤真皮，造成出血。如确诊是蹄部病症引起的跛行，但在修整时又未发现病变时，也不可1次深挖，应隔3~5天后，再复检一次，观察病情有无变化。

(4) 因蹄病而经蹄修整的病牛，处治后，应在干净、干燥、松软的地面上单独饲喂数日。

6. 实践意义

（1）合理及时地修蹄，能够矫正蹄形，防止蹄变形进一步发展，而造成肢势的改变。

（2）蹄修整对已发生蹄病的牛有很好的疗效。如蹄趾间腐烂、腐蹄发生后，修蹄能促进蹄病的痊愈。

（3）能提高产乳量。

（4）可提高牛的利用年限，降低因蹄变形、蹄病造成的淘汰率。

（四）糖钙疗法

1. 适应症 适用于预防和治疗酮血病、骨质疏松症、前胃弛缓、产前产后前胃弛缓、生产瘫痪、胎衣不下等病。

2. 用量与用法 20%～40%葡萄糖液500毫升，20%葡萄糖酸钙500毫升（或10%葡萄糖500毫升，3%氯化钙500毫升），1次静脉注射，每天1次或2次。

3. 应用糖钙疗法的对应体征 乳牛存在以上病症，出现食欲不振或废绝，心跳、体温正常，可用糖钙疗法。糖钙疗法能促进食欲，增强心脏功能，还能加强子宫阵缩，促进分娩。并能预防产前、产后瘫痪的发生，促使胎衣的脱落，补充糖和钙质。

第八章

高产奶牛的培育

高产奶牛（群）一般是指产奶量高于平均产奶量 50% ~ 100% 的个体和牛群。我国的高产奶牛是指成年母牛（5 胎）305 天产奶 6 000千克和乳脂率达 3.4%以上的个体。一头奶牛一年最多能产多少奶？对这个问题美国纽约州康乃尔大学 L.E. CHASE 博士说：“这个问题谁也回答不了，因为 20 年前有人曾估计一头奶牛年最高产奶量可能是 18 000 千克，可是今天却出现 27 000 千克的高产奶牛，而且有的牛群平均单产已经达到13 000千克”。

一、培育高产奶牛（群）的必要性和重要性

（一）基因优良的母牛，消耗每千克饲料生产的牛奶较多

产奶量和饲料消耗量之间有直接关系，表 8 - 1 所示，每头奶牛平均消耗每千克饲料的产奶量，由产奶量为 4 560 千克的 1.16 千克增加到产奶量为 11 000 千克的 1.88 千克，即后者的饲料效率较前者提高 62%。也就是说，高产牛的饲料转化率远比低产牛高。

从表 8 - 1 可看出，采食的干物质占体重的百分比，高产牛最多（3.13%），低产牛最少（2.24%），由此可见，高产牛平均 100 千克体重生产每千克奶需要 0.2 千克干物质，这一比例增加，维持所需能量则会按体重有比例地增加（每 100 千克体重维

表 8-1 母牛自由采食 40%粉碎苜蓿干草和 60%精料的混合日粮的生产性能

项目 \ 性能 \ 类别	高产牛	中产牛	低产牛
305 天产奶量(千克)	11 000	6 945	4 560
头均日产奶量(千克)	35.7	22.5	14.8
乳脂率(%)	2.9	3.0	3.2
305 天乳脂量(千克)	319	208	146
干物质采食量(占体重的%)	3.13	2.45	2.24
体重(千克)	652	657	632
体重变化(千克)	+48.2	+33.6	+59.1
平均消耗每千克饲料的产奶量(千克)	1.88	1.49	1.16

持所需能量约为 0.71 千克总消化养分)。产奶量增加时，每增产 1 千克标准奶约需增加 0.33 千克总消化养分。具有高产潜力的奶牛，在提供平衡合理的日粮条件下，每 100 千克体重得到比维持需要更多的能量时，这些多余的能量就可用于产奶。如果能量采食量超过产奶潜力的需要时，多余的能量则用于增重。

(二) 高产奶牛饲料转化率高

高产牛饲料转化率高，是指在满足了维持所需的能量以后，每产 1 千克奶的能量消耗比低产奶牛少，与采食总能量有关的不同产奶量母牛的热消耗如表 8-2。

表 8-2 与采食总能量有关的不同产奶量母牛的热消耗量

项目 \ 性能 \ 类别	高产牛	中产牛	低产牛
干物质采食量(千克)	20.4	16.1	14.2
净能采食量(兆焦)	137.2	108.4	90.8
维持所需净能量(兆焦)	45.6	45.6	45.6
产奶所需净能量(兆焦)	91.6	62.8	45.2
平均日产奶量(千克)	35.7	22.5	14.8
平均每千克奶所需净能量(兆焦)	2.6	2.8	3.1
维持所需净能量占采食总能量的百分比	33	42	50

从表 8－2 中还可看出，高产牛维持体重的热消耗，占食入总能量的 33%，比中产牛少 9%，比低产牛少 17%。

（三）高产牛每单位饲料成本的收益较多

按美国行情，每 100 千克奶的价格为 8.5 美元，每 100 千克饲料（40%苜蓿、60%精料）价格是 4.8 美元，则三种产奶水平母牛单位饲料成本收益如表 8－3 所示。

表 8－3　不同奶产量奶牛单位饲料成本的收益比较

项目 ＼ 性能 ＼ 类别	高产牛	中产牛	低产牛
一个泌乳期(305 天)的产奶量(千克)	11 000	6 945	4 560
平均每 100 千克饲料的产奶量(千克)	188	149	116
平均每 100 千克饲料的产奶收入(美元)	16.00	12.66	9.86
平均每 100 千克饲料的净收入(美元)	11.20	7.86	5.06
平均每美元饲料开支的产奶收入(美元)	3.33	2.63	2.05

由上表可见，305 天产奶 11 000 千克的高产奶牛，平均每美元饲料开支的产奶收入，比 305 天产奶 6 945 千克的中产牛高 0.70 美元，比低产牛多 1.28 美元。

二、培育高产奶牛（群）的主要技术措施

（一）育种措施

奶牛业的主要产品是牛奶，产奶量的高低和奶的质量直接影响奶牛场的经济收入，所以不断提高牛群质量是任何牛场都应极为重视的。

奶牛群改良具有连续性、长期性。通常奶牛群每年的遗传进展大约只有 0.5%～1%，一项育种措施在牛群中见效的时间至少需 10～15 年。如果改良工作断断续续，奶牛群就不可能达到

高产、优质和高效，违背了饲养奶牛的目的。美国近20年成年母牛数减少1 000多万头，而头均产奶量增加了1 800千克，这主要是在全国范围内长期执行牛群改良方案，使牛群质量不断提高的结果。奶牛数量下降并不可怕，最可怕的是用大量的饲料，去饲养一批饲料转化率低的劣质奶牛。

持续开展奶牛育种工作的方法：

1. 系统整理资料，摸清牛群状况，了解影响奶牛产奶性能发挥的因素，对自己的牛群有一个比较全面的认识，为制定育种计划和选育措施打下基础。

2. 正确的选育目标是关系到育种成功的重要问题。根据牛群实际情况，确定近期目标和远期目标。例如提高母牛产奶量，在强调提高产奶量的同时并注重乳脂率；当群体产奶量达到一定程度时（平均单产7 000千克）再强调牛只外貌性状的选择，在外貌性状的选择上强调乳房性状的选择等等。

3. 做好生产性能监测工作，也是改良奶牛群的基础工作。中国奶牛协会制定有包括生产性能监测在内的比较全面的《中国荷斯坦奶牛群改良方案》，如果有条件可以加入该协会，这对牛群改良工作有很大的帮助。

4. 育种目标确定在后，着重选择匹配的优质种公牛精液，有计划地进行选配。在选配计划中，还应注意体型结构的改良，逐个评定其优缺点，可制定出个体选配计划。

（二）饲草饲料

在影响奶牛产奶量的各种因素中，遗传因素约占30%，环境因素约占70%左右。在环境因素中，精粗饲料供应是否充足，比例是否适当，品质是否优良，这是决定奶牛产奶量尤为重要的条件。据报道，美国1993年全国奶牛平均单产达7 067千克，其成功经验之一是正确解决粗饲料问题。奶牛粗饲料主要有两大类，一是蜡熟期玉米青贮，二是苜蓿干草。高质量的粗饲料可以

节约精料，保障奶牛的健康，提高奶牛的产奶量。因此，贮备充足的优质青贮和优质干草是培育高产奶牛的重要条件。全年饲料的需要量可以根据饲养的奶牛头数予以估计，如下表 8-4。

表 8-4　各年龄段牛只 1 年所需饲料量

（单位：千克）

种　类	干　草	青贮饲料	混合料	块根饲料
成年牛	1 250～1 500	7 000～10 000	2 000～2 500	1 200～1 500
育成牛	625～750	3 500～4 500	1 000～1 250	600～750
犊　牛	312.5～375	1 750～2 250	500～625	300～375

注：

1. 混合料中能量饲料 50%，蛋白质饲料 25%～30%。
2. 成年母牛可加喂 2 000～2 500 千克糟粕类饲料。

（三）奶牛隐性乳房炎的防治技术

奶牛隐性乳房炎对奶牛业的发展威胁很大，造成的经济损失也极为严重，一个乳区感染后可减少 15%左右的产奶量，如果不及时发现而任其发展，轻则产奶量下降，重则会波及整个乳房或急性发作，引起一系列病理变化，乃至危及奶牛的生命。

1. 监测奶牛隐性乳房炎的方法　目前监测奶牛隐性乳房炎的首选方法是仿加州乳腺炎试验法（仿 CMT 法）和奶牛乳腺炎电子检测仪（2RD 仪），检出准确率分别为 94.4%和 93.5%（与体细胞计数法相比较）。

2. 奶牛隐性乳房炎的控制

（1）*应用盐酸左旋咪唑*　剂量为口服每 100 千克体重 0.8 毫克，肌肉注射每 100 千克体重 0.5 毫克，隔 21 天再用药 1 次，以后每 3 个月重复用药 1 次。或者在干奶前 7 天用药 1 次，临产前 10 天再用药 1 次，以后每 3 个月重复用药 1 次。左旋咪唑是一种非特异性的免疫调节剂，据试验表明，对预防隐性乳房炎的发生具有重要作用。

（2）*坚持乳头药浴*　乳头药浴常用的药物有 3%次氯酸钠、

0.5%洗必泰、0.1%雷佛奴尔、0.1%新洁尔灭、0.5%～1%碘酊等。将配制好的药液装入药浴杯中，于挤奶后立即进行药浴（挤完奶后45秒内进行最为适宜），以浸入半个以上的乳头为好。药液现配现用，用后弃掉。建议药浴次数，干奶期每日1次，临产期每日2次，泌乳期每日3次，持续1个泌乳期（严冬季节为防止乳头冻伤，可酌情暂停）。

（3）干奶期的防治　干奶时向乳区注入药物，可以治疗上个泌乳期中的隐性乳房炎，又能降低下个泌乳期的发病率，方法是用青链霉素油乳剂于干奶期注入每个乳区，一个干乳期注入1～2次。

（4）定期普查　每个季度1次，对每头成母牛进行奶牛隐性乳房炎检测，了解防治效果，制订防治措施。

（四）奶牛胎衣不下的防治技术

奶牛胎衣不下是产后母牛子宫炎发生的主要原因，为减少胎衣不下的发生及其对子宫的毒害作用，应采取以下几种方法。

1. 加强干奶期母牛饲养　干奶期母牛的饲养原则是精饲料定量，优质干草自由采食，增强运动和光照。一般精饲料喂量为3～4千克，青贮为15千克，防止母牛过肥。

2. 药物预防　为防止胎衣不下，产后可立即注射20%葡萄糖酸钙，20%葡萄糖液各500毫升，每天1次，连注2～3天。同时配合产后立即注射催产素100单位，能加速胎衣脱落。

3. 补充维生素　在干乳期每天喂给维生素E 1 000单位，在泌乳期间，每天喂给维生素E 500单位，同时喂给每千克含0.3～0.4毫克硒的饲料，效果较明显。

4. 奶牛产犊后立即饮服益母草膏。

5. 对于胎衣不下的牛，主张子宫内撒放抗生素，隔天1次。

（五）奶牛蹄保健技术

蹄保健技术主要包括修蹄和蹄浴。实践证明，修蹄和蹄浴可

降低蹄病发生率，从而减少因蹄病所致的死亡和淘汰，延长奶牛的使用寿命，提高产奶量。

1. 修蹄 修蹄是指利用蹄刀、剪、锯、锉或修蹄器等器械，以外科方法使蹄的形状及生理功能得到恢复的一种技术。

2. 浴蹄 浴蹄是指用消毒液处理牛蹄的一种技术。具体方法：用清水先充分清洗牛蹄上的泥土、粪尿等，再开启盛有4%硫酸铜溶液的喷雾器开关，将液体直接喷洒在牛蹄上，牛最好在原处停留3~5分钟。夏、秋季，每隔5~7天喷洒1次，冬、春季可适当延长间隔时间。

(六) 建立奶牛繁殖技术管理体系

奶牛繁殖技术管理体系，主要包括奶牛发情、配种、妊娠、干乳、分娩、产后监护、不孕症防治及繁殖记录、繁殖统计、繁殖报表等全面系统的技术管理。

1. 发情管理

(1) *发情鉴定* 据观察，发情母牛中87.6%表现站立发情，观察法是发情鉴定的主要方法，必要时进行阴道检查或直肠检查。据统计，早中晚观察3次，早晚观察两次，早晨观察一次的发情检出率分别87.6%、77.9%和51.7%。因此，发情观察的次数和时间应为早中晚观察3次或早晚观察两次。每次的观察时间应在30分钟以上。

(2) *发情预报* 据统计，奶牛的发情周期平均21.8±3.7天，配种人员应根据奶牛上次发情的日期及其以前的发情周期做出下次发情预报记录和界时观察记录。

(3) *初情检查* 据统计，奶牛初情期平均327±51天，对超过13月龄仍未出现初情的母牛要进行生殖器官检查。

(4) *产后初情检查* 据统计，奶牛产后初情时间平均为产后51.6±25.1天，对产后60天以上不发情的母牛要进行生殖器官检查或诱导发情。

(5) 异常发情检查　据统计，发情母牛中约20%表现异常发情，主要有安静发情、持续发情、发情周期过短、发情周期过长等，对异常发情母牛要查明原因，酌情治疗或诱导发情。

2. 妊娠管理

(1) 妊娠诊断　母牛配种后最好进行3次妊娠诊断。第一、二次分别在配种后60~90天和4~5个月，采用直肠检查或超声妊娠诊断法，第三次在停奶前采用腹壁触诊法，有条件可在配种后20~40天采用放射免疫法或酶联免疫法检查乳汁中孕酮含量，作早期妊娠诊断。

(2) 妊娠中断（流产）原因的检查　妊娠中断包括早期胚胎死亡、小产和早产。对妊娠中断的母牛应分析原因、分辨类型，防止类似问题再度发生，必要时进行流行病学及病原调查，对传染性流产要采取相应的卫生、防疫措施。

3. 分娩管理

(1) 母牛在预产前15天进产房，产后15天出产房，进、出产房前应进行检查，特别是对乳房和生殖道的检查。

(2) 产房每周消毒1次，产间与产床每天消毒1次。

(3) 对临产前母牛应注意观察分娩预兆，适时送入产房待产。

(4) 母牛以自然分娩为主，需要助产时应按产科要求进行。发生难产时应进行产道检查，并在兽医指导下进行助产。

(5) 对产后母牛和初生犊牛应加强饲养和护理。

4. 产后监护

(1) 产后6小时内观察母牛产道有无损伤及出血。如有损伤和出血应及时处理。

(2) 产后12小时内观察母牛努责状况。母牛努责强烈时要及时检查子宫内是否还有胎儿和发生子宫脱征兆。观察胎衣排出情况。发现胎衣滞留应及时应用药物或剥离术治疗。

(3) 产后7天内观察恶露排出数量和性状。发现异常应及时

治疗。

(4) 产后15天左右观察恶露排尽程度及子宫内容物的洁净程度。发现异常酌情处理。

(5) 产后30天左右通过直肠例行检查子宫复旧情况。发现子宫复旧延迟或不全，应及时治疗。

5. 不孕症防治管理

(1) 分辨不孕症类型　根据发病机理，可将不孕症分为功能性不孕症（卵巢机能失调）和器质性不孕症（生殖道疾病）。功能性不孕症主要包括：卵泡发育障碍（卵巢静止、萎缩）、排卵障碍（排卵延迟、不排卵）、黄体形成障碍（黄体形成不全、囊肿黄体）、卵巢囊肿（卵泡囊肿、黄体化囊肿）、持久黄体等。器质性不孕症主要包括：产后子宫弛缓、子宫蓄脓、子宫积液子宫炎、输卵管炎等。

(2) 查找发病原因　主要从以下方面查找发病原因：饲养管理情况、内分泌失调、产后感染、全身性疾病及卵巢机能失调与生殖道疾病的相互影响等。

(3) 明确诊断要点　观察母牛发情表现、发情周期变化，直肠检查卵巢大小、质地及卵泡、黄体存在情况，子宫的大小、质地、活动情况。同时要注意观察患牛的全身状况及其与不孕症的关系。

(4) 确立治疗原则　卵巢机能失调的治疗原则主要是：通过注射相应外源激素，使体内激素水平达到平衡，或通过某些刺激疗法（如按摩卵巢、电针、激光疗法）调整母牛内分泌机能，同时补充维生素、微量元素等，加强饲养管理，恢复卵巢的正常机能活动。生殖道疾病的治疗原则主要是：清除炎症产物，制止炎症发展，刺激子宫收缩，增加子宫张力。如果有全身疾病还应及时治疗全身性疾病。

(5) 制定预防措施　奶牛不孕症的预防主要从以下几方面着手：改善饲养管理，特别是围产期的饲养管理；加强对母牛分娩和分娩后的观察和护理，预防胎衣不下，防止生殖道感染，坚持子宫复旧检查，对产后两个月以上不发情和配种3次未妊娠的母牛应查明原因，及时治疗。

6. 繁殖记录 繁殖记录包括发情记录、配种记录、孕检记录、流产记录、产犊记录、产后监护记录、不孕症诊断治疗记录，并做到一牛一卡。奶牛饲养场一般的繁殖技术指标如下。

年总受胎率≥95%

年情期受胎率≥58%

年空怀率≤5%

产后配种准天数≤105天

初产月龄≤28个月

年繁殖率≥90%

半年以上未妊牛只比率≤4%

（七）奶牛体况评分及在奶牛饲养管理中的应用

体况评分，即膘情评分，根据母牛的体脂附着状况评定等级分数，是监测母牛的管理和营养水平的有力手段。

1. 体况评分的方法

（1）体况评分的观察部位 腰至尾根的背线部分，包括腰角、臀角和尾根。

（2）评分制度 5分制，评分范围为1.00~5.00。

（3）五类典型体况的描述

第一类，评1分。短肋末端尖锐突出，有少许肌肉覆盖，呈明显板状。腰角、臀角尖锐，有少许肌肉覆盖。腰角与臀角之间、两腰之间严重下陷。尾根下部和两臀角之间深陷，呈"V"型窝状。

第二类，评2分。短肋可见，背线有一些肌肉覆盖。呈突出的游离板状。腰、臀等部位的椎骨不明显。腰角与臀角突出，腰角与臀角之间有些下陷。尾根下部和两臀角之间的部分也有些下

陷，呈现"U"状。

第三类，评3分。短肋平滑，游离板状突出不明显。脊柱背侧隆出呈圆形，用力挤压才能感觉到椎骨。腰角、臀角圆形平滑。腰角与臀角之间仅有微弱下陷。尾根周围平滑，无脂肪沉积迹象。

第四类，评4分。短肋平滑或圆形，看不出游离板状，脊柱背侧隆起呈圆形。腰角与臀角之间平坦。尾根周围和臀角之间的部位呈圆形。脂肪沉积明显。

第五类，评5分。脊柱覆有一层厚脂肪。短肋有脂肪覆盖。腰角、臀角不明显。腰、臀之间呈圆形。尾根为脂肪包围。

2. 体况评分的应用要点

(1) 每个评定人员掌握的标准应前后一致，不同人之间的评分也应相近。

(2) 成母牛评定时间　体况评定应贯穿于母牛的整个泌乳期。一般情况下，母牛产后即进行评定，以后每月一次，直到妊娠，干奶前60~90天及干奶时再各评定一次。后两次评定很重要，因为干奶前60~90天时的评定有助于判断母牛的泌乳期的最后3个月里是否需要增加体重；而干奶时的评定，有助于人们采取必要的措施以保证母牛下一个泌乳期内所需要的体膘，此外，根据干奶时的评定结果与母牛下次产犊时的评定结果，还可以估测干奶期内母牛体重的变化情况。以便总结调整干奶期的日粮。干奶期间母牛的体重不必大量增加，但一定不能下降，否则会影响下一个泌乳高峰的产奶量，并会带来繁殖疾病，据美国康乃尔大学报道，如果母牛体况评分减少1.5分以上，一次配种受胎率就会降至17%以下（正常情况下一次配种受胎率为55%~60%）。

(3) 成母牛的标准评分　一般认为，成母牛各个泌乳阶段的理想评分是干奶和产犊时约3.5~4.0分，产后1个月下降0.5~0.75分，即达到2.7~3.5分，产后70天（泌乳高峰时，

亦即配种时）约 2.7～3.0 分，产后 150～180 天回升到 3.2 分。

（4）青年母牛体况评分　测量体高、评定体况是估测青年母牛营养状况很有效的方法。青年母牛适宜的体况评分应该是 2.7～3.0分，产犊时可以增加到 3.0～3.2 分。据研究，青年母牛初情期过肥会造成乳房里大量脂肪的沉积，阻碍乳腺上皮增生，结果导致泌乳量潜力发挥受阻（泌乳量比正常时减少 27%）；青年母牛骨盆腔狭窄，而盆腔出口又是脂肪最易沉积的地方，青年母牛过肥会引起产犊困难等繁殖问题。产犊时青年母牛体况评分虽应略有增加，但不宜超过 3.2 分，原因是头胎母牛的泌乳量高峰不如两胎以上母牛的高，所需能量储备较少。

（5）上述标准评分适合大多数母牛　有少数母牛因遗传原因不能育肥，尽管很瘦、体况评分较低，但配种、妊娠、泌乳依然正常，因此这些母牛应区别对待。

附录 1

奶牛的营养需要

附表 1　成年母牛的维持营养需要

体　重 （千克）	日粮干物质 （千克）	奶牛能量单位 （NND）	粗蛋白质 （克）	钙 （克）	磷 （克）
400	5.55	10.13	413	24	18
450	6.06	11.07	451	27	20
500	6.56	11.97	488	30	22
550	7.04	12.88	524	33	25
600	7.52	13.73	559	36	27
650	7.98	14.59	594	39	30
700	8.44	15.43	628	42	32

注：

1. 为简便起见，第一个泌乳期的维持需要在上表基础上增加 20%，第二个泌乳期增加 10%；

2. 如第一个泌乳期的年龄体重过小，应按生长牛的需要计算实际体重的营养需要；

3. 放牧时，需在上表的基础上增加能量需要量如下：行走 1 千米增加 2.48%，行走 2 千米增加 4.1%，行走 3 千米增加 8.2%，行走 4 千米增加 11.8%，行走 5 千米增加 16.5%。

4. 环境温度升高或降低时，维持能量消耗增加，需在上表的基础上增加的量如下：25℃时增加 10%，30℃时增加 22%，32℃时增加 29%，35℃时增加 34%，5℃时增加 7%，0℃时增加 12%，－5℃时增加 18%，－10℃时增加 27%，－20℃时增加 32%。

5. 日粮中粗纤维含量按干物质计算，应占干物质的 15%～20%；

6. 泌乳期每增加 1 千克体重需增加 8 个奶牛能量单位和 325 克可消化粗蛋白质，每减 1 千克体重需扣除 6.56 个奶牛能量单位和 250 克可消化粗蛋白质。

附表2 成年母牛每产1千克奶的营养需要

乳脂率（%）	日粮干物质（千克）	奶牛能量单位（NND）	粗蛋白质（克）	钙（克）	磷（克）
2.5	0.31～0.35	0.80	68	3.6	2.4
3.0	0.34～0.38	0.87	74	3.9	2.6
3.5	0.37～0.41	0.93	80	4.2	2.8
4.0	0.40～0.45	1.00	85	4.5	3.0
4.5	0.43～0.49	1.06	89	4.8	3.2

注：

1. 日产奶25千克以下，按上表的蛋白质需要供给；
2. 日产奶25～30千克，在上表基础上增加8%的蛋白质；
3. 日产奶31～40千克，在上表基础上增加12%的蛋白质。

附表3 母牛怀孕最后4个月的营养需要

体重（千克）	怀孕月份	日粮干物质（千克）	奶牛能量单位（NND）	粗蛋白质（克）	钙（克）	磷（克）
400	6	6.30	11.47	489	30	20
	7	6.81	12.40	557	34	22
	8	7.76	14.13	668	40	24
	9	9.22	16.80	815	48	27
450	6	6.81	12.40	528	33	22
	7	7.32	13.33	595	37	24
	8	8.27	15.07	706	43	26
	9	9.73	17.73	854	51	29
500	6	7.31	13.32	565	36	25
	7	7.82	14.25	632	40	27
	8	8.78	15.99	743	46	29
	9	10.24	18.65	891	54	32
550	6	7.80	14.20	602	39	27
	7	8.31	15.13	669	43	29
	8	9.26	16.87	780	49	31
	9	10.27	19.53	928	57	34
600	6	8.27	15.07	637	42	29
	7	8.78	16.00	705	46	31
	8	9.73	17.73	815	52	33
	9	11.20	20.40	963	60	36

(续)

体 重（千克）	怀 孕月份	日粮干物质（千克）	奶牛能量单位（NND）	粗蛋白质（克）	钙（克）	磷（克）
650	6	8.74	15.92	671	45	31
	7	9.25	16.85	738	49	33
	8	10.21	18.59	849	55	35
	9	11.67	21.25	997	63	38
700	6	9.22	16.76	705	48	34
	7	9.71	17.69	772	52	36
	8	10.67	19.43	883	58	38
	9	12.13	22.09	1 031	66	41
750	6	9.65	17.57	738	51	36
	7	10.16	18.51	806	55	38
	8	11.11	20.24	917	61	40
	9	12.58	22.91	1 065	69	43

注：

1. 干奶期按上表计算营养需要；
2. 如怀孕第六个月未干奶，除按上表计算营养需要外还要补加产奶的营养需要。

附表4 生长母牛的营养需要

体 重（千克）	日增重（克）	日粮干物质（千克）	奶牛能量单位（NND）	粗蛋白质（克）	钙（克）	磷（克）
40	400		3.23	243	11	6
	500		3.52	285	12	7
	600		3.84	326	14	8
	700		4.19	366	16	10
60	500		4.28	303	14	8
	600		4.63	343	16	9
	700		4.99	383	18	10
	800		5.37	422	20	11
80	500	2.16	4.96	365	15	8
	600	2.34	5.32	411	17	10
	700	2.57	5.71	457	19	11
	800	2.79	6.12	503	21	12

（续）

体　重 （千克）	日增重 （克）	日粮干物质 （千克）	奶牛能量单位 （NND）	粗蛋白质 （克）	钙 （克）	磷 （克）
100	500	2.43	5.61	400	16	9
	600	2.66	5.99	449	18	11
	700	2.84	6.39	500	20	12
	800	3.11	6.81	548	22	13
150	700	3.60	7.92	528	23	13
	800	3.83	8.40	575	25	14
	900	4.10	8.92	622	27	16
	1 000	4.41	9.49	662	29	17
200	700	4.23	9.67	591	26	15
	800	4.55	10.25	635	28	16
	900	4.86	10.91	680	30	17
	1 000	5.18	11.60	718	32	18
250	700	4.86	11.01	623	29	18
	800	5.18	11.65	668	31	19
	900	5.54	12.37	711	33	20
	1 000	5.90	13.13	748	35	21
300	700	5.49	12.72	657	32	20
	800	5.85	13.51	698	34	21
	900	6.21	14.36	740	36	22
	1 000	6.62	13.29	777	38	23
350	700	6.08	13.96	691	35	23
	800	6.39	14.83	732	37	24
	900	6.84	15.75	774	39	25
	1 000	7.29	16.75	809	41	26
400	700	6.66	15.57	725	38	25
	800	7.07	16.56	766	40	26
	900	7.47	17.64	806	42	27
	1 000	7.97	18.80	842	44	28
450	700	7.20	16.79	760	41	28
	800	7.70	17.84	802	43	29
	900	8.10	18.99	842	45	30
	1 000	8.60	20.23	875	47	31

（续）

体　重（千克）	日增重（克）	日粮干物质（千克）	奶牛能量单位（NND）	粗蛋白质（克）	钙（克）	磷（克）
500	700	7.80	18.39	797	44	30
	800	8.20	19.61	837	46	31
	900	8.70	20.91	877	48	32
	1 000	9.30	22.33	912	50	33
550	700	8.30	19.57	835	47	33
	800	8.80	20.85	877	49	34
	900	9.30	22.25	917	51	35
	1 000	9.90	23.76	951	53	36
600	700	8.90	21.23	874	50	35
	800	9.40	22.67	915	52	36
	900	9.90	24.24	957	54	37
	1 000	10.50	25.93	992	56	38

附表5　奶牛常用饲料营养价值表

名　称		每千克饲料中的含量					
		干物质（千克）	奶牛能量单位（NND）	粗蛋白质（克）	粗纤维（克）	钙（克）	磷（克）
青饲料类	青玉米	0.185	0.32	13.20	54.00	0.94	0.48
	多穗玉米	0.186	0.39	26.13	51.34	0.23	0.12
	冬大麦青饲	0.225	0.48	26.51	59.82	0.44	0.26
	大白菜	0.044	0.10	11.00	4.00	0.60	0.40
	大豆青割	0.257	0.52	43.00	71.00		3.00
	甘薯蔓	0.130	0.22	21.00	25.00	2.00	0.50
	黑麦草	0.180	0.38	33.00	42.00	1.30	0.50
	胡萝卜秧	0.120	0.22	22.00	22.00	3.80	0.50
	苜蓿草	0.262	0.31	38.00	94.00	3.40	0.10
	野青草(稗草为主)	0.345	0.51	38.00	103.00	1.40	1.10
	野青草(狗尾草为主)	0.253	0.39	17.00	71.00		1.12
	青割燕麦(刚抽穗)	0.197	0.45	29.20	53.80	1.10	0.70
	青割燕麦(扬花期)	0.221	0.49	16.90	67.70		
	青割燕麦(灌浆期)	0.196	0.30	22.00	64.70		

（续）

名　　称		每千克饲料中的含量					
		干物质（千克）	奶牛能量单位（NND）	粗蛋白质（克）	粗纤维（克）	钙（克）	磷（克）
干草类	羊草	0.916	1.35	74.00	294.00	3.70	1.80
	大麦干草	0.905	1.38	80.48	247.91		
	野干草(禾本科)	0.931	1.27	74.00	261.00	6.10	3.90
	苜蓿干草(中等)	0.901	1.54	152.00	379.00	14.30	2.40
	披碱草(5～9月)	0.949	1.24	77.00	444.00	3.00	0.10
	芦苇草	0.975	0.93	55.00	347.00	0.80	1.00
	稗草	0.934	1.07	50.00	370.00		
多汁饲料	甘薯	0.230	0.54	11.00	7.00	1.40	0.60
	甘薯干	0.900	2.14	39.00	23.00	1.50	1.20
	胡萝卜	0.120	0.29	11.00	12.00	1.50	0.90
	马铃薯	0.220	0.52	16.00	7.00	0.20	0.30
	南瓜	0.100	0.24	10.00	12.00	0.40	0.20
	甜菜	0.150	0.31	20.00	17.00	0.60	0.40
	甜菜丝(干)	0.886	1.97	73.00	196.00	6.60	0.70
	芜菁甘蓝	0.100	0.25	10.00	13.00	0.60	0.20
	西瓜皮	0.066	0.14	6.00	13.00	0.20	0.20
	胡萝卜干	0.836	2.36	39.44	57.81	5.21	1.81
农副产品类	谷　草	0.937	1.68	54.22	397.34	3.79	0.77
	大麦秸	0.884	1.04	49.00	338.00	0.50	0.06
	大豆秸	0.897	1.10	32.00	467.00	6.10	0.30
	稻　草	0.922	1.17	32.00	326.00	1.50	0.40
	甘薯蔓	0.880	1.34	81.00	285.00	15.50	1.10
	高粱秸	0.952	1.42	37.00	339.00		
	花生藤	0.900	1.63	129.00	221.00	1.20	0.10
	荞麦秸	0.954	1.07	42.00	397.00	1.10	0.20
	小麦秸(冬小麦)	0.435	0.55	44.00	157.00		
	玉米秸	0.898	1.30	40.40	333.20		
	燕麦秸	0.930	1.33	70.00	264.00	1.70	0.10
	莜麦秸	0.952	1.27	88.00	444.00	2.90	1.00

（续）

名称		每千克饲料中的含量					
		干物质（千克）	奶牛能量单位（NND）	粗蛋白质（克）	粗纤维（克）	钙（克）	磷（克）
谷实类	玉米	0.884	2.28	86.00	20.00	0.80	2.10
	高粱	0.893	2.09	87.00	22.00	0.90	2.80
	大米（秧稻）	0.875	2.29	85.00	8.00	0.60	2.10
	小麦	0.918	2.39	121.00	24.00	1.10	3.60
	小米	0.868	2.24	89.00	13.00	0.50	3.20
	燕麦	0.903	2.13	116.00	89.00	1.50	3.30
	大麦	0.888	2.13	108.00	47.00	1.20	2.90
	大麦（春大麦）	0.888	2.08	115.00	77.00	2.30	4.60
糠饼类	小麦麸	0.886	1.91	144.00	92.00	1.80	7.80
	大豆皮	0.910	1.85	188.00	251.00		3.50
	高粱糠	0.911	2.17	96.00	40.00		
	玉米皮	0.882	1.84	97.00	91.00	2.80	3.50
	菜籽饼	0.922	2.43	364.00	107.00	7.30	9.50
	豆饼	0.906	2.64	430.00	57.00	3.20	5.00
	黄豆饼	0.913	2.64	453.88	53.93	3.97	6.19
	黑豆饼	0.917	2.57	475.14	76.75	3.89	5.37
	胡麻饼	0.920	2.44	331.00	98.00	5.80	7.70
	棉籽饼	0.896	2.34	325.00	107.00	2.70	8.10
	米糠饼	0.907	1.86	152.00	89.00	1.20	1.80
	向日葵饼	0.933	1.50	174.00	392.00	4.00	9.40
	玉米胚芽饼	0.930	2.33	175.00	149.00	0.50	4.90
糟渣类	豆腐渣	0.110	0.31	33.00	21.00	0.50	0.30
	粉渣（玉米）	0.150	0.39	18.00	14.00	0.20	0.20
	粉渣（马铃薯）	0.150	0.29	10.00	13.00	0.60	0.40
	啤酒糟	0.234	0.51	68.00	39.00	0.90	0.18
	甜菜渣	0.122	0.24	14.00	38.00	1.20	0.10
动物性饲料	牛奶（全脂）	0.130	0.50	33.00		1.20	0.90
	鱼粉	0.192	1.78	386.00		61.30	10.30
	秘鲁鱼粉	0.890	2.61	605.00		39.00	29.00

（续）

名　称		每千克饲料中的含量					
		干物质（千克）	奶牛能量单位（NND）	粗蛋白质（克）	粗纤维（克）	钙（克）	磷（克）
矿物质类	骨粉	0.945				312.60	141.70
	蛎粉	0.996				392.30	2.30
	磷酸钙(脱氟)					279.10	143.00
	贝壳粉	0.989				329.30	0.30
	蛋壳粉	0.912				293.30	1.40
	石粉	0.971				394.90	
	碳酸钙	0.991				351.90	1.40

附录 2

高产奶牛饲养管理规范

本规范适于全国国营、集体和个体专业户奶牛场高产奶牛群（或个体）的饲养与管理。

（一）总则

1. 制定本规范的目的，在于维护高产奶牛的健康，延长利用年限，充分发挥其产奶性能，降低饲养成本，增加经济效益。

2. 本规范主要是针对 1 个泌乳期 305 天产奶量 6 000 千克以上、含乳脂率 3% ~ 4%（或与此相当的乳脂量）的牛群和个体奶牛。中等产奶水平的牛群或 305 天产奶万千克以上的高产奶牛，也可参考使用。

3. 本规范的各条内容必须认真执行。各地也可根据这些条款，因地制宜制订适合本地区情况“饲养管理技术操作规程”。

（二）饲料

1. 充分利用现有饲料资源，划拨饲料基地，保证饲料供给。1 头高产奶牛全年应贮备、供应的饲草、饲料量如下：

青干草：1 100 ~ 1 850 千克（应有一定比例的豆科干草）。

青贮玉米：10 000 ~ 12 500 千克（或青贮青草 7 500 千克和青草 10 000 ~ 15 000 千克）。

块根、块茎及瓜果类：1 500 ~ 2 000 千克。

糟渣类：2 000 ~ 3 000 千克。

精饲料：2 300～4 000 千克（其中高能量饲料占 50%，蛋白质饲料占 25%～30%），精饲料的各个品种应做到常年均衡供应。尽可能研制供给适合本地区的经济高效的平衡口粮，其中矿物质饲料应占精料量的 2%～3%。

2. 每年应对所喂奶牛的各种饲料进行 1 次常规营养成分测定，并反复做出饲用及经济价值的鉴定。

3. 大力提倡种植豆科及其他牧草。调制禾本科干草，应于抽穗期刈割；豆科或其他干草，应在开花期刈割。青干草的含水量约 15% 以下，绿色、芳香、茎枝柔软、叶片多，杂质少，并应打捆和设棚贮藏，防止营养损失；其切铡长度应在 3 厘米以上。

4. 建议不要喂青刈玉米，应喂带穗青贮玉米。青贮原料应富含糖分（例如甜高粱等），干物质在 25%以上，青贮玉米在蜡熟期收贮。禾本科野草在结籽前收割。各种含水分较多的根茎类应经风干，或掺入 10%～20%的糠麸类饲料青贮。也可将豆科和禾本科牧草混贮。建议用塑料薄膜或青贮塔（窖）贮藏。制成的青贮料应呈黄绿色或棕黄色，气味微酸带酒香味。南方应推广青草青贮。

5. 块根、块茎及瓜果类应尽量用含干物质和糖多的品种，并妥为贮藏，防霉、防冻，喂前洗净切成小块。糟渣类饲料除单喂外，也可与切碎的秸秆混贮。

6. 库存精饲料的含水量不得超过 14%，谷实类饲料喂前应粉碎成 1～2 毫米粗粒或压扁，1 次加工不应过多，夏季以 10 天内喂完为宜。

7. 应重视矿物质饲料的来源和组成。在矿物质饲料中，应有食盐和一定比例的常量和微量元素。例如骨粉、白垩（非晶质碳酸钙）、碳酸钙、磷酸二氢钙、脱氟磷酸盐类及微量元素，并应定期检查饲喂效果。

8. 配合饲料应根据本地区的饲料资源、各种饲料的营养成

分，结合高产奶牛的营养需要，因地制宜地选用饲料，进行加工配制。

9. 应用定型商品配（混）合饲料时，必须了解其营养价值。

10. 应用化学、生物活性等添加剂时，必须了解其作用与安全性。

11. 严禁饲喂霉烂变质饲料、冰冻饲料、农药残毒污染严重的饲料、被病菌或黄曲霉污染的饲料、黑斑病甘薯和未经处理的发芽的马铃薯等有毒饲料，必须清除饲料中的金属异物。

（三）营养需要

1. 干奶期 日粮干物质应占体重的2.0%～2.5%，每千克干物质含奶牛能量单位1.75、粗蛋白质11%～12%、钙0.6%、磷0.3%。精料和粗饲料比为25∶75，粗纤维含量不少于20%。

2. 围产期 分娩前2周，日粮干物质应占体重2.5%～3%，每千克饲料干物质含奶牛能量单位2.00，粗蛋白质13%、钙0.2%、磷0.3%；分娩后立即改为钙0.6%，磷0.3%。精料和粗饲料比为40∶60，粗纤维含量不少于23%。

3. 泌乳盛期 日粮干物质应由占体重2.5%～3%逐渐增加到3.5%以上，每千克干物质应含奶牛能量单位2.40，粗蛋白质16%～18%、钙0.7%、磷0.45%。精料和粗饲料比由40∶60逐渐改为60∶40，粗纤维含量不少于15%。

4. 泌乳中期 日粮干物质应占体重的3.0%～3.2%，每千克干物质含奶牛能量单位2.13，粗蛋白质13%、钙0.45%、磷0.4%。精料和粗饲料比为40∶60，粗纤维含量不少于17%。

5. 泌乳后期 日粮干物质应占体重3.0%～3.2%，每千克干物质含奶牛能量单位2.00，粗蛋白质12%、钙0.45%、磷0.35%。精料和粗饲料比为30∶70，粗纤维含量不少于

20%。

（四）饲养

1. 干奶期应控制精料喂量，日粮以粗饲料为主，但不应饲喂过量的苜蓿干草和玉米青贮。同时应补喂矿物质、食盐，保证喂给一定数量的长干草。

2. 围产期必须精心饲养，分娩前 2 周可逐渐增加精料，但最大喂量不得超过体重的 1%。禁止喂甜菜渣，适当减少其他糟渣类饲料。分娩后第 1～2 天应喂容易消化的饲料，补喂 40～60 克硫酸钠，自由采食优质饲草，适当控制食盐喂量，不得以凉水饮牛。分娩后第 3～4 天起，可逐渐增喂精料，每天增喂时0.5～0.8 千克，青贮、块根喂量必须控制。分娩 2 周以后，在奶牛食欲良好、消化正常、恶露排净、乳房生理肿胀消失的情况下，日粮可按标准喂给，并可逐渐加喂青贮、块根类饲料，但应防止糟渣、块根过食和消化机能紊乱。

3. 泌乳盛期，必须饲喂高能量的饲料，并使高产奶牛保持良好食欲，尽量采食较多的干物质和精料，但不宜过量。适当增喂次数，多喂品质好、适口性强的饲料。在泌乳高峰期，青干草、青贮应自由采食。

4. 泌乳中、后期，应逐渐减少日粮中的能量和蛋白质。泌乳后期，可适当增加精料，但应防止牛体过肥。

5. 初孕牛在分娩前 2～3 个月应转入成年母牛群，并按成年母牛干奶期的营养水平进行饲喂。分娩后，应增加 20% 的维持营养需要，第二胎增加 10%。

6. 全年饲料供给应均衡稳定，冬夏季日粮不得过于悬殊，饲料必须合理搭配。配合日粮时，建议各种饲料的最大喂量为：青干草 10 千克（不少于 3 千克），青贮 25 千克，青草 50 千克（幼嫩优质青草喂量可适当增加），糟渣类 10 千克（白酒糟不超过 5 千克），块根、块茎及瓜果类 10 千克，玉米、大麦、燕麦、

豆饼各 4 千克，小麦麸 3 千克，豆类 1 千克。

7. 泌乳盛期、日产奶量较高或有特殊情况（干奶，妊娠后期）的奶牛，应有明显标志，以便区别对待饲养。饲养必须定时定量，每天 3～4 次，每次饲喂的饲料建议精、粗交替多次喂给，并在运动场内设补饲槽，供奶牛自由采食饲草。在饲喂过程中应少喂勤添，防止精料和糟渣类饲料过食。

8. 夏季日粮应适当提高营养浓度，保证供给充足的饮水，降低饲喂粗纤维含量，增加精料和蛋白质的比例，并补喂块根、块茎和瓜类饲料；冬季日粮营养应丰富，要增加能量饲料，饮水温度应保持在 12～16℃，不饮冰水。

（五）管理

1. 奶牛场应建造在地势高燥、采光充足、排水良好、环境幽静、交通方便、没有传染病威胁和“三废”污染、易于组织防疫的地方，严禁在低洼潮湿、排水不良和人口密集的地方建场。

2. 牛舍建筑应符合卫生标准，坚固耐用，冬暖夏凉，宽敞明亮，具备良好的清粪排尿系统，舍外设粪尿池。有条件的地方可利用粪尿池制作沼气。

3. 在牛舍外的向阳面，应设运动场，并和牛舍相通。每头牛占用面积 20 平方米左右。运动场地面应平坦，为沙土地，有一定坡度，四周建有排水沟，场内有遮阳棚和饮水槽、矿物质补饲槽，四周围栏应坚实、美观，运动场应有专人清扫粪便、垫平坑洼、排除污泥积水。

4. 牛舍和运动场周围应有计划地种树、种草、种花，美化环境，改善奶牛场小气候。

5. 奶牛场各饲养阶段的奶牛应分群（槽）管理，合理安排挤奶、饲喂、饮水、刷拭、打扫卫生、运动、休息等项工作日程，一切生产作业必须在规定时间完成，作息时间不应轻易变动。

6. 严格执行防疫、检疫和其他兽医卫生制度，定期进行消毒，建立系统的奶牛病历档案，每年定期进行1~2次健康检查，其中包括酮血病、骨营养不良等病的检查；春秋季各进行一次检蹄修蹄。建议在犊牛阶段进行去角。

7. 高产奶牛每天必须铺换褥草，坚持刷拭，清洗乳房和牛体上的粪便污垢。夏季最好每周进行1次水浴或淋浴（气温过高时应每天1至数次），并应采取排风和其他防暑降温措施；冬季应防寒保温。

8. 高产奶牛每天应保持一定时间和距离的缓慢运动。对乳房容积大、行动不便的高产奶牛，可做牵行运动。酷热天气，中午牛舍外温度过高，应改变放牛和运动时间。

9. 高产奶牛每胎必须有60~70天干奶期，建议采用快速干奶法。干奶前用CMT法进行隐性乳房炎检查，对强阳性（“++”以上）应治疗后干奶，在最末一次挤奶后向每个乳头内注入干奶药剂，干奶后应加强乳房检查与护理。

10. 高产奶牛产前2周进入产房，对出入产房的奶牛应进行健康检查，建立产房档案。产房必须干燥卫生，无贼风。建立产房值班和交接班制度，加强围产期的护理，母牛分娩前应对其后躯、外阴进行消毒。对于分娩正常的母牛，不得人工助产，如遇难产，兽医应及时处理。

11. 高产奶牛分娩后，应及早驱使站起，饮以温水，喂以优质青干草，同时用温水或消毒液清洗乳房、后躯和牛尾。然后清除粪便，更换清洁柔软褥草。分娩后1~1.5小时进行第一次挤奶，但不要挤净，同时观察母牛食欲、粪便及胎衣的排出情况，如发现异常，应及时诊治。分娩2周后，应做酮血病等检查，如无疾病，食欲正常，可转大群管理。

（六）挤奶

1. 每年应编制每头奶牛的产奶计划，建议以高产奶牛泌乳

数据按照每头奶牛的年龄、分娩时间、产奶量、乳脂率以及饲料供应等情况进行综合估算。

2. 高产奶牛的挤奶次数，应根据各泌乳阶段、产奶水平而定。每天可挤奶 3 次，也可根据挤奶量高低酌情增减。

3. 挤奶员必须经常修剪指甲，挤奶前穿好工作服，洗净双手，每挤完 1 头牛应洗手和臂，洗手水中应加 0.1%漂白粉。

4. 奶具使用前后必须彻底清洗、消毒，奶桶必须清洗干净。洗涤时应先用冷水冲洗，后用温水冲洗，再用 0.5%烧碱温水（45℃）刷洗干净，并用清水冲洗，然后进行蒸汽消毒，橡胶制品清洗后用消毒液消毒。

5. 挤奶环境应保持安静，对牛态度要和蔼，挤奶前先拴牛尾，并将牛体后躯、腹部及牛尾清洗干净，然后用 45～50℃的温水，按先后顺序擦洗乳房、乳头、乳房底部中沟、左右乳区与乳镜，开始时可用带水的湿毛巾，然后将毛巾拧干自下而上擦干乳房。

6. 乳房洗净后应进行按摩，待乳房膨胀，乳静脉努张，出现排乳反射时，即应开始挤奶。第一把挤出的奶含细菌多，可弃去。挤奶时严禁用牛奶或凡士林擦抹奶头，挤奶后还应再次按摩乳房，然后一手托住各乳区底部，另一手把牛奶挤净。初孕牛在妊娠 5 个月以后进行乳房按摩，每次 5 分钟，分娩前 10～15 天停止。

7. 手工挤奶应采用拳握式，开始用力宜轻，速度稍慢，待排乳旺盛时应加快速度，每分钟压挤 80～120 次，每分钟挤奶量不少于 1.5 千克。

8. 每次挤奶必须挤净，先挤健康牛，后挤病牛，牛奶挤净后，擦干乳房，用消毒液浸泡乳头。

9. 机器挤奶真空压力应控制在 4.66～5.06 帕，搏动器搏动次数每分钟应控制在 60～70 次，在奶少时应对乳房进行自上而下的按摩，并应防止空挤。挤奶结束后，应将挤奶机清洗消毒，然后放在干燥柜内备用，分娩 10 天以内的母牛，或患乳房炎的

母牛，应改为手挤，病愈后再恢复机器挤奶。

10. 认真做好产奶记录。刚挤下的奶必须用过滤器或多层纱布进行过滤，过滤后的牛奶，应 2 小时内冷却到 4℃以下，入冷库保藏。过滤用的纱布每次用后应该洗涤消毒，并应定期更换，保持清洁卫生。

（七）配种

1. 建立发情预报制度，观察到母牛发情，不论配种与否，均应及时记录，配种前，除作发情表现、行为观察和黏液鉴定外，还应进行直肠检查，以便根据卵泡发育状况，适时输精。

2. 高产奶牛分娩后 20 天，应进行生殖器官检查，如有病变，应及时治疗。对超过 70 天不发情的母牛或发情不正常者，应及时检查，并应先从营养和管理方面寻找原因，改善饲养管理。

3. 高产奶牛产后 70 天左右开始配种，配种时间不超过产后 90 天。初配年龄以 15～16 月龄、体重为成年母牛 60%以上为宜。

4. 合理安排全年产犊计划，尽量做到均衡产犊，在炎热地区的酷暑季节，可适当控制产犊头数。

5. 高产奶牛应严格按照选配计划，用优良公牛精液进行配种，必须保证公牛精液的质量。

（八）统计记录

1. 奶牛场应按全国统一制定的记录表格，逐项准确地填写各项生产记录，包括产奶量、乳脂率、配种产犊、生长发育、外貌鉴定、饲料消耗、谱系以及疾病档案（包括防疫、检疫）等。

2. 根据原始记录，定期进行统计、分析和总结，用于指导生产。

附件 A（补充件）

名词解释：

高产奶牛：305 天产奶（不足 305 天者，以实际天数统计）6 000 千克以上，含乳脂率 3.4%的奶牛。

初产牛：指第一次分娩后的母牛。

初孕牛：指第一次怀孕后的母牛。

围产期：指母牛分娩前、后各 15 天以内的时间。

泌乳盛期：母牛分娩 15 天以后，到泌乳高峰期结束，一般指产后第 16～100 天。

泌乳中期：泌乳盛期以后，泌乳后期之前的一段时间，一般指产后第 101～200 天。

干奶期：指停止挤奶到分娩前 15 天的一段时间。

粗饲料：指各种牧草、秸秆、野草、甘薯藤、蔬菜以及用其制作的青贮、干草等。

块根、块茎及瓜果类：指甘薯、甜菜、马铃薯、南瓜、胡萝卜、芜菁等。

青干草：指以各种野草或播种的牧草为原料调制而成的干草，不包括各种作物秸秆。

糟渣类：主要有酒糟、粉渣、啤酒糟、豆腐渣、甜菜渣、玉米淀粉渣等。

精饲料：指谷实类、糠麸类和饼类饲料。

矿物质饲料：主要包括食盐、骨粉、白垩、脱氟磷酸盐以及微量元素等。

日粮：1 昼夜内，1 头奶牛采食的各种饲料总和。

饲养标准：指我国制定的奶牛饲养标准。

奶牛能量单位：我国奶牛饲养标准中，以 3 138 千焦产奶净能作为 1 个奶牛能量单位。

CMT 隐性乳房炎检查法：是加利福尼亚州乳房炎试验检查隐性乳房炎的一种方法。

附件 B（参考件）

泌乳期各月日产乳量统计表

305天产奶量(千克) \ 日产奶量(千克) \ 泌乳月	1	2	3	4	5	6	7	8	9	10
6 500	24	28	27	26	24	21	20	18	16	13
7 500	28	31	30	29	27	25	23	21	20	18
8 500	29	35	34	33	31	29	27	25	21	20
9 500	31	39	38	37	35	33	31	28	23	21
10 500	33	43	43	41	39	38	34	30	26	21

注：这个材料系根据19个奶牛场742头高产奶牛各月产奶量的统计结果，由于地区、气候、饲养管理等条件不同，且数据尚少，本表仅供参考。

附件C（参考件）

高产奶牛饲养管理规范使用说明：

1. 高产奶牛各胎产奶性能与良种登记母牛生产性能（305天）规定标准相同，即1胎5 000千克，2胎5 400千克，3胎5 700千克，4胎5 900千克，5胎6 000千克，乳脂率3.4%。

2. 本规范系在调查、总结我国各地奶牛场的先进经验，并吸取国内外近代科学研究成果基础上编制而成的。所以它对我国奶牛场的饲养管理具有普遍指导意义。各地奶牛场应认真推广应用。

3. 本规范结合高产奶牛饲养管理，较全面地提出了预防乳房炎、骨营养不良、酮血病、蹄病等一系列措施，各地奶牛场在生产实践中应加以应用。

4. 本规范在应用过程中有赖于生产单位通过实践加以检验，并不断总结经验，加以补充、修订，使其更加完善。

附加说明：

本规范由中华人民共和国农业部提出。

本规范由西安市农业科学研究所、中国奶牛协会饲养组起草。

本规范主要起草人：王福兆。

附录 3

奶牛乳房炎防制规范（试行）

（一）总则

1. 本规范制定和实施的目的是为了控制和降低奶牛乳房炎的发生，以提高奶的产量和质量。

2. 本规范贯彻以预防为主、防重于治的原则。

3. 本规范适用于国有、集体奶牛场及养牛专业户。

（二）挤奶规程

1. 挤奶员 必须经过培训，合格后才能上岗；尽量固定，避免频繁调动；每年至少进行健康检查一次。

2. 挤奶前的准备

（1）认真检查贮奶罐与挤奶桶的卫生，如发现卫生状况不佳，必须重新清洗和消毒。

（2）认真刷拭牛体，在牛体刷试干净后半小时内开始挤奶。

（3）挤奶员应修整指甲，穿清洁的工作服和鞋，戴上工作帽。

（4）清洗双手，并用适宜的消毒液消毒，如 0.1%过氧乙酸溶液。

3. 人工挤奶方法

（1）将牛尾栓在一侧后肢上。

（2）挤奶时，用大拇指与食指轻轻擦拭乳头。

（3）将乳头用广谱杀菌剂浸泡或喷雾乳头数秒。

（4）用 50℃热毛巾充分擦洗和按摩乳房，洗净、擦干，边擦拭、边按摩、直到 4 个乳头充分充盈为止。洗乳房的水要经常

更换，一般要求每头牛用1小桶水，如条件不允许，每桶水最多不超过3头。用后的毛巾要及时清洗，每天消毒1次。

(5) 检查挤出的头2把奶的奶汁状况，并将此奶放置于专用容器内。

(6) 掌握正确的挤奶方法，一般用拳握法，乳头短小的，可用指捋法。

(7) 挤奶速度应采用先慢后快再慢方式，一般要求每分钟压挤乳头80~100次，在5~7分钟内基本挤完。

(8) 遵守正确的挤奶顺序，先挤健康牛，后挤乳房炎牛。乳房炎牛应用专备毛巾和消毒水，乳不能挤在牛床上，将乳放于专用容器内，集中处理。

(9) 4个乳区初步挤尽后，再进行第二次热敷和按摩乳房，将奶挤尽。

(10) 挤奶完毕后30秒内，4个乳区内再挤出的残余乳不得多于150毫升。

(11) 挤奶过程中，对奶牛要尽量避免异常刺激。

4. 机器挤奶法

(1) 不适用机器挤的奶牛，如乳房炎、乳头损伤、产后恢复期、乳头大且极度外向、乳头太粗大、乳房极度下垂等，不能上机挤奶。

(2) 用50℃热水擦拭冲洗乳头和乳房。

(3) 将乳头用广谱杀菌剂浸泡或喷雾乳头数秒。

(4) 用清洁且消毒毛巾或纸巾擦干乳头。

(5) 检查人工挤出的头二把奶的奶汁状况，并将奶置于专用容器内。

(6) 根据挤奶机的型号，严格按操作规程的要求正确使用挤奶机。

(7) 每头奶牛控制在3~5分钟内挤完。

(8) 严禁挤奶机空挤乳头。

(9) 如发现乳房炎病牛，及时报告兽医，改用手工挤奶，并进行治疗。

(10) 挤奶完毕后，凡有奶通过的挤奶机部件，须用温水冲洗干净，然后用消毒液消毒，再用清水冲洗。

(11) 挤奶机要专人定期保养和维修，及时更换易损坏的零件。

5. 无论人工挤奶或机器挤奶，挤完后，用清洁且消毒过的毛巾或纸巾擦干乳头，并将乳头用广谱杀菌剂浸泡或喷雾乳头数秒。

（三）饲养

1. 牛群严格按照“奶牛饲养标准”及“高产奶牛饲养规范”进行饲养。

2. 严禁饲喂发霉变质的精料、块根料、青贮料、秸秆等。

（四）管理

1. 犊牛、青年牛的管理

(1) 犊牛要尽量分开单栏饲养，以免相互吸吮，损伤乳头。

(2) 妊娠青年牛在妊娠 7 个月以后至产犊前 2 周，每天进行 2 次乳房按摩。

2. 泌乳期管理

(1) 每天检查乳房，如发现损伤要及时治疗。

(2) 临床型乳房炎要在兽医监督下给予及时而合理的治疗，对有可能传染的重病牛立即隔离。

(3) 泌乳牛每年 3、6、9、11 月份进行隐性乳房炎的监测，如“+ +”以上的乳区超过 15%时，应对牛群及各个挤乳环节做全面检查，找出原因，制定相应的解决措施。

(4) 反复发病（1 年 5～6 次以上），长期不愈，产乳量低的慢性乳房炎病牛，以及某些特异病菌引起的抗药性强、医治无效

的病牛要及时淘汰。

3. 干乳管理

(1) 干乳前1周应适当调整日粮配方，减少多汁饲料及精料的饲喂量。

(2) 干乳前1个月内进行隐性乳房炎的监测工作，如发现“++”以上阳性反应牛要及时治疗；阴性反应牛方可干乳。

(3) 干乳后半个月及产犊前半个月，每天坚持将乳头用广谱杀菌剂浸泡或喷雾乳头数秒。

(4) 掌握正确的干乳方法，采用药物快速干乳法或药物逐渐干乳法。

(5) 整个干乳期实行“挂牌”管理制度，专人负责，每天逐头观察，做好记录，一旦发现病乳区，及时挤尽，并进行治疗。治愈后重新干乳。

4. 围产期管理

(1) 母牛预产前2周，调入产房饲养，产犊2周后调回奶牛舍。进出产房牛只随带“奶牛进出产房登记卡”，由有关责任兽医填写产前、产后乳房状况，对乳房炎阳性反应牛治愈后，才能调回奶牛舍。

(2) 乳腺较大的牛只，产前、产后牛床需多垫褥草；不准强行驱赶站立或急走；蹄尖过长应及时修整；必要时用绷带包紧两后肢悬蹄，防止发生乳房外伤。

(3) 分娩时，合理、正确地助产，尽量避免乳房及生殖道发生损伤。对生殖道已感染的牛只，要及时隔离和治疗，排泄物要及时清除和消毒。

(五) 育种

1. 必须测定种子母牛对乳房炎抵抗力的遗传力，逐步淘汰对乳房炎抵抗力差的牛只，建立抗乳房炎强的种子母牛群。

2. 在选用种公牛精液时，除根据体型外貌、谱系等选择外，

还应着重通过后裔测定，了解后代女儿的乳房状况、产乳性能及对乳房炎抵抗力的遗传力等。不用乳房炎遗传系数高的公牛精液。

（六）预防

1. 牛舍建筑及内部设施应符合卫生要求。

2. 运动场无积水、无砖石瓦块等易造成乳房外伤的异物。

3. 每天清除牛床和运动场的积粪，每季度至少消毒1次。

4. 夏季做好防暑降温工作，消灭蚊蝇。

5. 冬季做好防冻保暖工作。舍饲牛，牛床上适量铺垫草，并及时打扫和更换。

6. 新购入的泌乳奶牛，应进行乳房炎检测，对“++”以上的阳性反应牛只，应及时隔离和治疗，经再次检测为阴性时，方可与原健康牛群合群。

7. 及时治疗与乳房炎有关的其他疾病，如胎衣不下、子宫内膜炎、产后败血症等。

（七）职责

1. 兽医技术员职责

（1）及时而合理地治疗乳房炎病牛，对传染性大的病牛要提出处理意见，并采取果断措施。

（2）建立病历登记制度，逐月、逐年统计发病率，摸索发病规律，及时制定和调整适合本场情况的有关防制措施。及时备全有关药品和器械。

（3）检查场内乳房炎防制措施的实施状况，发现问题及时解决。

（4）负责工人的培训工作。

2. 挤乳员职责

（1）严格执行预防奶牛乳房炎发生的各项措施。

(2) 认真检查每头牛的乳房状况，发现患病乳区时，立即报告兽医，及时处理。

(3) 定期接受培训，提高挤奶水平。

(八) 防制乳房炎应达到的目标

1. 全群成年母牛中，每月隐性乳房炎的乳区阳性率不超过12%。

2. 全群成年母牛中，全年临床型乳房炎的发病率，按头计算，不超过15%；按乳区计算，不超过8%。

3. 全年因乳房炎造成乳区废损率，不超过2%。

4. 全年因乳房炎而被迫淘汰的头数，不超过全群成年母牛的2%。

图书在版编目（CIP）数据

奶牛饲养与疾病防治手册/徐照学主编．—北京：中国农业出版社，2002.5
ISBN 7-109-07508-7

Ⅰ.奶... Ⅱ.徐... Ⅲ.①乳牛-饲养管理-手册
②乳牛-牛病-防治-手册 Ⅳ.S823.9-62

中国版本图书馆 CIP 数据核字（2002）第 010906 号

中国农业出版社出版
（北京市朝阳区农展馆北路 2 号）
（邮政编码 100026）
出版人：沈镇昭
责任编辑 薛允平 江社平

中国农业出版社印刷厂印刷 新华书店北京发行所发行
2002 年 5 月第 1 版 2004 年 10 月北京第 3 次印刷

开本：850mm×1168mm 1/32 印张：9
字数：225 千字 印数：18 001～23 000 册
定价：13.20 元